面向"十二五"高职高专规划教材·计算机系列

# 计算机网络基础

孟 敬 主编

清华大学出版社
北京交通大学出版社
·北京·

## 内容简介

本书系统地介绍了计算机网络的基本知识和技术，内容包括计算机网络概述、数据通信技术、网络体系结构、局域网、网络的互连、网络操作系统、网络服务技术等。本书内容丰富，难度适中，配有大量的练习和基于工作过程的实训项目，体现以就业为导向的职业教育特点。

本书既可以作为高等职业院校计算机网络基础课程的教材，也可以作为计算机技术与软件专业技术资格（水平）考试网络管理员的考证参考书。

**图书在版编目（CIP）数据**

计算机网络基础／孟敬主编. —北京：清华大学出版社；北京交通大学出版社，2011.7
（2019.1 重印）

（面向"十二五"高职高专规划教材·计算机系列）

ISBN 978–7–5121–0616–1

Ⅰ.① 计…　Ⅱ.① 孟…　Ⅲ.① 计算机网络–高等职业教育–教材　Ⅳ.① TP393

中国版本图书馆 CIP 数据核字（2011）第 124356 号

责任编辑：赵彩云　　特邀编辑：宋林静

出版发行：清 华 大 学 出 版 社　　邮编：100084　　电话：010–62776969
　　　　　北京交通大学出版社　　邮编：100044　　电话：010–51686414

印 刷 者：北京时代华都印刷有限公司

经　　销：全国新华书店

开　　本：185×260　　印张：16.5　　字数：417 千字

版　　次：2011 年 7 月第 1 版　　2019 年 1 月第 1 次修订　　2019 年 1 月第 5 次印刷

书　　号：ISBN 978–7–5121–0616–1/TP·650

印　　数：10 001～12 000 册　　定价：39.00 元

本书如有质量问题，请向北京交通大学出版社质监组反映。对您的意见和批评，我们表示欢迎和感谢。

投诉电话：010–51686043，51686008；传真：010–62225406；E-mail：press@bjtu.edu.cn。

# 前　言

　　当今社会已进入一个数字化、网络化、信息化的社会，计算机网络的出现是 20 世纪最伟大的科学技术成果之一。本书系统地介绍了计算机网络基本知识和技术，针对高职高专学生的认知特点，内容结构把握理论够用、侧重实践的原则，详略得当，力求体现教材的系统性、先进性和实用性。

　　本书编写过程突出两个方面的结合：一是结合高职高专教学特点，突出对职业能力、实践技能的培养；二是结合《全国计算机技术与软件专业技术资格（水平）考试网络管理员考试大纲》的要求，突出对网络管理岗位的知识和能力培训，将教材内容与职业资格考证相结合，降低学习成本，提高学习效率。

　　本书共分七章和项目部分，具体结构如下。

　　第 1 章：计算机网络概述。计算机网络的概念、分类和构成、计算机网络常用传输介质及其特征、计算机网络的拓扑结构及其特征、计算机网络规划与设计。

　　第 2 章：数据通信技术。数据通信的基本概念、数据通信的主要技术指标、数据通信方式、信道复用技术、数据交换技术、差错控制技术。

　　第 3 章：网络体系结构。网络体系结构概述、TCP/IP 参考模型、OSI 参考模型与 TCP/IP 参考模型的比较、IP 地址与子网掩码。

　　第 4 章：局域网。局域网概述、局域网的体系结构的介质访问控制方式、以太网的工作原理、交换式以太网工作原理、虚拟局域网的工作原理、无线局域网的功能和实现方法。

　　第 5 章：网络互连技术。网络互连的概念及类型、网络连接设备及其作用、公共交换网络基础知识、网络接入方式介绍、网络管理与网络安全。

　　第 6 章：网络操作系统。网络操作系统的概念及特点、典型的网络操作系统。

　　第 7 章：网络服务技术。网络服务技术的功能和特点、网络服务的安装和管理。

　　项目部分：网络规划设计、网络综合布线、网络服务的安装与配置。

　　本书可作为高职高专院校相关专业的计算机网络基础课程的教材，也可供从事计算机网络建设、管理、维护工作以及准备参加计算机网络职业认证的专业技术人员参考。

　　本书共分 7 章，第 1、2 章由孟敬编写，第 3、4 章由朱强编写，第 5 章由叶华编写，第 6、7 章由姚树申编写，项目部分由陈殊编写。孟敬担任主编。由于编者水平有限，书中错误之处在所难免，恳请指正。

　　为了便于学习，本书提供配套的电子课件等相关资料，联系邮箱 cbszcy@ jg. bjtu. edu. cn 或 menjin@ 163. com。

编者

2011 年 6 月

# 目  录

# 第1章

# 计算机网络概述

计算机网络是现代通信技术与计算机技术相结合的产物，当前，计算机网络已经成为社会生活不可缺少的信息处理和通信工具，成为社会生活的重要组成部分。

## 1.1 计算机网络定义

### 1.1.1 计算机网络的演变与发展

计算机网络的发展经历了一个从简单到复杂的过程，网络发展分为3个阶段。

面向终端的计算机网络。

计算机与计算机之间的网络。

开放式标准化网络。

**1. 面向终端的计算机网络**

以单个计算机为中心的远程联机系统，构成面向终端的计算机网络。这种网络是用一台中央主机连接大量的地理上处于分散位置的终端，如图1-1所示。

为减轻中心计算机的负载，在通信线路和计算机之间设置了一个前端处理机（Front End Processor，FEP）或通信控制器（Communication Control Unit，CCU）专门负责与终端之间的通信控制，使数据处理和通信控制分工。在终端机较集中的地区，采用了集中管理器（集中器或多路复用器）用低速线路把附近群集的终端连起来，通过调制解调器（Modem）

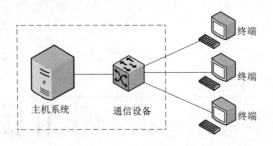

图 1-1　面向终端的单机系统

及高速线路与远程中心计算机的前端机相连。这样的远程联机系统既提高了线路的利用率，又节约了远程线路的投资，如图 1-2 所示。

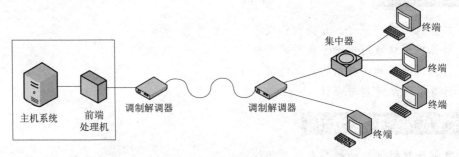

图 1-2　具有远程通信功能的多机系统

**2. 计算机与计算机之间的网络**

20 世纪 60 年代中期，出现了多台计算机互连的系统，开创了"计算机与计算机"通信时代，采用并存多处理中心，实现资源共享。美国的 ARPA 网，IBM 的 SNA 网，DEC 的 DNA 网都是成功的典例。这个时期的网络产品是相对独立的，没有统一标准，不能互联。

美国的 ARPA 网（Internet 的前身）正式投入使用，标志着计算机网络的兴起，ARPA 网使用的是分组交换技术。

**3. 开放式标准化网络**

由于相对独立的网络难以实现互连，国际标准化组织 ISO 于 1984 年颁布了一个名为"开放系统互连基本参考模型"的国际标准 ISO 7498，简称 OSI/RM，即著名的 OSI 7 层模型。从此，计算机网络有了统一标准，从而加速了计算机网络的发展。

现在正在向第四个阶段发展，第四个阶段主要特征就是向高速、智能化方向发展的计算机网络。

### 1.1.2　计算机网络的定义

计算机网络就是利用通信设备和线路将地理位置不同的、功能独立的多个计算机系统互连起来，在功能完善的网络软件（即网络通信协议、信息交换方式、网络操作系统等）管理下，实现网络中资源共享和信息传递的系统。

计算机网络的定义涉及以下 4 个要点。

（1）计算机网络中包含两台以上的地理位置不同、具有独立功能的计算机。连网的计算机称为主机（Host），也称为结点（Node）。但网络中的结点不仅仅是计算机，还可以是其他通信设备，如交换机、路由器等。

（2）网络中各结点之间的连接需要有一条通道，即传输介质实现物理互连。

（3）网络中各结点之间互相通信必须遵循共同的协议规则，如 Internet 上使用的通信协议是 TCP/IP 协议簇。

（4）计算机网络的目的是实现数据通信和网络资源（包括硬件资源和软件资源）共享。

## 1.1.3　计算机网络的组成

### 1. 计算机网络的逻辑组成

为了简化计算机网络的分析与设计，有利于网络的硬件和软件配置，按照计算机网络的系统功能，计算机网可分为资源子网和通信子网两大部分，如图 1-3 所示。

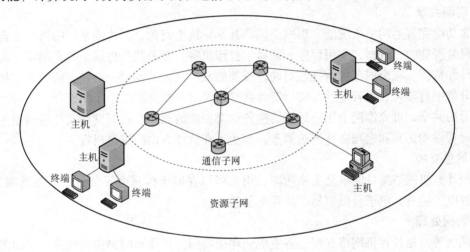

图 1-3　计算机网络的组成

资源子网主要负责全网的信息处理，具有为网络用户提供网络服务和资源共享等功能。它主要包括网络中所有的主机、I/O（Input/Output，输入/输出）设备、终端、各种网络协议、网络软件和数据库等。

通信子网主要负责全网的数据通信，为网络用户提供数据传输、转接、加工和变换等通信处理工作。它主要包括通信线路（即传输介质）、网络连接设备（如网络接口设备、通信控制处理机、网桥、路由器、交换机、网关、调制解调器、卫星地面接收站等）、网络通信协议和通信控制软件等。

### 2. 计算机网络的系统组成

计算机网络系统由硬件系统和软件系统两大部分组成。

1）网络硬件

网络硬件主要由终端与计算机、具有交换功能的结点（如通信处理机）以及结点间的网络互连设备和通信线路组成。用户通过终端访问网络，其信息通过具有交换功能的结点在网络中传输，最终到达指定的某一个用户；或将数据传送到具有某种资源和文件处理能力的主机进行处理，然后再将结果传回原终端。在这里，信息的处理由计算机完成，信息的传输由网络进行。网络硬件一般是指计算机设备、传输介质和网络连接设备。

2）网络软件

网络软件一般是指网络操作系统、网络通信协议和提供网络服务功能的软件。

网络操作系统是用于管理网络的软、硬件资源，是提供网络管理的系统软件。常用的网络操作系统有 UNIX、Netware、Windows NT/2003、Linux 等。

网络通信协议是网络中计算机与计算机交换信息时的约定，它规定了计算机在网络中通信的规则。常用的网络通信协议有 TCP/IP（该协议也是目前应用最广泛的 Internet 网络协议）以及 Novell 公司的 IPX/SPX 等。

### 1.1.4　计算机网络的功能

计算机网络的功能主要体现在三个方面：资源共享、信息交换、协同处理。

**1. 资源共享**

依靠功能完善的网络系统能实现网络资源共享。这里资源是指构成系统的所有要素，包括计算机处理能力、数据、应用程序、硬盘、打印机等。资源共享也就是共享网络中所有硬件、软件和数据。在全网范围内提供对硬件资源的共享，尤其是对一些昂贵的设备，如大型机、高分辨率打印机、大容量外存实行资源共享，可节省投资和便于集中管理。而对软件和数据资源的共享，可允许网上用户远程访问各种类型的数据库及得到网络文件传送服务，可以进行远程终端仿真和远程文件传送服务，避免了在软件方面的重复投资。

**2. 信息交换**

利用计算机网络提供的信息交换功能，用户可以在网上传送电子邮件，发布新闻消息，进行远程电子购货、电子金融贸易、远程电子教育等。

**3. 协同处理**

协同处理是指计算机网络在网上各主机间均衡负荷，把在某时刻负荷较重的主机的任务传送给空闲的主机，利用多个主机协同工作来完成靠单一主机难以完成的大型任务。

## 1.2　计算机网络的分类

从不同的角度对计算机网络进行分类，有助于理解计算机网络。

### 1.2.1　按网络规模分类

按计算机网络所覆盖的地理范围大小进行分类，可以将计算机网络分为局域网、城域网和广域网。由于网络覆盖的地理范围不同，它们所采用的传输技术也不同，因而形成了不同网络技术特点与网络服务功能。

**1. 局域网**

局域网（Local Area Network，LAN）的覆盖范围较小，一般在 10 km 范围内，如一个实验室、一幢大楼、一个园区的网络。局域网有传输速率高、误码率低、成本低、容易组网、易维护、易管理、使用方便灵活等特点，如图 1–4 所示。

**2. 城域网**

城域网（Metropolitan Area Network，MAN）的覆盖范围通常为一座城市，从几千米到几十千米，城域网是介于广域网与局域网之间的一种高速网络。

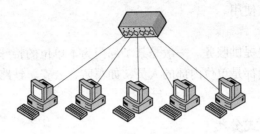

图 1 - 4　局域网实例

　　城域网通常由政府或大型集团组建，如城市信息港，它作为城市基础设施，为公众提供服务，目前随着中国信息化建设的发展，很多城市都在规划和建设自己的城市信息高速公路，以实现大量用户之间的数据、语音、图形与视频等多种信息的传输功能。

**3. 广域网**

　　广域网（Wide Area Network，WAN）的覆盖范围很大，几个城市，一个国家，几个国家，甚至全球都属于广域网的范畴，从几十千米到几千、几万千米，如图 1 - 5 所示。

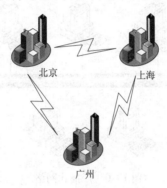

图 1 - 5　广域网实例

　　公用电话网（PSTN）、中国分组交换网（CHINAPAC）、中国数字数据网（CHINADDN）、中国帧中继网（CHINAFRN）和综合业务数字网（ISDN）等，这些网络是广域网，但并不是计算机广域网，可通过使用这些公用广域网提供的通信线路来组建计算机广域网。下面是几个典型的例子。

　　中国公用计算机互联网（CHINANET）借助于 CHINADDN 提供的高速中继线路，使用超高速路由器（例如，Cisco 7000 系列），组成了覆盖中国各省市并连通国际 Internet 的计算机广域网。

　　一些大型企业或集团公司，由于业务遍及全中国或全世界，其办事机构、销售网点、分厂、分公司可能涉及许多国家或地区，因此，也可通过租用专线或自建通信线路，组建企业 Intranet 或 Extranet 计算机广域网。

## 1.2.2　按网络使用对象分类

**1. 公用网**

　　公用网是为所有用户提供服务。一般是由国家的电信部门建立的网络，如中国公用计算机互联网（CHINANET）、中国教育和科研计算机网（CERNET）等。只要按照相关部门的规定交纳费用的人都可以使用。

**2. 专用网**

专用网是为特定用户提供服务。一般是某个部门为本单位的特殊工作需要而专门建立的网络，它们的使用者一般都是单位内部的人员，如军队、公安、铁路、电力、金融等系统的网络。

### 1.2.3 按通信传输方式分类

根据数据通信传输方式的不同，计算机网络可以分为广播式网络和点对点网络两大类。

**1. 广播式网络**

广播式网络中结点使用一条共享的通信介质进行数据传输，当一个结点发送数据时，使用广播方式，网络中的所有结点都能收到。由于发送的数据含目的地址和源地址，所有结点都检查该数据的目的地址。如果与自己的地址相同，则接收处理该数据；如果不同，则忽略，如图1-6所示。

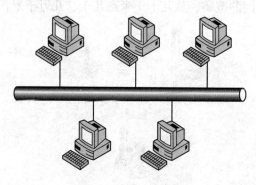

图1-6　广播式网络

在广播式网络中，发送数据的目的地址有三类：单一结点地址、多结点地址与广播地址。

**2. 点对点网络**

点对点网络中结点以点对点的方式进行数据传输，数据经过网络的结点直接传输到目的地址结点，如图1-7所示。

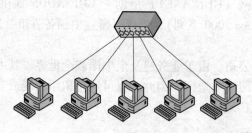

图1-7　点对点的网络

传统的局域网（以太网和令牌环网）属于广播网络，广域网（ATM和帧中继网）属于点对点网络。

## 1.2.4　按网络组件的关系分类

按照网络中的各结点的关系来划分，通常有两种类型：对等网络和基于服务器的网络。

**1. 对等网络**

在对等网络中各结点地位是平等的，没有客户机与服务器之分，每个结点既可以提供服务，又可以索取服务，如图 1-8 所示。

对等网络配置简单，网络的可管理性较差。

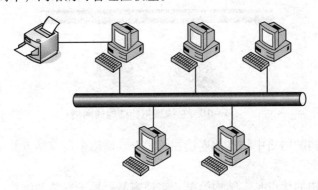

图 1-8　对等网络实例

**2. 基于服务器的网络**

基于服务器的网络采用客户机/服务器模式，在这种模式中，服务器结点提供服务，不索取服务；客户机结点索取服务，不提供服务。服务器在网络中是起管理作用的，如图1-9所示。

基于服务器网络管理集中，便于网络管理，但网络配置复杂。

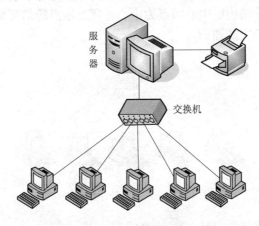

图 1-9　基于服务器的网络实例

## 1.2.5　按网络拓扑结构分类

网络拓扑是由网络结点（点）和通信介质（线）构成的结构图。网络拓扑结构对网络采用的技术、网络的可靠性、网络的可维护性和网络的实施费用都有重大的影响。

常见的网络拓扑结构有：总线型拓扑、星形拓扑、环形拓扑、树形拓扑和网状拓扑等。

### 1. 总线型拓扑结构

总线型拓扑结构采用单根传输线作为传输介质因此而被称为总线型，网络中各结点都接入总线，如图1-10所示。

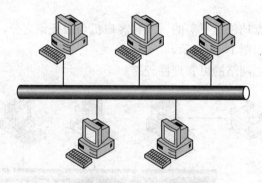

图1-10　总线型拓扑结构的网络

总线型拓扑结构的网络中结点都连接在总线上。网络中所有结点共享总线传输数据，采用广播方式传输。

总线型拓扑结构的优点是：结构简单，实现容易；易于安装和维护；价格相对便宜，用户结点入网灵活。

总线型拓扑结构的缺点是：同一时刻只能有一个信号在总线上传输，网络延伸距离有限，网络容纳结点数有限，由于所有结点都直接连接在总线上，因此任何一处故障都会导致整个网络的瘫痪。

### 2. 星形拓扑结构

星形拓扑结构是以一个结点为中心，网络中其他结点都通过传输介质接入中心结点，如图1-11所示。星形拓扑结构以中心结点为中心，所有结点通信都要通过中心结点转发，采用广播方式或者点对点的方式通信。

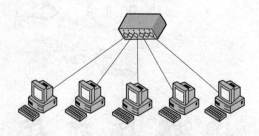

图1-11　星形拓扑结构的网络

常见的中心结点有集线器（Hub）、交换机等。

星形拓扑结构的优点是结构简单，管理方便，可扩充性强，组网容易。利用中心结点可方便地提供网络连接和重新配置，且单个连接点的故障只影响该结点，不会影响全网，容易检测和隔离故障，便于维护。

星形拓扑结构的缺点是属于集中控制，中心结点负载过重，如果中心结点产生故障，则全网不能工作，所以对中心结点的可靠性和冗余度要求很高。

### 3. 环形拓扑结构

环形拓扑结构的传输介质是一个闭合的环，将网络各结点直接连接到环上，或通过一个分支电缆连到环上，如图 1 – 12 所示。数据按固定方向流动。

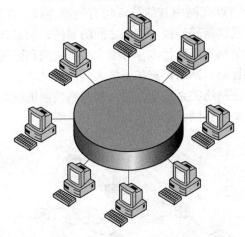

图 1 – 12　环形拓扑结构的网络

环形拓扑结构的优点是一次数据在网中传输的最大传输延迟是固定的、每个网上结点只与其他两个结点有物理链路直接互连。因此，传输控制机制较为简单，实时性强。

环形拓扑结构的缺点是环中任何一个结点出现故障都可能会终止全网运行，因此可靠性较差。为了克服可靠性差的问题，有的网络采用具有自愈功能的双环结构，一旦一个结点不工作，可自动切换到另一环路上工作。

### 4. 树形拓扑结构

树形拓扑结构是从星形拓扑结构演变而来，它把多个星形拓扑结构的中心结点通过传输介质接入更大的中心结点上，如图 1 – 13 所示。

树形拓扑结构形状像一棵倒置的树，顶端有一个带分支的根，每个分支还可以延伸出子分支。

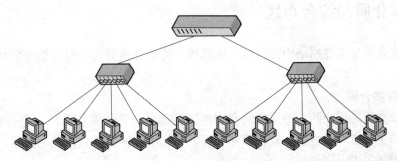

图 1 – 13　树形拓扑结构的网络

在树形拓扑结构中，对起数据转发作用的中心结点要求很高，这种拓扑结构的设计采用分层的、模块化的模型进行设计，分 3 层，即核心层、会聚层和接入层。

树形拓扑结构的优点是易于扩展和对故障隔离。

树形拓扑结构的缺点是对根的依赖性太大，如果根发生故障，则全网不能正常工作，对根的可靠性要求很高。

**5. 网状拓扑结构**

网状拓扑结构分为全连接网状拓扑结构和不完全连接网状拓扑结构两种形式。在全连接网状拓扑结构中，每一个结点和网中其他结点均有链路连接。在不完全连接网状拓扑结构中，两结点之间不一定有直接链路连接，它们之间的通信，依靠其他结点转接。

网状拓扑结构的优点是结点间路径多，可大大减少碰撞和阻塞，局部的故障不会影响整个网络的正常工作，可靠性高；网络扩充和主机入网比较灵活、简单。

网络拓扑结构的缺点是网络关系复杂，建网和网络控制机制复杂。

广域网中一般用不完全连接网状结构，如图 1-14 所示。

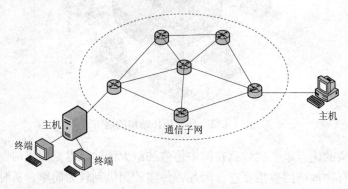

图 1-14 网状结构的网络

以上介绍的是最基本的网络拓扑结构，在组建局域网时常采用星形、环形、总线型和树形拓扑结构。树形和网状拓扑结构在广域网中比较常用。但是在一个实际的网络中，可能是上述几种网络结构的混合。

在选择拓扑结构时，主要考虑的因素有：安装的相对难易程度、重新配置的难易程度、维护的相对难易程度、通信介质发生故障时受到影响设备的情况及费用等。

# 1.3 传输介质与综合布线

网络传输介质是指在网络中传输信息的载体，传输介质分为有线传输介质和无线传输介质两大类。

**1. 有线传输介质**

有线传输介质是指在两个站点之间有物理连接部分，它能将信号从一方传输到另一方。有线传输介质主要有同轴电缆、双绞线和光纤。在其中传输的是光波或电信号。

**2. 无线传输介质**

无线传输介质是指在两个通信设备之间不使用任何人为的物理连接。无线传输介质是指在空气、水、玻璃等透明的物体中，甚至不需要任何介质的空间，就可以传输激光、微波和红外线信号。

传输介质不同，其特性也不同，不同的特性对网络中数据通信质量和通信速度有较大影响，这些特性具体包括以下几点。

物理特性：说明传播介质的特征。

传输特性：包括信号形式、调制技术、传输速度及频带宽度等内容。

连通性：采用点到点连接还是多点连接。

地域范围：网上各点间的最大距离。

抗干扰性：防止噪声、电磁干扰对数据传输影响的能力。

相对价格：以元器件、安装和维护的价格为基础。

## 1.3.1 同轴电缆

同轴电缆是由两个同轴的导体组成的，内导体是圆形的金属铜芯线，外导体是一个由金属丝编织而成的圆柱形套管，如图 1 - 15 所示，内外导体之间填充绝缘介质，最外层是保护橡胶或塑料护套。由于同轴电缆绝缘效果佳，频带宽，数据传输稳定，价格适中，性价比高，因此是局域网中普遍采用的一种传输介质，有线电视网也常用这种电缆，如图 1 - 15 所示。

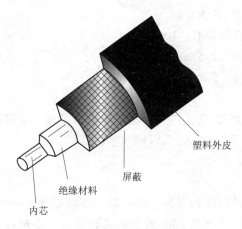

塑料外皮

屏蔽

绝缘材料

内芯

图 1 - 15 同轴电缆

依据传输信号将同轴电缆分成两种，基带同轴电缆和宽带同轴电缆。

### 1. 基带同轴电缆

基带同轴电缆是阻抗 50 Ω 的电缆，多用于数字基带信号传输，通常使用的数据传输率为 10 Mbps。一般作用范围在几千米以内。

这种同轴电缆又可分为两类，粗缆和细缆，粗同轴电缆与细同轴电缆是指同轴电缆的直径的大小。同轴电缆组网的其他连接设备，细缆与粗缆不尽相同。即使名称一样，其规格大小也有差别。

1）细缆连接设备及技术参数

采用细缆组网，除需要电缆外，还需要 BNC 头、T 形头及终端匹配器等。同轴电缆组网的网卡必须带有细缆连接接口（通常在网卡上标有 BNC 字样），如图 1 - 16 所示。

下面是细缆组网的技术参数。

最大的干线段长度：185 m。

最大网络干线电缆长度：925 m。

每条干线段支持的最大结点数：30。

图 1 – 16　细缆接口

BNC、T 形连接器之间的最小距离：0.5 m。

2）粗缆连接设备及技术参数

包括转换器、DIX 连接器及电缆、N – 系列插头、N – 系列匹配器。使用粗缆组网，网卡必须有 DIX 接口（一般标有 DIX 字样）。

下面是采用粗缆组网的技术参数。

最大的干线长度：500 m。

最大网络干线电缆长度：2 500 m。

每条干线段支持的最大结点数：100。

收发器之间的最小距离：2.5 m。

收发器电缆的最大长度：50 m。

**2. 宽带同轴电缆**

宽带同轴电缆是阻抗为 75 Ω 的电缆，多用于模拟传输。宽带同轴电缆实际上就是有线电视（Community Antenna Television，CATV）电缆。

## 1.3.2　双绞线

双绞线是由两根绝缘的铜线相互绞合在一起，每根铜线加绝缘层并用不同颜色来标记，相互绞合的目的是使电磁辐射和外部电磁干扰减到最小。多对双绞线封装后构成双绞线电缆，如图 1 – 17 所示。

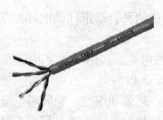

图 1 – 17　非屏蔽双绞线

双绞线可分为非屏蔽双绞线（Unshielded Twisted Pair，UTP）和屏蔽双绞线（Shielded Twisted Pair，STP）。

屏蔽双绞线电缆的外层由铝铂包裹，可有效地防止电磁干扰，屏蔽双绞线价格相对较高，安装时要比非屏蔽双绞线电缆困难。

非屏蔽双绞线电缆没有屏蔽层，所以它直径小，重量轻，易弯曲，易安装，具有独立性和灵活性，适用于结构化综合布线。

国际电气工业协会和电信工业协会（EIA/TIA）将双绞线分成 6 类，如表 1 – 1 所示。

表 1–1 双绞线标准

| 双绞线标准 | 应 用 | 传输频率 |
|---|---|---|
| 1 类线（cat1） | 电话语音通信 | 20 Kbps |
| 2 类线（cat2） | 综合业务数据网（数据） | 4 Mbps |
| 3 类线（cat3） | 10Base–T 以太网 | 10 Mbps |
| 4 类线（cat4） | 基于令牌的局域网和 10Base–T/100Base–T | 16 Mbps |
| 5 类线（cat5） | 快速以太网 | 100 Mbps |
| 超 5 类线（cat5e） | 快速以太网 | 100 Mbps |
| 6 类线（cat6） | 百兆位快速以太网和千兆位以太网 | 1 000 Mbps |
| 7 类线（cat7） | 万兆位以太网 | 10 Gbps |

使用双绞线组网，网络设备必须带有 RJ–45 接口，如图 1–18 所示。

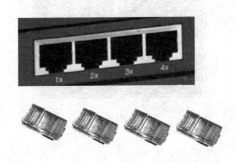

图 1–18 RJ–45 接头

根据 EIA/TIA 568B 的规定，RJ–45 接口双绞线的每条线的颜色与编号，如表 1–2 所示。在 8 根导线中只需要 4 根用来通信，第 1、2 条用于发送数据，第 3、6 条用于接收数据。RJ–45 水晶头接口如图 1–19 所示。

表 1–2 EIA/TIA 568B 的规定的 RJ–45 接口顺序

| 编号 | 1 | 2 | 3 | 4 | 5 | 6 | 7 | 8 |
|---|---|---|---|---|---|---|---|---|
| 颜色 | 白橙 | 橙 | 白绿 | 蓝 | 白蓝 | 绿 | 白棕 | 棕 |

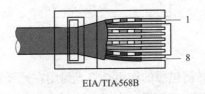

EIA/TIA-568B

图 1–19 RJ–45 接口顺序

除了 EIA/TIA 568B 规定以外，还有 EIA/TIA 568A 规定。EIA/TIA 568A 规定是把 EIA/TIA 568B 规定的排线顺序的第 1、2 条与第 3、6 条对调，具体顺序是：白绿、绿、白橙、蓝、白蓝、橙、白棕、棕。

双绞线的两边都是用 EIA/TIA 568B 标准，这条双绞线叫做直通双绞线；如果双绞线的一边用 EIA/TIA 568B 标准、另一边使用 EIA/TIA 568A 标准，这条双绞线叫做交叉双绞线。

直通双绞线连接计算机与交换机，交叉双绞线连接两台计算机的网卡。

### 1.3.3 光纤

光纤也称光缆，全称为光导纤维。它由能传导光波的石英玻璃纤维，外加保护层构成，如图 1 – 20 所示。严格说来，光纤与光缆是两个不同的概念，但工程上一般不加区分。

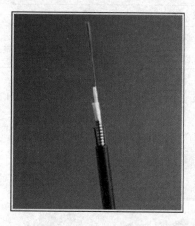

图 1 – 20 光纤

#### 1. 光缆的组成

光纤是光缆的纤芯，光纤由光纤芯、包层和涂覆层三部分组成。最里面的是光纤芯，包层将光纤芯围裹起来，使光纤芯与外界隔离，以防止与其他相邻的光导纤维相互干扰。包层的外面涂覆一层很薄的涂覆层，涂覆材料为硅酮树脂或聚氨基甲酸乙酯，涂覆层的外面套塑（或称二次涂覆），套塑的原料大都采用尼龙、聚乙烯或聚丙烯等塑料，从而构成光纤纤芯。如图 1 – 21 所示。

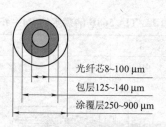

光纤芯8~100 μm
包层125~140 μm
涂覆层250~900 μm

图 1 – 21 光纤纤芯

光纤芯是光的传导部分，而包层的作用是将光封闭在光纤芯内。光纤芯和包层的成分都是玻璃，光纤芯的折射率高，包层的折射率低，这样可以把光封闭在光纤不断反射传输光，将光封闭在芯内，如图 1 – 22 所示。

光纤既不受电磁干扰，也不受无线电的干扰，由于可以防止内外的噪声，所以光纤中的信号可以比其他有线传输介质传得更远。由于光纤本身只能传输光信号，为了使光纤能传输电信号，光纤两端必须配有光发射机和光接收机，光发射机完成从电信号到光信号的转换，

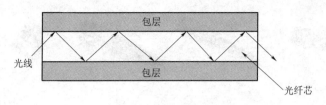

图 1－22　光纤中光的传输

光接收机则完成从光信号到电信号的转换。光电转换通常采用载波调制方式，光纤中传输的是经过了调制的光信号。

**2. 光纤的分类**

光纤的模态，所谓的模态就是它的光波的分布形式。若入射光的模样为圆光斑，射出端仍能观察到圆形光斑，这就是单模传输；若射出端分别为许多小光斑，这就出现了许多杂散的高次模，形成多模传输，称为多模光纤。

按照传输的总模数可将光纤分为单模光纤和多模光纤。

1）单模光纤

单模光纤（Single-mode Fiber, SMF）的纤芯直径很小，为 $4 \sim 10~\mu m$，理论上只传输一种模态。由于单模光纤只传输主模，从而避免了模态色散，使得这种光纤的传输频带很宽，传输容量大，适用于大容量、长距离的光纤通信。在综合布线系统中，常用的单模光纤有 $8.3/125~\mu m$ 突变型单模光纤，常用于建筑群之间的布线。

2）多模光纤

在一定的工作波长下，当有多个模态在光纤中传输时，则这种光纤称为多模光纤（Multi-mode Fiber, MMF）。多模光纤又根据折射率分布。多模光纤由于芯径比单模光纤大，具有较强的集光能力和抗弯曲能力，特别适合于多接头的短距离应用场合，并且多模光纤的系统费用仅为单模系统费用的 1/4。

**3. 光纤连接器**

光纤连接部件主要有配线架、端接架、接线盒、光缆信息插座、各种连接器（如 ST、SC、FC 等）及用于光缆与电缆转换的器件。它们的作用是实现光缆线路的端接、接续、交连和光缆传输系统的管理，从而形成光缆传输系统通道。常用的光纤适配器如图 1－23 所示。常用的光纤连接器如图 1－24 所示。

（a）　　　　　　　（b）　　　　　　　（c）

图 1－23　光纤适配器

（a）ST；（b）SC；（c）FC

**4. 与光纤连接的设备**

与光纤连接的设备目前主要有光纤收发器、网卡和光纤模块交换机等。

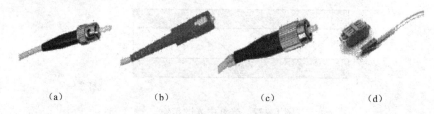

(a)　　　　　　　(b)　　　　　　　(c)　　　　　　　(d)

图1-24　光纤连接器

（a）ST光纤连接器；（b）SC光纤连接器；（c）FC光纤连接器；（d）LC光纤连接器

1）光纤收发器

光纤收发器是一种光电转换设备，主要用于终端设备本身没有光纤收发器的情况，例如，普通的交换机和网卡。如图1-25所示为一款光纤收发器。

图1-25　光纤收发器

2）光纤接口网卡

有些服务器需要与交换机之间进行高速的光纤连接，这时，服务器中的网卡应该具有光纤接口。

3）带光纤接口的交换机

许多中高档的交换机为了满足连接速率与连接距离的需求，一般都带有光纤接口。有些交换机为了适应单模和多模光纤的连接，还将光纤接口与收发器设计成通用接口的光纤模块，根据不同的需要选用，把这些光纤模块插入交换机的扩展插槽中。

## 1.3.4　无线传输介质

无线传输介质是指在两个通信设备之间不使用任何人为的物理连接。无线通信的方法有微波、无线电波、激光和红外线。

### 1. 微波

微波数据通信系统有两种形式：地面系统和卫星系统。使用微波传输要经过有关管理部门的批准，而且使用的设备也需要有关部门允许才能使用。由于微波是在空间直线传播，如果在地面传播，地球表面是一个曲面，其传播距离受到限制，采用微波传输的站必须安装在视线内，传输的频率为4～6 GHz和21～23 GHz，传输距离一般只有50 km左右。为了实现远距离通信，必须在一条无线通信信道的两个终端之间增加若干个中继站。中继站把前一站送来的信息经过放大后再送到下一站。通过这种"接力"通信，可以传输电话、电报、图像、数据等信息，如图1-26所示。采用卫星微波，卫星在发送站和接收站之间反射信号，传输的频率为 11 ～ 14 GHz，如图 1 - 27 所示。

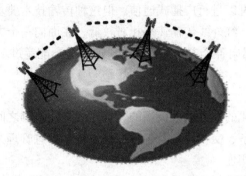

图 1 - 26　微波通信

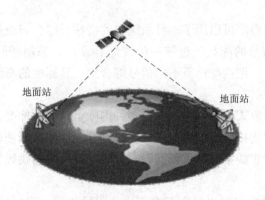

图 1 - 27　卫星微波通信

　　目前，利用微波通信建立的计算机局域网络也日益增多。由于微波是沿直线传输，所以长距离传输时要有多个微波中继站组成通信线路，而通信卫星可以看做是悬挂在太空中的微波中继站，可通过通信卫星实现远距离的信息传输。微波通信的主要特点是有很高的带宽（1 ～ 11 GHz），容量大，通信双方不受环境位置的影响，并且不需事先铺设电缆。

**2. 无线电波**

　　无线电波是指在自由空间（包括空气和真空）传播的射频频段的电磁波。大气层中的电离层是具有离子和自由电子的导电层，无线电波通信就是利用地面的无线电波通过电离层的反射，或电离层与地面的多次反射，而到达接收端的一种远距离通信方式。

　　无线电波很容易产生，传播距离很远，并且容易穿透建筑物，因而无线电波广泛应用于室内通信和室外通信。无线电波在空中可以全方位地传播，无线电波的发射和接收装置无须精确对准，但无线电波通信质量不太稳定。

**3. 激光**

　　激光通信的优点是带宽更高、方向性好、保密性能好等。激光通信多用于短距离的传输。激光通信的缺点是其传输效率受天气影响较大。

**4. 红外线**

　　红外线通信不受电磁干扰和射频干扰的影响。红外线传输建立在红外线光的基础上，采用发光二极管、激光二极管或光电二极管来进行站点与站点之间的数据交换。红外线传输既可以进行点到点通信，也可以进行广播式通信。但这种传输技术要求通信结点之间必须在直线视距之内，不能穿越墙。红外线传输速率相对较低，在面向一个方向通信时，数据传输率为 16 Mbps。如果选择数据向各个方向上传输时，速率将不能超过 1 Mbps。

## 1.3.5　综合布线

综合布线是一种模块化的、灵活性极高的建筑物内或建筑群之间的信息传输通道。通过它可使语音设备、数据设备、交换设备及各种控制设备与信息管理系统连接起来，同时也使这些设备与外部通信网络相连。

综合布线采用国际先进的标准体系如 EIA/TIA – 568（国际综合布线标准）等。综合布线系统与传统的布线系统相比，有许多优越性，其主要表现在以下几个方面。

### 1. 兼容性

兼容性是指其设备或程序可以用于多种系统中的特性。综合布线系统将语音信号、数据信号与监控设备的图像信号的配线经过统一的规划和设计，采用相同的传输介质、信息插座、交连设备、适配器等，把这些性质不同信号综合到一套标准的布线系统中。

### 2. 开放性

综合布线系统采用开放式体系结构，符合多种国际上现行的标准，它几乎对所有著名厂商的产品都是开放的，并支持所有的通信协议。这种开放性的特点使得设备的更换或网络结构的变化都不会导致综合布线系统的重新铺设，只需进行简单的跳线管理即可。

### 3. 灵活性

综合布线系统的灵活性主要表现在三个方面：灵活组网、灵活变位和应用类型的灵活变化。

综合布线系统采用星形拓扑结构，为了适应不同的网络结构，可以在综合布线系统管理间进行跳线管理，使系统连接成为星形、环形、总线型等不同的逻辑结构，灵活地实现不同拓扑结构网络的组网。

当终端设备位置需要改变时，除了进行跳线管理外，不需要进行更多的布线改变，使工位移动变得十分灵活。

同时，综合布线系统还能够满足多种应用的要求，如数据终端、模拟或数字式电话机、个人计算机、工作站、打印机和主机等，使系统能灵活地连接不同应用类型的设备。

### 4. 可靠性

综合布线系统采用高品质的材料和组合压接的方式构成一套高标准的信息通道。所有器件均通过 UL、CSA 及 ISO 认证，每条信息通道都要采用物理星形拓扑结构，点到点端接，任何一条线路故障均不影响其他线路的运行，同时为线路的运行维护及故障检修提供了极大的方便，从而保障了系统的可靠运行。各系统采用相同传输介质，因而可互为备用，提高了备用冗余。

### 5. 先进性

综合布线系统采用光纤与双绞线混布方式，极为合理地构成一套完整的布线系统，布线均采用世界上最新通信标准。

### 1. 3. 6　综合布线的组成

综合布线系统采用模块化的结构，按照每个模块的作用，可以把综合布线系统分成 6 个部分，即工作区子系统、水平布线子系统、垂直干线子系统、设备间子系统、管理子系统和建筑群子系统，如图 1 – 28 所示。

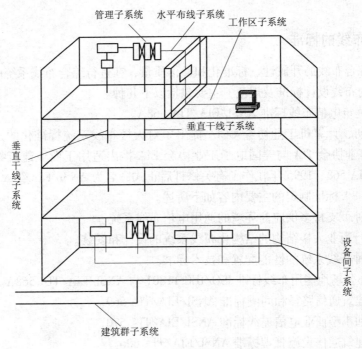

图 1 – 28　综合布线系统的组成

**1. 工作区子系统**

工作区子系统是由计算机等终端设备连接到信息插座之间的设备组成，包括信息插座、插座盒（或面板）、连接软线、适配器等。

**2. 水平布线子系统**

水平布线子系统的功能是将干线子系统线路延伸到用户工作区。水平系统是布置在同一楼层上的，一端接在信息插座上，另一端接在本层配线间的跳线架上。

**3. 垂直干线子系统**

通常垂直干线子系统是由主设备间（如计算机房、程控交换机房）至各层管理间。它采用大对数的电缆馈线或光缆，两端分别接在设备间和管理间的跳线架上。

**4. 设备间子系统**

设备间子系统是由设备间的电缆、连续跳线架及相关支撑硬件、防雷电保护装置等构成。比较理想的设置是把计算机房、交换机房等设备间设计在同一楼层中，这样既便于管理，又节省投资。当然也可根据建筑物的具体情况设计多个设备间。

**5. 管理子系统**

管理子系统是干线子系统和水平子系统的桥梁，同时又可为同层组网提供条件。其中包括双绞线跳线架、跳线（有快接式跳线和简易跳线之分）。在需要有光纤的布线系统中，还应有光纤跳线架和光纤跳线。当终端设备位置或局域网的结构变化时，只要改变跳线方式即可解决，而不需要重新布线。

**6. 建筑群子系统**

建筑群子系统是将多个建筑物的数据通信信号连接为一体的布线系统。它采用可架空安装或沿地下电缆管道（或直埋）敷设的铜缆和光缆，以及防止电缆的浪涌电压进入建筑的电气保护装置。

### 1.3.7 综合布线的标准

为了保证综合布线的开放性、标准化和通信质量，在进行综合布线系统的设计时应符合各种国际、国内布线设计标准及规范，主要包括以下几种。

（1）商用建筑电信布线标准 ANSI/EIA/TIA 568A。

1985 年年初，计算机工业协会 CCIA 提出了对大楼布线系统标准化的建议。1991 年 7 月，美国电气工业协会 TIA 与美国电子工业协会 EIA 推出适用于商业建筑物的电信布线标准 ANSI/TIA/EIA 568；1995 年在作了有关修订后正式命名为 ANSI/EIA/TIA 568A。

EIA/TIA 568A 标准制定的主要内容如下所述。

- 建立一种可支持多供应商环境的通用电信布线系统。
- 可以进行商业大楼结构的结构化布线系统的设计和安装。
- 建立各种布线系统的性能配置和技术标准。

注：用户办公场地能用布线标准 ISO/IEC 11801 与 ANSI/EIA/TIA 568A。

（2）商用建筑通信路径和间隔标准 ANSI/EIA/TIA 569。

（3）住宅和小型商业电信连线标准 ANSI/EIA/TIA 570。

（4）商用建筑通信设施管理标准 ANSI/EIA/TIA 606。

（5）商用建筑通信设施接地与屏蔽接地要求 ANSI/EIA/TIA 607。

## 1.4 网络规划设计

网络规划设计作为网络工程的一个重要内容，主要是组建一个高效、快速、安全而经济的网络。组建一个网络系统是一项复杂、费时和高投入的网络工程，应根据使用单位的需求及实际情况，结合现时的网络技术和产品，经过需求分析和市场调研，从而确定网络建设方案，依据方案有计划、有步骤、分阶段地实施网络建设活动。网络工程不仅涉及许多技术问题，同时也涉及管理、组织、经费、法律等很多其他方面的问题。组网一般可分为 4 个阶段：网络规划阶段、网络设计阶段、网络实施阶段和网络运行、管理与维护阶段，如图1-29 所示。

**1. 需求分析及可行性分析**

需求分析是明确用户对网络系统的要求，可以从以下几个方面进行分析。

1）网络服务

详细了解用户所需要的网络服务功能。

2）性能要求

性能要求主要是了解用户对网络的响应时间、吞吐量、容错性、安全性、可扩充性、可靠性等性能的要求。

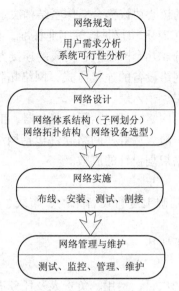

图 1 - 29  组网的 4 个阶段

3）运行环境要求

运行环境可从网络运行的自然环境、网络系统的基础环境、用户环境等方面进行了解。

4）通信类型和通信量

通信类型是指网络传输的数据类型，有在计算机设备之间需要自动交换的数据、视频信号及音频信号等几种。

5）地理布局

主要了解用户的数量及其位置。

需求分析非常重要，一定要与用户交流，了解用户对网络系统现在及未来的建设需要。如果是旧网络改造，还要查询以往的技术报告和文档，了解已有的网络信息。

可行性分析是针对用户需求而提出可行性方案，即将用户语言描述的对网络系统功能和性能等要求转化为待建网络系统的功能和性能的技术描述，形成一份分析报告，说明待建网络系统必须完成的功能和达到的性能要求及支持这些功能和性能的相关网络技术。

分析报告中还应体现用户需求与待建网络系统的关系，以便于用户能通过这份报告理解和认识他将要使用的网络，同时也为后面的设计、建网工作提供整体上的依据。

分析报告主要包括网络设计方案的描述、方案的特点、网络运行方式、数据安全性、网络所提供的服务、响应时间、网络通信容量、结点的地理位置、管理维护的要求、扩展性要求、人员的培训、网络寿命、文档资料等内容。

**2. 网络设计**

网络设计阶段主要完成内容是网络系统的结构和组成设计、网络方案的选择、拓扑结构的选择、设备及通信线路选择、网络逻辑结构图等。

在设计工作完成之后要形成设计报告，该报告作为网络实施、运行、管理与维护、升级等的基础或基本框架。

网络系统设计的基本原则是：实用性、技术成熟性、开放性、安全可靠性、先进性、完整性、可扩展性、可维护性、兼容性等。

网络体系结构是选择网络的核心协议集合，体系结构决定网络拓扑结构，而拓扑结构决定网络传输介质及网络产品。TCP/IP 协议是国标工业标准，有广泛的应用。

子网划分是将一个局域网分成几个网段及各网段的连接方式与设备。

网络扑结构设计主要确定网络设备的连接方式，网络拓扑结构采用分层、模块化设计。分为三个层，即核心层、会聚层、接入层。

网络设备包括硬件和软件，网络硬件包括网络服务器、工作站、外部设备、网卡、传输介质、交换机、路由器、网关、防火墙等。网络软件包括网络操作系统、网络应用软件等。网络软、硬的选择直接影响网络规划设计的成败。

**3. 网络实施与网络测试**

网络实施是在网络设计的基础上进行设备采购、布线、安装、调试、培训和系统交割工作。

网络实施的步骤和任务如下所述。

1）工程实施计划

工程实施计划列出需安装的项目、费用、负责人及任务进度表，还需要对设备验收、人员培训、系统测试及网络运行维护等做出合理安排。

2）网络设备验收

按订单核实设备数量，对网络设备进行功能和性能测试。

3）设备安装

安装项目含布线系统、网络设备、主机服务器、系统软件、应用软件等。

4）系统调试

在系统安装完成后，进行联试，是保证网络安全可靠的基础。

5）系统试运行

验证网络性能与功能，考核其稳定性。

6）系统割接

系统割接（切换）是指从原有的系统迁移到新的网络环境下运行，在电信部门，这是个非常关键的行为。

7）人员培训

人员培训是网络建设的重要环节，也是保证正常运行维护的重要因素。

8）技术支持/服务

在开通网络后提供的技术支持和服务，是赢得用户信任的重要保证。


附件：某学生毕业设计

## 中小型规模局域网建设：某公司网络组建设计与方案


**1. 需求分析**

1.1　背景

共三栋楼，1 号楼、2 号楼、3 号楼，每栋楼直线相距为 100 m。

1 号楼：共 3 层，为行政办公楼，有 20 台计算机，分散分布。

2 号楼：共 5 层，为产品研发部，供销部，有 30 台计算机。其中 20 台集中在三层研发部的设计室中，专设一个机房，其他 10 台分散分布。这里要求供销部的计算机能够连接 Internet，单位生产的产品信息能向网上发布，其他的一律不能上网。

3 号楼：共 5 层，为生产车间，每层一个车间，每个车间 3 台计算机，共有 15 台。

### 1.2　未来发展

未来的 3～5 年，单位计算机数量会增加到 150 台左右，主要增加在 2 号楼的研发部，计划该部门增加两间专用机房用于新产品的研发和设计。

### 1.3　用户需求分析

为了能让公司更好地与现代社会的发展接轨，更快地获取市场信息及为了让外界了解该公司的相关信息特组建企业网，以实现对"公司档案管理"、"产品信息"、"供求信息"等进行计算机网络化管理。

### 1.4　网络功能

根据公司现有规模、业务需要及发展范围建立的网络有如下功能：建立公司自己的网站，可向外界发布信息，并进行网络上的业务。要求供销部可以连接 Internet，与各企业保持联络，接受订单及发布本公司产品信息。其他部门都不能连接 Internet，但要求公司内部由网络连接。公司内部网络实现资源共享，以提高工作效率。建立网络时应注意网络的扩展性，以方便日后的网络升级和增加计算机。在公司内部建立公司的数据库，如员工档案、业务计划、会议日程等。

## 2.　网络结构设计

### 2.1　现场勘察分析

根据公司大楼的结构特点制定详细的网络连接图，其中包括如下信息。

网络上各信息点（即办公点）的分布图，工作空间大小与距离电源插座的位置，包括目前正在使用插座的设备、所有不可移动的物品的位置（如支撑柱、分隔墙、内置柜等）、所有办公家具的当前位置、所有计算机和打印机等外部设备的位置、门和窗口的位置、通风管道和目前电线的位置。另外，要记录每台设备还要为每台设备建立一张配置表，如计算机的 CPU、硬盘、显示器、软驱等。

### 2.2　接入 Internet 方式

DSL 宽带接入，其包括 ADSL、CDSL、HDSL、IDSL 和 UDSL 等，典型的是 ADSL，即不对称数字用户线。ADSL 被普遍认为是具有广阔应用前景的接入技术之一。

专线接入，在企业级用户中，主要采用的是专线接入方式。常用的专线接入使用 DDN（数字数据网）方式。速度为 64 Kbps～2 Mbps。采用 DDN，网络设备需要路由器、NTU、基带调制解调器或 HDSL。

建议公司租用专线与外界互联，用一台配置较先进的计算机作为服务器。租用 DDN 专线费用详细列表见表 1。

表1　DDN专线费用列表

| 速率/<br>bps | 初装费用/<br>（元/条） | | 终端设备/台 | | 线路月租赁费/元 | | 信息流量费<br>/元 |
| --- | --- | --- | --- | --- | --- | --- | --- |
| | 区内 | 区间 | DUT 2603 | PAIRGAIN | 区内 | 区间 | |
| 64 Kbps | | | 6 500 ×2 | | 1 500 | 2 000 | |
| 128 Kbps | | | | | 2 000 | 2 500 | |
| 256 Kbps | | | | | 2 500 | 3 200 | |
| 384 Kbps | | | | | 3 200 | 4 000 | |
| 512 Kbps | 2 810 | 2 860 | | 8 000 ×2 | 3 800 | 5 200 | |
| 768 Kbps | | | | | 4 300 | 6 200 | |
| 1 Mbps | | | | | 5 000 | 7 500 | |
| 2 Mbps | | | | | 6 000 | 8 000 | |

### 2.3　网络互连方式

首先要确定网络的拓扑结构，建议采用星形结构，其中100Base－T星形结构的快速以太网是理想的选择。用双绞线作为传输线缆，星形总线网的物理结构采用星形连接，逻辑结构采用总线型的，采用IEEE的802.3协议标准。网卡、集线器和双绞线应选100 Mbps的。当用户扩展过多时，可采用堆叠式集线器。然后确定互连方式，因为有一部分用户可以连接Internet，另一部分不可以，所以有两种方式。

分成两个子网，各连接一个交换机，并连接到服务器的不同的网卡上，在服务器上设置一个网卡可以连接Internet，另一个不可以，如图1所示。

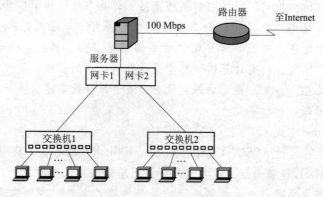

图1　总体拓扑结构

分成三个子网，都连接到路由器上，在路由器上设置IP，其中两个子网的IP设置为内部IP，不允许访问Internet，如图2所示。

建议用第二种方式，便于以后扩展网络。

### 3. 布线系统设计

综合布线系统要具有楼宇管理自动化，办公自动化，通信自动化和计算机网络化等多种功能。系统应能支持语音、图像、图形、数据多媒体、安全监控、传感等各种信息传输，支持光纤、非屏蔽双绞线（UTP）、屏蔽双绞线（STP）、同轴电缆等各种传输载体，支持多用

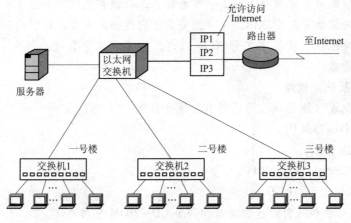

图 2 网络结构

户、多类型产品的应用，支持高速网络的应用。综合布线系统通常包括 6 个子系统：工作区子系统、水平布线子系统、干线子系统、设备间子系统、管理子系统和建筑群子系统。

综合布线系统设计要根据建筑结构和用户需求来确定，这一过程主要包括以下几个要点。

（1）尽量满足用户的通信。

（2）要了解建筑物内部的通信环境。

（3）确定合适的通信网络拓扑结构。

（4）选取要使用的传输介质。

（5）以开放式为基础，尽量与大多数厂家的产品和设备兼容，按照通用的标准进行设计。

（6）系统初步设计成本估算。

（7）将系统初步设计和建设费用预算告知用户。

（8）最后在征得用户意见并签订合同后，再制定详细的设计方案。

综合布线可采用非屏蔽双绞线、屏蔽双绞线或者光缆，在欧洲的一些国家综合布线所采用的线缆主要是屏蔽系统，而在北美一些国家广泛使用的是非屏蔽系统，在高容量主干线及存在严重干扰的情况下使用光缆作为屏蔽系统。但屏蔽双绞线系统若使用不当，非但达不到整体的屏蔽的完整性，其性能会比非屏蔽双绞线系统更差。非屏蔽双绞线是目前较为成熟、可靠的商用建筑综合布线系统所采用的线缆，通常情况下也可以满足在干扰环境下的使用需求。所以建议使用非屏蔽双绞线或光缆。

在建筑物内部布线通常有三种方式：走墙壁、走屋顶、走地板；走线有两种选择：明线和暗线。当布线房间或走道比较狭窄且层高较低时，宜选择明线，用 PVC 线槽走墙壁。采用明线费用较低，采用暗线不仅昂贵，而且需要架顶、架地面或打夹层，不过比较美观。若房间的高度允许，可以选择架顶或架地板，架地板更贵一些，但便于维护，若房间的宽度允许可以通过墙壁走暗线，给墙壁打夹层可以给墙壁装饰得很漂亮，也易于维护。在楼层过道三种方式都可以使用，但站点较集中的房间建议采用架地板的方式，会使安装和维护都更方便。建议把主机设在 2 号楼的三层，建筑群间采用地下管道敷设方式，管道内敷设室外 12

芯多模光缆。安装时至少要预留 1 ～ 2 个备用管孔，以供扩充之用。在 1 号楼、3 号楼放置光缆收发器，以确保信号正常传输。为节约资金室内连接采用双绞线，同一楼层上的水平系统多采用四对双绞线，电缆长度宜为 90 m 以内，垂直干线子系统总是位于垂直的弱电间，并采用大对数双绞线。

**4. 设备匹配及确定软件**

建议服务器配置（假设本公司已经有其他计算机）。

- Pentium MMX350CPU。
- 内存为 128 MB。
- SVGA（Cirrus Logic 5446PCI）显示卡。
- SCSI 接口硬盘为 40 GB。
- 一个 3.5 英寸和高密软盘驱动器和一个 CD – ROM 驱动器。

网卡采用 10/100 Mbps 自适应全双工网卡。

交换机采用 24 口交换机，若日后扩展可加入集线器，增加的用户通过集线器连接到交换机。

网线使用超五类非屏蔽双绞线、网络接头用 RJ – 45、信息插座用 AMP 双口信息插座面板。

服务器操作系统建议使用 Windows 2000 Server，便于使用。

**5. 系统设计文档**

5.1　网络结构设计文档

网络拓扑结构如图 3 所示，网段关联及配置如图 4 所示。

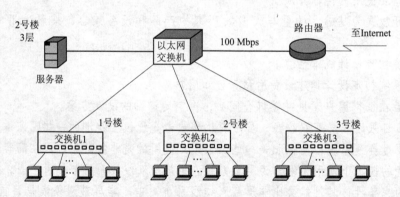

图 3　网络拓扑结构设计图

IP 地址分配：如图 5 所示，该公司只需申请一个 C 类 IP 地址即可。假设申请的地址是 235.12.0 设置 1 ～ 10 的 IP 为供销部，可以连接 Internet，预留 21 ～ 150 的 IP 给日后扩展到研发部的计算机。设子网掩码为 255.255.255.0。在连接计算机和交换机的双绞线两端贴上标签，以便于管理。

5.2　网络布线设计文档（参考网段关联及配置图）

**6. 硬件及软件清单**

系统硬件及软件需求如表 2 所示。

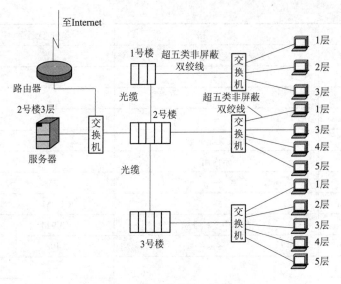

图 4 网段关联及配置图

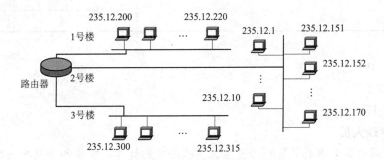

图 5 IP 地址分配

**表 2 硬件及软件清单表**

| 品　　名 | 规　　格 | 单价/元 | 数　量 |
|---|---|---|---|
| 服务器 | 略 | 25 000 | 1 |
| 交换机 | BENQ – SS 0224 | 2 200 | 4 |
| 网卡 | 神州数码 – DCN – 550GT | 690 | 1 |
| 路由器 | CISCO – 7513 | 11 800 | 1 |
| 光纤 | 室外用 12 芯多模 | 37 | 300 m |
| 光纤配线架 | — | 580 | 4 |
| 光纤配线面板 | — | 75 | 5 |
| 光纤耦合器 | — | 50 | 10 |
| 光纤收发器 | 10/100 Mbps | 2 000 | 2 |
| 接地夹 | — | 200 | 2 |
| 光纤套管 | — | 950 | 1 |
| ST 光纤接头 | — | 80 | 10 |

| 品　名 | 规　格 | 单价/元 | 数　量 |
|---|---|---|---|
| PVC 管材 | 室外用 | 3 | 330 m |
| AMP 信息面板 | — | 4 | 70 |
| RJ－45 | — | 1.5 | 300 |
| 双用打线工具 | — | 250 | 1 |
| 双绞线 | 超五类非屏蔽 | 780 | 25 箱 |
| PVC 管材 | 室内用 | 3 | 900 m |
| 标签条 | — | 25 | 4 包 |
| Windows 2000 Server | — | 1 957 | 1 |
| Microsoft Office XP | 简体中文标准版 | 3 940 | 1 |
| 金山毒霸 6 | — | 198 | 1 |
| WinRAR | | — | — |
| FlashGet | 如需要可从 Internet 下载 | — | — |
| Realone Player | | — | — |
| 网络实名 3721 | | — | — |

硬件：91 015 元。

软件：6 095 元。

合计：97 110 元。

### 7. 网络管理人员

假定该公司有 5 名本科计算机毕业生，掌握基本的计算机操作和个别的网络设置，但无法担任合格的网络管理员，其他员工有一部分掌握了计算机的基础操作，还有一部分老员工不懂得计算机操作。建议引进掌握网络管理等相关知识的优秀人才两名，进行公司网站的建设和维护，以及建立公司内部文件、档案等。同时还要重点培训原有的 5 名计算机本科生，送到正规的网络管理员培训班学习，另外在公司内部举办计算机操作培训班，分期培训公司员工。

# 习　题

### 一、单项选择题

1. 数据通信是在 20 世纪 60 年代随着（　　）技术的不断发展和广泛应用而发展起来的一种新的通信技术。

A. 光纤传输　　　　　B. 移动通信　　　　　C. 电子邮件　　　　　D. 计算机

2. 在计算机网络发展的 4 个阶段中，（　　）阶段是第三个发展阶段。

A. 网络互连　　　　　B. Internet　　　　　C. 网络标准化　　　　　D. 主机终端系统

3. EIA/TIA 568B 标准的 RJ－45 接口线序其中第 3、4、5、6 四个引脚的颜色分别出芯为（　　）。

A. 白绿、蓝色、白蓝、绿色　　　　　　　B. 蓝色、白蓝、绿色、白绿

C. 白蓝、白绿、蓝色、绿色　　　　　　　D. 蓝色、绿色、白蓝、白绿

4. 广域网覆盖的地理范围从几十千米到几千千米。它的通信子网主要使用（　　　）。

A. 报文交换技术　　　　　　　　　　　　B. 分组交换技术

C. 文件交换技术　　　　　　　　　　　　D. 电路交换技术

5. 计算机网络最突出的优点是（　　　）。

A. 运算速度快　　　　B. 运算精度高　　　　C. 存储容量大　　　　D. 资源共享

6. 计算机网络是计算机与（　　　）结合的产物。

A. 其他计算机　　　　B. 通信技术　　　　C. 电话　　　　D. 通信协议

7. 将计算机网络按拓扑结构分类，不属于该类的是（　　　）。

A. 星形网络　　　　B. 总线型网络　　　　C. 环形网络　　　　D. 双绞线网络

8. 计算机网络中各个结点相互连接的结构形式，叫做网络的（　　　）。

A. 拓扑结构　　　　B. 层次结构　　　　C. 分组结构　　　　D. 网状结构

9. 衡量网络上传输速率的单位是 bps，其含义是（　　　）。

A. 数据每秒传送多少千米　　　　　　　　B. 数据每秒传送多少米

C. 每秒传送多少个二进制位　　　　　　　D. 每秒传送多少个数据位

10. 将一座办公大楼内各个办公室中的微机进行联网，这个网络属于（　　　）。

A. WAN　　　　B. LAN　　　　C. MAN　　　　D. GAN

11. 在局域网内提供共享资源并对这些资源进行管理的计算机称为（　　　）。

A. 计算机　　　　B. 服务器　　　　C. 工作站　　　　D. 客户机

12. 计算机网卡的主要功能不包括（　　　）。

A. 实现数据传输　　　　B. 网络互联　　　　C. 确认通信协议　　　　D. 连接通信介质

13. 局域网一般不采用的有线通信传输介质是（　　　）。

A. 电话线　　　　B. 双绞线　　　　C. 光缆　　　　D. 同轴电缆

14. 互联网的基本含义是（　　　）。

A. 计算机与计算机互联　　　　　　　　　B. 计算机与计算机网络互联

C. 计算机网络与计算机网络互联　　　　　D. 国内计算机与国外计算机互联

15. 不受电磁干扰或噪声影响的传输介质是（　　　）。

A. 双绞线　　　　B. 光纤　　　　C. 同轴电缆　　　　D. 微波

## 二、简答题

1. 计算机网络的发展分为哪几个阶段？

2. 什么是计算机网络？计算机网络有哪些主要功能？

3. 计算机网络系统的组成是什么？

4. 通信子网与资源子网的联系与区别是什么？

5. 局域网、城域网和广域网的主要特征是什么？

6. 什么是结构化布线系统？

7. 结构化布线系统包含哪些国际标准？

8. 结构化布线系统由哪几部分组成？说明各部分之间的关系。

9. 通过比较说明双绞线、同轴电缆和光纤 3 种常用的传输介质的特点。

### 三、应用题

某公司楼高 40 层，每层高 3.3 m，同一楼层内任意两个房间最远传输距离不超过 90 m。两个楼之间的距离为 500 m，需在整个大楼进行综合布线，结构如图 1 – 30 所示。为满足公司业务发展的要求，要求为楼内客户机提供数据速率为 100 Mbps 的数据、图像及语音服务。

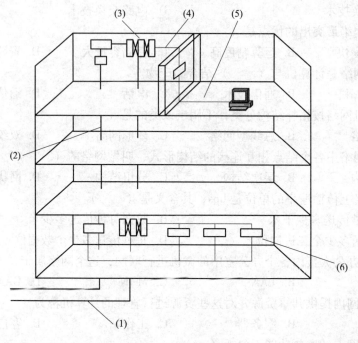

图 1 – 30　应用题图

1. 综合布线系统由 6 个子系统组成，将图 1 – 30 中（1）～（6）处空缺子系统的名称填上。

2. 考虑性能与价格因素，图 1 – 30 中（1）、（2）和（4）中各采用什么传输介质？

3. 为满足公司要求，通常选用什么类型的信息插座？

4. 制作交叉双绞线（一端按 EIA/TIA 568A 线序，另一端按 EIA/TIA 568B 线序）时，请问两种标准线序的颜色顺序是什么？

# 数据通信技术

**本章主要知识点**

❖ 数据通信的基本概念。
❖ 数据通信的主要技术指标。
❖ 数据通信方式。
❖ 信道复用技术。
❖ 数据交换技术。
❖ 差错控制技术。

**学习本章应达到的能力目标**

❖ 掌握数据通信的概念及相关的知识。
❖ 能进行数据通信传输速率相关的计算。

计算机网络是计算机技术与通信技术相结合的产物，数据通信是指用通信线路和通信设备把两结点连接起来进行数据传递或交换，它是网络的基础。

## 2.1 数据通信技术的概念

数据通信包含两个方面的内容，一个是数据传输，另一个是数据传输前后的处理。数据通信的定义是依照通信协议，利用数据传输技术在两个功能单元之间传递数据信息。实现计算机与计算机、计算机与终端设备、终端设备与终端设备之间数据信息传递。

### 2.1.1 模拟数据通信和数字数据通信

首先介绍通信中常用几个术语的解释。

**1. 信息**

信息是指人们对客观现实世界事物的存在方式或运动状态的某种认识。信息是数据的内容和解释，通信的目的就是交换信息。

**2. 数据**

数据是信息的表达形式，是有意义的实体。数据可分为模拟数据和数字数据。模拟数据是在某区间内连续变化的值；数字数据是离散的值。

### 3. 信号

信号是数据的电子或电磁编码。信号可分为模拟信号和数字信号。模拟信号是随时间连续变化的电流、电压或电磁波，如图 2-1 所示；数字信号则是一系列离散的电脉冲，如图 2-2 所示。可选择适当的信号来表示要传输的数据。

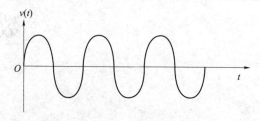

图 2-1　模拟信号波形图

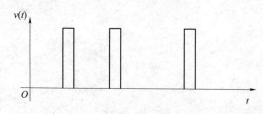

图 2-2　数字信号波形图

### 4. 噪声

噪声就是信号在信道上传输过程中受到的各种干扰。

### 5. 信源、信宿和信道

信源是通信过程中产生和发送信息的设备或计算机；信宿是通信过程中接收和处理信息的设备或计算机；信道是信源和信宿之间的通信线路。

## 2.1.2　数据通信系统的基本结构

### 1. 数据通信系统的组成

数据通信系统的基本组成有 3 个要素，分别是信源、信宿和信道，如图 2-3 所示。

图 2-3　数据通信系统

1）信源

信源就是发送信号的一端，它包括源站和发送器。

源站：产生要传输的数据的计算机或服务器等设备。

发送器：对要传送的数据进行编码的设备，如调制解调器等。常见的网卡中也包括收发器组件和功能。

2）信宿

信宿是接收发送端所发送的信号的一端，它包括目的站和接收器。

目的站：从接收器获取从发送端发送的信息的计算机或服务器等。

接收器：接收从发送端发来的信号，并把它们转换为能被目的站设备识别和处理的信息。它也可以是调制解调器之类的设备，不过此时它的功能当然就不再是调制，而是解调了。常见的网卡中也包括接收器组件和功能。

3）信道

信道是网络通信的信号通道，如双绞线通道、同轴电缆通道、光纤通道或者无线电波通道等。当然还包括线路上的交换机和路由器等设备。

**2. 数据通信的分类**

1）模拟通信

模拟通信是指在信道上传送的是模拟信号的通信。模拟通信系统由信源、调制器、信道、解调器、信宿及噪声组成，如图 2-4 所示。信源所产生的原始信号一般都要经过调制再通过信道传输（距离很近的有线通信也可以不调制，如市内电话）。调制器是用发送的消息对载波的某个参数进行调制的设备。解调器是实现上述过程逆变换的设备。

普通电话、广播、电视等都属于模拟通信系统。

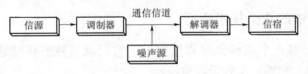

图 2-4 模拟通信模型

2）数字通信

数字通信是指在信道上传送数字信号的通信，数字通信系统由信源、信源编码器、信道编码器、调制器、信道、解调器、信道译码器、信源译码器、信宿、噪声源以及发送端和接收端时钟同步组成，数字通信系统模型如图 2-5 所示。

计算机通信、数字电话、数字电视都属于数字通信。

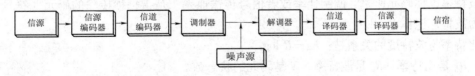

图 2-5 数字通信模型

在数字通信系统中，如果信源发出的是模拟信号，就要经过信源编码器对模拟信号进行采样、量化及编码，将其变换为数字信号；如果信源发出的是数字信号，也需要进行数字编码。信源编码有两个主要作用：一个是实现数/模转换；另一个是降低信号的误码率。而信源译码则是信源编码的逆过程。

信道通常会遭受各种噪声的干扰，有可能导致接收端接收信号时产生错误，即误码。为了能够自动地检测出错误或纠正错误，可采用检错编码或纠错编码，这就是信道编码；信道译码则是信道编码的逆变换。

从信道编码器输出的数码序列还是属于基带信号。除某些近距离的数字通信可以采用基带传输外，通常为了与采用的信道相匹配，都要将基带信号经过调制变换成频带信号再传输，这就是调制器所要完成的工作；而解调则是调制的逆过程。

时钟同步也是数字通信系统的一个重要的不可或缺的部分。由于数字通信系统传递的信号是数字信号，所以发送端和接收端必须有各自的发送和接收时钟系统。而为了保证接收端正确接收数字信号，接收端的接收时钟必须与发送端的发送时钟保持同步。

近年来，数字通信无论在理论上还是技术上都有了突飞猛进的发展。数字通信与模拟通信相比，具有抗干扰能力强、可以再生中继、便于加密、易于集成化等一系列优点。另外，各种通信业务，无论是语音、电报，还是数据、图像等信号，经过数字化后都可以在数字通信网中传输、交换并进行处理，这就更显示出数字通信的优越性。数字通信系统的主要特点如下所述。

（1）抗干扰能力强。

（2）可实现高质量的远距离通信。

（3）能适应各种通信业务。

（4）能实现高保密通信。

（5）通信设备的集成化和微型化等。

## 2.1.3　数据通信中的几个技术指标

在数据通信中，有 4 个指标是非常重要的，它们就是数据传输速率、数据传输带宽（也称"信道容量"）、传输时延和误码率。

**1. 数据传输速率**

数据传输率是指单位时间内传输的信息量，可用"比特率"和"波特率"来表示。

1）比特率

比特率是每秒传输二进制信息的位数，单位为"位/秒"，通常记作 bps，主要单位有 Kbps、Mbps 和 Gpbs。

2）波特率

波特率也称码元速率、调制速率或者信号传输速率，是指每秒传输的码元（符号）数，单位为波特，记作 Baud。

比特率与波特度的关系是：$R_b = R_s \log_2 N$

其中：$R_b$ 是比特率、$R_s$ 是波特率、$N$ 是码元的状态数。

例如，信号的波特率为 600 Baud，采用 4 相 DPSK 调制，则信道支持的最大数据速率是多少？

解：已知 $R_s = 600$ Baud，$N = 4$；

$R_b = R_s \log_2 N = 600 \log_2 4 = 1\ 200$ bps。

3）误码率

误码率（$p_e$）是指二进制数据位传输时出错的概率。它是衡量数据通信系统在正常工作情况下的传输可靠性的指标。在计算机网络中，一般要求误码率低于 $10^{-6}$，若误码率达不到这个指标，可通过差错控制方法检错和纠错。

误码率计算公式为

$$p_e = \frac{N_e}{N} \times 100\%$$

式中的 $N_e$ 为其中出错的位数，$N$ 为传输的数据总位数。

**2. 信道带宽与信道容量**

信道就是信号传输的通路，信道带宽和信道容量是描述信道的主要参数之一，由信道的物理特性所决定。

信道带宽是指信道中传输的信号在不失真的情况下所占用的频率范围，通常称为信道的通频带，单位用赫兹（Hz）表示。信道带宽是由信道的物理特性决定的。如电话线路的频率范围是 300 Hz ～ 3 400 Hz，则这条电话线的信道带宽为 300 Hz ～ 3 400 Hz。

信道容量是衡量一个信道传输数字信号的重要参数。信道容量是指单位时间内信道上所能传输的最大比特数，用每秒比特数（bps）表示。当传输的信号速率超过信道的最大信号速率时，就会产生失真。

信道带宽越宽，则信道容量就越大，单位时间内信道上传输的信息量就越多，传输效率也就越高。信号传输速率受信道带宽的限制，奈奎斯特准则和香农定理分别从不同角度描述了这种限制。

1）奈奎斯特准则

在理想信道情况下，信道的容量为：$C = 2B\log_2 N$。

式中 $B$ 为信道带宽，$N$ 为信号的状态个数，$C$ 为信道容量（最大传输速率），即每秒所能传输的最大比特数。

2）香农定理

在随机噪声干扰的信道中传输数字信号，信道容量为

$$C = B\log_2(1 + S/N)$$

式中 $B$ 为信道带宽，$C$ 为信道容量，$S$ 是信道上所传输的信号的平均功率，$N$ 是信道上的噪声功率，$S/N$ 是信噪比。

香农定理描述了在有限带宽、随机噪声分布的信道中最大的数据传输速率与信道带宽的关系。

信道容量与数据传输速率是有区别的，前者表示信道的最大数据传输速率，是信道传输数据能力的极限，而后者是实际的数据传输速率。像公路上的最大限速与汽车实际速度的关系一样。

**3. 传输时延**

信号在信道中传输，从信源到达信宿需要一定的时间，这个时间称传输时延。信号的传输时延与信道的传输介质、信源和信宿的距离有关。

## 2.2　数据编码和调制技术

数据分为模拟数据和数字数据，信号又分模拟信号和数字信号，数据要在信道上传输必须把数据转换为信号，信道也可以分为模拟信道和数字信道，如图 2 - 6 所示。

用数字信号承载数字或模拟数据称为编码；用模拟信号承载数字或模拟数据称为调制。不同类型的数据转换成不同类型的信号在信道上传输有 4 种组合，如图 2 - 7 所示。

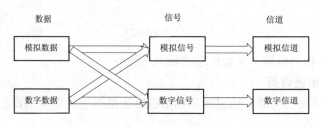

图 2-6　数据、信号与信道的关系

图 2-7　数据转换成信号的 4 种组合

## 2.2.1　数字数据的调制

传统的电话线通信信道是专门为传输语音信号设计的，用于传输音频 300 Hz ～ 3 400 Hz 的模拟信号，不能直接传输数字信号，所以利用传统的电话交换网实现计算机数字数据的传输，必须首先将数字数据转换成模拟信号，这个过程称为调制，接收端需要将模拟信号还原成数字数据，这个过程称为解调。

当两台计算机要通过电话线进行数据传输时，就需要一个设备负责数模的转换。这个数模转换的设置就是调制解调器（Modem）。正是通过这样一个"调制"与"解调"的数模转换过程，实现了两台计算机之间的远程通信，如图 2-8 所示。

图 2-8　调制与解调

对数字数据进行调制的方法有幅移调制（Amplitude Shift Keying，ASK）、频移调制（Frequency Shift Keying，FSK）和相移调制（Phase Shift Keying，PSK）3 种。

根据载波 $u(t) = A\sin(\omega t + \varphi)$ 信号中，可以根据幅度 $A$、频率 $\omega$、相位 $\varphi$ 3 个可改变的量，来实现模拟信号的编码。

（1）幅移调制法（ASK）：用载波的两个不同振幅表示 0 和 1。

（2）频移调制法（FSK）：用载波的两个不同频率表示 0 和 1。

（3）相移调制法（PSK）：用载波的起始相位的变化表示 0 和 1。

数字数据的调制方法如图 2-9 所示。

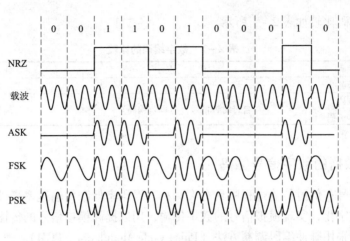

图 2-9　数字数据的调制方法

## 2.2.2　数字数据的编码

利用数字通信信道直接传输数字信号的方法称作数字信号的基带传输，而数字数据在传输之前，需要进行数字编码，将数字数据转换成数字信号。常见的数字数据编码方式有 3 种，分别是不归零编码、曼彻斯特编码和差分曼彻斯特编码。

**1. 不归零编码**

不归零编码（Non Return Zero，NRZ）编码规定高电平代表逻辑 1，低电平代表逻辑 0。

**2. 曼彻斯特编码**

曼彻斯特编码（Manchester）是每一位二进制信号的中间都有跳变，若从低电平跳变到高电平，就表示数字信号 0；若从高电平跳变到低电平，就表示数字信号 1。

**3. 差分曼彻斯特编码**

差分曼彻斯特编码（Difference Manchester）是对曼彻斯特编码的改进。其特点是每一位二进制信号的跳变依然提供收发端之间的同步，根据其开始边界是否发生跳变来决定。若一个比特开始处存在跳变则表示 0，无跳变则表示 1。

数字数据编码如图 2-10 所示。

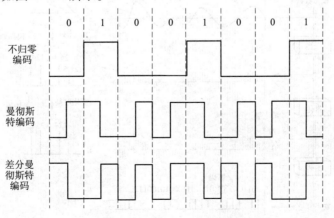

图 2-10　数字数据编码

38

三种数字编码比较如表 2-1 所示。

表 2-1　数字编码的比较

| 数字数据编码 | 优　点 | 缺　点 |
|---|---|---|
| 不归零编码 | 简单 | 不能同步 |
| 曼彻斯特编码<br>差分曼彻斯特编码 | 自带时钟信号（自同步编码） | 编码复杂 |

### 2.2.3　模拟数据的数字信号编码

由于数字信号在信道传输过程中具有失真小、误码率低和传输速率高等特点，因此常将模拟信号进行数字化，实现模拟信号的数字传输，用以提高模拟信号的传输质量。模拟信号的数字编码通常采用脉冲编码调制方法（Pulse Code Modulation，PCM）。

脉冲编码调制方法的过程包括采样、量化和编码 3 个步骤，如图 2-11 所示。

图 2-11　脉冲编码

**1. 采样**

每隔一定的时间间隔，采集模拟信号的瞬时电平值作为样本，表示模拟数据在某一区间随时间变化的值。

**2. 量化**

量化是将取样样本幅度按量化级决定取值的过程。量化级可以分为 8 级和 16 级，或者更多的量化级，这取决于系统精确度。

**3. 编码**

编码是用相应位数的二进制代码表示量化后采样样本的量级。

脉冲编码调制方法的工作过程如图 2-12 所示。

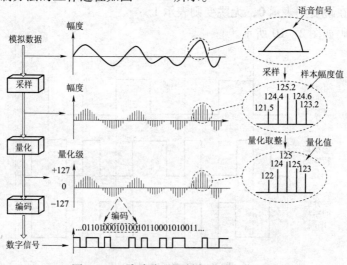

图 2-12　脉冲编码调制方法的工作过程

# 2.3 数据传输方式

## 2.3.1 单工通信、半双工和全双工通信

根据数据在信道上的流向及特点，数据通信可以有单工通信、半双工通信和全双工通信 3 种通信方式。

### 1. 单工通信

单工通信是指通信信道是单向信道，数据信号仅沿一个方向传输，发送方只能发送不能接收，接收方只能接收而不能发送，任何时候都不能改变信号传输的方向，如图 2-13 所示。无线电广播和电视都属于单工通信。

图 2-13 单工通信

### 2. 半双工通信

半双工通信是指信号可以沿两个方向传输，但同一时刻一个信道只允许单方向传输，即两个方向的传输只能交替进行，而不能同时进行，如图 2-14 所示。当改变传输方向时，要通过开关切换。

半双工信道适合于会话式通信，对讲机属于半双工通信。

### 3. 全双工通信

全双工通信是指数据可以同时沿相反的两个方向双向传输，如图 2-15 所示。电话通话属于全双工通信。

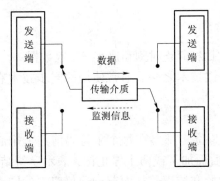

图 2-14 半双工通信

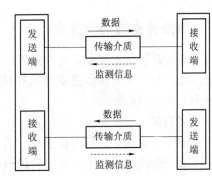

图 2-15 全双工通信

## 2.3.2 并行传输和串行传输

### 1. 并行传输

并行传输指的是数据以成组的方式，在多条并行信道上同时进行传输。常用的就是将构

成一个字符代码的几位二进制码，分别在几个并行信道上进行传输。

**2. 串行传输**

串行传输指的是数据流以串行方式，在一条信道上传输。一个字符的 8 个二进制代码，由高位到低位顺序排列，这样串接起来形成串行数据流传输。

串行传输只需要一条传输信道，传输速度远远慢于并行传输，但易于实现、费用低，是目前主要采用的一种传输方式。

并行传输与串行传输如图 2 – 16 所示。

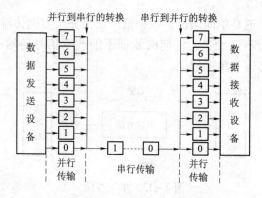

图 2 – 16　并行传输与串行传输

并行传输与串行传输的比较如表 2 – 2 所示。

表 2 – 2　并行传输与串行传输的比较

| 传输方式 | 优　点 | 缺　点 |
| --- | --- | --- |
| 并行传输 | 能实现发送、接收双方的字符同步、近距离传输 | 并行信道 |
| 串行传输 | 只需要一条传输信道、易于实现、费用低、可远距离传输 | 需要同步技术 |

## 2. 3. 3　数据传输的同步技术

同步就是要接收方按照发送方发送的每个码元/比特起止时刻和速率来接收数据。

实现收、发之间的同步技术是数据传输中的关键技术之一。通常使用的同步技术有两种：异步方式和同步方式。

**1. 异步方式**

在异步传输方式中，每传送 1 个字符（7 位或 8 位）都要在每个字符码前加 1 个起始位，以表示字符代码的开始；在字符代码和校验码后面加 1 或两个停止位，表示字符结束。接收方根据起始位和停止位来判断一个新字符的开始和结束，从而起到通信双方的同步作用，如图 2 – 17 所示。

**2. 同步方式**

同步传输方式的信息格式是一组字符或一个二进制位组成的数据块（帧），在发送一组字符或数据块之前先发送一个同步字符（以 01101000 表示）或一个同步字节（01111110），用于接收方进行同步检测，从而使收发双方进入同步状态。如图 2 – 18 所示。

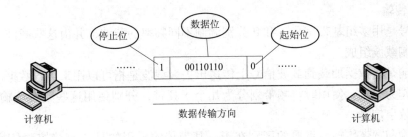

图 2 - 17  异步传输方式

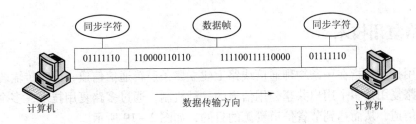

图 2 - 18  同步传输方式

异步传输方式实现比较容易，但每一个字符都需要多使用 2 ～ 3 位，适合于低速的通信。同步通信以一个字符组作为单位传送，且附加位少，从而提高了传输效率。

### 2.3.4  信号的传输方式

在信道上，数据是由变化的信号携带的，这些信号的变化表现出一定的频率特征，这些特征决定信号的传输方式，具体有 3 种：基带传输、频带传输和宽带传输。

**1. 基带传输**

在数据通信中，由计算机或终端等数字设备直接发出的信号是二进制数字信号，是典型的矩形电脉冲信号，其频谱包括直流、低频和高频等多种成分。

在数字信号频谱中，把直流（零频）开始到能量集中的一段频率范围称为基本频带，简称为基带。因此，数字信号被称为数字基带信号，在信道中直接传输这种基带信号就称为基带传输。在基带传输中，整个信道只传输一种信号，通信信道利用率低。

由于在近距离范围内，基带信号的功率衰减不大，从而信道容量不会发生变化，因此，在局域网中通常使用基带传输技术。

在基带传输中，需要对数字信号进行编码来表示数据。

**2. 频带传输**

远距离通信信道多为模拟信道，例如，传统的电话（电话信道）只适用于传输音频范围（300 ～ 3 400 Hz）的模拟信号，不适用于直接传输频带很宽、但能量集中在低频段的数字基带信号。

频带传输就是先将基带信号变换（调制）成便于在模拟信道中传输的、具有较高频率范围的模拟信号（称为频带信号），再将这种频带信号在模拟信道中传输。

计算机网络的远距离通信通常采用的是频带传输。

基带信号与频带信号的转换是由调制解调技术完成的。

### 3. 宽带传输

宽带信号是用多组基带信号 1 和 0 分别调制不同频率的载波，并由这些载波分别占用不同频段的调制载波组成。

宽带传输是将数据加载到载波信号上传送出去。载波是指可以用来载送数据的信号，一般以正弦波作为载波，使用时将频带划分为几个子频带，分别使用这些频带传输音频信号、视频信号和数字信号。

基带传输和宽带传输最重要的区别在于：基带传输采用的是"直接控制信号状态"的传输方式，而宽带传输采用的是"控制载波信号状态"的传输技术。

## 2.4 多路复用技术

多路复用技术是指在一条物理通信线路上建立多条逻辑通信信道，同时传输若干路信号的技术。多路复用是多个用户共享公用信道的一种机制，通过多路复用技术，多个终端能共享一条高速信道，从而达到节省信道资源的目的，如图 2 - 19 所示。

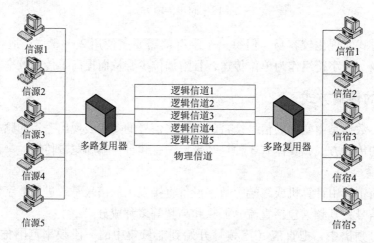

图 2 - 19　多路复用技术

多路复用有频分多路复用（FDM）、时分多路复用（TDM）、波分多路复用（WDM）和码分多路复用（CDMA）几种。

### 2.4.1 频分多路复用

频分多路复用（Frequency Divison Multiplexing，FDM）是将信道的传输频带分成多个互不交叠的频带部分，每一个部分均可作为一个独立的传输信道使用。这样在一对传输线路上就可以同时传输多路信号，而每一路信号占用的只是其中的一个频段。它是模拟通信的主要手段，如无线电广播。

多路的原始信号在频分复用前，首先要通过频谱搬移技术，将各路信号的频谱搬移到物理信道频谱的不同段上，这可以通过频率调制时采用不同的载波来实现。如图 2 - 20 所示。

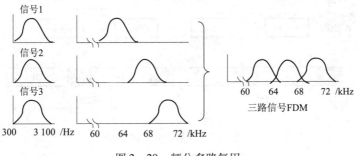

图 2-20　频分多路复用

## 2.4.2　时分多路复用

时分多路复用（Time Divison Multiplexing，TDM）是将一条物理信道按时间分成一个个的时间片，每个时间片占用信道的时间都很短。这些时间片分配给各路信号，每一路信号使用一个时间片。在这个时间片内，该路信号占用信道的全部带宽。

时分多路复用技术又可分为同步时分多路复用技术和异步时分多路复用技术。

**1. 同步时分多路复用技术**

同步时分多路复用技术（Statistical Time Divison Multiplexing，STDM）按照信号复用的路数划分时间片，每一路信号具有相同大小的时间片。时间片轮流分配给每路信号，该路信号在时间片使用完毕以后要停止通信，并把物理信道让给下一路信号使用。当其他各路信号把分配到的时间片都使用完以后，该路信号再次取得时间片进行数据传输，这种方法叫做同步时分多路复用技术，如图 2-21 所示。

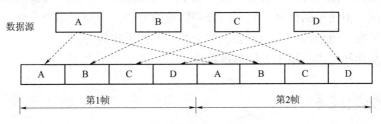

图 2-21　同步时分多路复用

同步时分多路复用技术的优点是控制简单，实现起来容易。缺点是如果某路信号没有足够多的数据，不能有效地使用它的时间片，则造成资源的浪费；而有大量数据要发送的信道又由于没有足够多的时间片可利用，所以要拖很长一段的时间，降低了设备的利用效率。

**2. 异步时分多路复用技术**

异步时分多路复用技术（Asynchronous Time Divison Multiplexing，ATDM）是指为大数据量传输的用户占有较多的时间片，传输数据量小的用户少占用时间片，没有数据传输的用户就不再分配时间片。这时，为了区分哪一个时间片是哪一个用户的，必须在时间片上加上用户的标识。由于一个用户的数据并不按照固定的时间间隔发送，所以称为"异步"。这种方法叫做异步时分多路复用技术，如图2-22 所示。

这种方法提高了设备利用率，但是技术复杂性也比较高，所以这种方法主要应用于高速

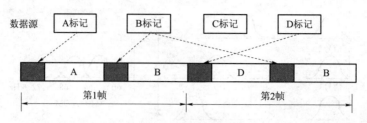

图2-22　异步时分多路复用

远程通信过程中，例如，异步传输模式 ATM。

### 2.4.3　波分多路复用

波分多路复用（Wavelength Divison Multiplexing，WDM）主要应用在光纤通道上。

波分多路复用实质上也是一种频分多路复用技术。由于在光纤通道上传输的是光波，光波在光纤上的传输速度是固定的，所以光波的波长和频率有固定的换算关系。由于光波的频率较高，使用频率来表示就不很方便，所以改用波长来进行表示。在一条光纤通道上，按照光波的波长不同划分成为若干个子信道，每个子信道传输一路信号就叫做波分多路复用技术。

### 2.4.4　码分多路复用

码分多路复用（Code Divison Multiple Access，CDMA）又称码分多址，它既共享信道的频率，也共享时间，是一种真正的动态复用技术。其原理是每个用户可在同一时间使用同样的频带进行通信，但使用的是基于码型的分割信道的方法，即每个用户分配一个地址码，各个码型互不重叠，通信各方之间不会相互干扰，且抗干扰能力强。

码分多路复用技术主要用于无线通信系统。

## 2.5　数据交换技术

数据交换是指数据在通信子网中各结点间的数据传输过程，如图2-23所示，按数据传送的方式将数据交换技术分成两大类：电路交换和存储转发交换，其中存储转发交换技术又可分为报文交换和分组交换。

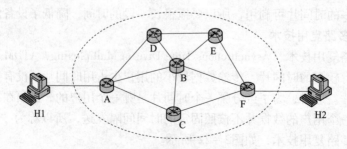

图2-23　交换网络的拓扑结构

## 2.5.1  电路交换

电路交换也称为线路交换，当前的电话网就使用这个技术。利用线路交换通信时中间交换结点间要建立一条专业的通信电路。

利用线路交换进行通信时需要分成 3 个阶段：线路建立、数据传输和线路拆除。

1）线路建立

在传输数据之前，要先经过呼叫过程建立一条端到端的线路。

图 2-23 所示，若主机 H1 要与主机 H2 通信，典型的做法是，H1 站先向与其相连的 A 结点提出请求，然后 A 结点在通向 F 结点的路径中找到下一个支路。比如 A 结点选择经 B 结点的电路，在此线路上分配一个未用的通道，并告诉 B 它还要连接 F 结点；B 再呼叫 F，建立线路 BF，最后，结点 F 完成到 H2 站的连接。这样 A 与 F 之间就有一条专用电路 ABF，用于主机 H1 与主机 H2 之间的数据传输。

2）数据传输

线路 ABF 建立以后，数据就可以从 A 发送到 B，再由 B 交换到 F；F 也可以经 B 向 A 发送数据。在整个数据传输过程中，所建立的线路必须始终保持连接状态。

3）线路拆除

数据传输结束后，由某一方（A 或 F）发出拆除请求，然后逐节拆除到对方结点。

电路交换技术的优缺点及其特点。

（1）优点：数据传输可靠、迅速，数据不会丢失且保持原来的序列。

（2）缺点：线路一经建立，就归通信双方所有，利用率低、浪费严重。它适用于系统间要求高质量的大量数据传输的情况。

（3）特点：在数据传送开始之前必须先设置一条专用的通路。在线路释放之前，该通路由一对用户完全占用。对于猝发式的通信，线路交换效率不高。

线路交换所用的时间如图 2-24 所示。

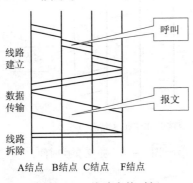

图 2-24  线路交换时间

## 2.5.2  存储转发交换

存储转发交换是通信双方在进行通信时，不需要预先建立一条专用的电路。发送端将需要发送的数据（报文或分组）加入目的地址。直接交给通信网络，通过存储转发方式传输给目的站点。

存储转发工作原理：发送端将一个目的地址附加在数据（报文或分组）上发送出去；每个中间结点先接收整个数据（报文或分组），检查无误后暂存（存储）这个数据（报文或分组），然后根据数据（报文或分组）的目的地址，选择一条合适的空闲输出线路将整个报文传送给下一结点（转发），直至目的结点。

存储转发交换的特点。

（1）线路利用率高。由于许多数据（报文与分组）可以分时共享两个结点之间的通道，所以对于同样的通信量来说，对线路的传输能力要求较低。

（2）在线路交换网络上，当通信量变得很大时，就不能接受新的呼叫。而在报文交换网络上，通信量大时仍然可以接收报文，不过传送延迟会增加。

（3）存储转发交换系统可以把一个报文（分组）发送到多个目的地，而线路交换网络很难做到这一点。

（4）存储转发交换网络可以进行速度和代码的转换。

（5）有时结点收到过多的数据而无空间存储或不能及时转发时，就不得不丢弃报文，而且发出的报文不按顺序到达目的地。

需要传输的数据分为报文和分组，传输报文的称为报文交换、传输分组的称为分组交换。

### 1. 报文交换

把一次要传输的数据、长度不限且可变的称为报文。

报文交换时，中间结点中需要存储转发数据，报文需要排队，而报文的长度没有限定，所以报文通过中间结点时有不可测的通信延迟，不能满足实时通信的要求。报文交换所有时间如图 2－25 所示。

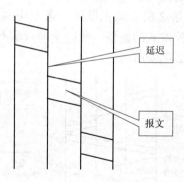

A结点　B结点　C结点　F结点

图 2－25　报文交换时间

### 2. 分组交换

分组交换是报文交换的一种改进方法，它将报文分成若干个分组，每个分组的长度有一个上限，有限长度的分组使得每个结点所需的存储能力降低了，分组可以存储到内存中，提高了交换速度。它适用于交互式通信。分组交换有虚电路分组交换和数据报分组交换两种。它是计算机网络中使用最广泛的一种交换技术。

1）虚电路分组交换

虚电路分组交换是一种将存储转发方式和电路交换方式结合起来，发挥两种方式的优点，以达到最佳的数据交换效果。

　　虚电路分组交换是需要在发送方与接收方之间建立一条逻辑通路，每个分组除了包含数据之外还包含一个虚电路标识符。在预先建好的路径上的每个结点都知道把这些分组引导到哪里去，不再需要路由选择判定。之所以称为"虚"电路，是因为这条电路不是专用的，如图 2-26 所示。虚电路分组交换所用时间如图 2-27 所示。

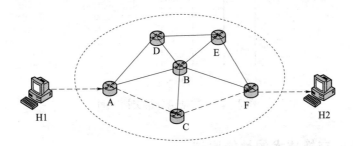

图 2-26  虚电路分组交换

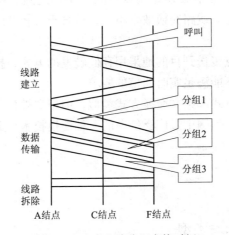

图 2-27  虚电路分组交换时间

2）数据包分组交换

　　数据报分组交换时，发送方所发送的每一个分组都独立通过存储转发交换方式传输到接收方，每个分组在通信子网中可以通过不同传输路径传输，到了接收方再组合起来，如图 2-28 所示。数据包分组交换所用时间如图 2-29 所示。

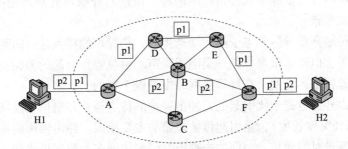

图 2-28  数据包分组交换方式

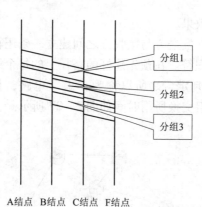

A结点　B结点　C结点　F结点

图 2 - 29　数据包分组交换时间

### 2.5.3　各种数据交换技术的性能比较

线路交换：在数据传输之前必须先设置一条完全的通路。在线路拆除（释放）之前，该通路由一对用户完全占用。线路交换效率不高，适合于较轻和间接式负载使用租用的线路进行通信。

报文交换：报文从源点传送到目的地采用存储转发的方式，报文需要排队。因此报文交换不适合于交互式通信，不能满足实时通信的要求。

分组交换：分组交换方式和报文交换方式类似，但报文被分成分组传送，并规定了最大长度。分组交换技术是在数据网中最广泛使用的一种交换技术，适用于交换中等或大量数据的情况。

## 2.6　差错控制技术

### 2.6.1　差错产生的原因与类型

数据通信时接收端收到的数据与发送端实际发出的数据出现不一致的现象称为差错，差错是不可避免，因为信道上总是有噪声的，信道的噪声能够干扰通信效果，降低通信的可靠性。

差错控制技术就是分析差错产生的原因与差错类型，检查是否出现差错及如何纠正差错。

通信信道的噪声分为热噪声和冲击噪声两种。由这两种噪声分别产生两种类型的差错，即随机差错和突发差错。

热噪声是由传输介质导体的电子热运动产生的，热噪声的特点是：时刻存在，幅度较小且强度与频率无关，但频谱很宽，是一类随机噪声。由热噪声引起的差错称随机差错。此类差错的特点是：差错是孤立的，在计算机网络中是极个别的。

冲击噪声是由外界电磁干扰引起的，冲击噪声的特点是：差错呈突发状，幅度较大，影响一批连续的 bit（突发长度），是引起传输差错的主要原因。冲击噪声的持续时间要比数据传输中的每比特发送时间要长，因而冲击噪声会引起相邻多个数据位出错。冲击噪声引起的传输差错称为突发差错。

通信过程中产生的传输差错，是由随机差错和突发差错共同构成的。

## 2.6.2　差错控制

差错控制就是检测和纠正数据通信中可能出现差错的方法，保证计算机通信中数据传输的正确性和传输效率。

差错控制检测方法是差错控制编码。在向信道发送数据之前，先按照某种关系附加上一定的冗余位，构成一个码字后再发送，这个过程称为差错控制编码过程。接收端收到该码字后，检查信息位和附加的冗余位之间的关系，以检查传输过程中是否有差错发生，这个过程称为检验过程。

差错控制编码可分为检错码和纠错码。

检错码——能自动发现差错的编码。

纠错码——不仅能发现差错，而且能自动纠正差错的编码。

常用的差错控制方式有自动请求重发（ARQ）和前向纠错（FEC）。

### 1. 自动请求重发

自动请求重发（Automatic Repeat reQuest，ARQ）是计算机网络中较常采用的差错控制方法，自动请求重发的原理是：发送方将要发送的数据附加上一定的冗余检错码一并发送，接收方则根据检错码对数据进行差错检测，如发现差错，则接收方返回请求重发的信息，ACK 是确认信号，NAK 是否认信号。发送方在收到请求重发的信息后，重新传送数据；如没有发现差错，则发送下一个数据，如图 2-30 所示。

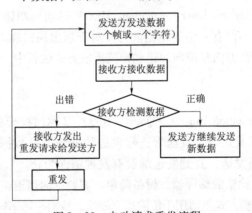

图 2-30　自动请求重发流程

特点：使用检错码（常用的有奇偶校验码和 CRC 码等）、必须是双向信道、发送方需设置缓冲器。

采用这种差错控制方法需要具备双向通道，一般在计算机数据通信中应用。检错重发方式分为 3 种。

停止等待重发：发送端发送数据后，均要等待接收端的回应。特点是系统简单，时延长。

返回重发：发送端发送数据后，不等待接收端的回应，继续发送，当发送端收到 NAK 信号后，重发错误码组以后的所有码组，特点是系统较为复杂，时延减小。

选择重发：发送端发送数据后，不等待接收端的回应，继续发送，当发送端收到 NAK 信号后，重发错误码组，特点是系统复杂，时延最小。

### 2. 前向纠错

前向纠错（Forward Error Correction，FEC）的原理是：发送方将要发送的数据附加上一定的冗余纠错码一并发送，接收方则根据纠错码对数据进行差错检测，如发现差错，由接收方进行纠正，如图2-31所示。

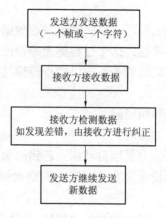

图2-31　前向纠错流程

特点：使用纠错码（纠错码编码效率低且设备复杂）、单向信道、发送方无须设置缓冲器。

### 3. 混合纠错检错方式

混合纠错检错方式（Hybrid Error Correction，HEC）是前向纠错方式和自动请求重发方式的结合，发送端发出的码不但有一定的纠错能力，对于超出纠错能力的错误要具有检错能力。这种方式在实时性和复杂性方面是前向纠错和检错重发方式的折中，因而近年来，在数据通信系统中采用较多。

### 4. 反馈校验方式

反馈校验方式（Information Repeat reQuest，IRQ）又称回程校验。接收端把收到的数据序列全部由反向信道送回发送端，发送端比较发送数据与回送数据，从而发现是否有错误，并把认为错误的数据重新发送，直到发送端没有发现错误为止。

特点：不需要纠错、检错的编译器，设备简单。需要反向信道；实时性差；发送端需要一定容量的存储器。反馈校验方式仅适用于传输速率较低、数据差错率较低、控制简单的系统中。

## 2.6.3　差错控制编码

差错控制编码的原理是：发送方对准备传输的数据进行抗干扰编码，即按某种算法附加上一定的冗余位，构成一个码字后再发送。接收方收到数据后进行校验，即检查信息位和附加的冗余位之间的关系，以检查传输过程中是否有差错发生。

衡量编码性能好坏的一个重要参数是编码效率 $R$。

$$R = \frac{k}{n} = \frac{k}{k+r}$$

其中，$n$ 表示码字的位长，$k$ 表示数据信息的位长，$r$ 表示冗余位的位长。

计算机网络中常用的差错控制编码是奇偶校验码和循环冗余码。

### 1. 奇偶校验

奇偶校验码是一种最简单的检错码。

原理：通过增加冗余位来使得码字中"1"的个数保持为奇数（奇校验）或偶数（偶校验）。

表 2 - 3、表 2 - 4 所示是奇偶校验的举例。

表 2 - 3　偶校验举例

| ← 发送顺序 | | | | | | | 偶校验 |
|---|---|---|---|---|---|---|---|
| 1 | 1 | 0 | 0 | 1 | 0 | 1 | 0 |

表 2 - 4　奇校验举例

| ← 发送顺序 | | | | | | | 奇校验 |
|---|---|---|---|---|---|---|---|
| 1 | 1 | 0 | 0 | 1 | 0 | 1 | 1 |

在实际使用时，奇偶校验可分为以下 3 种方式：垂直奇偶校验、水平奇偶校验、水平垂直奇偶校验。

#### 1）垂直奇偶校验

原理：将要发送的整个数据分为定长 $p$ 位的 $q$ 段，每段的后面按"1"的个数为奇数或偶数的规律加上一位奇偶位，如图 2 - 32 所示。

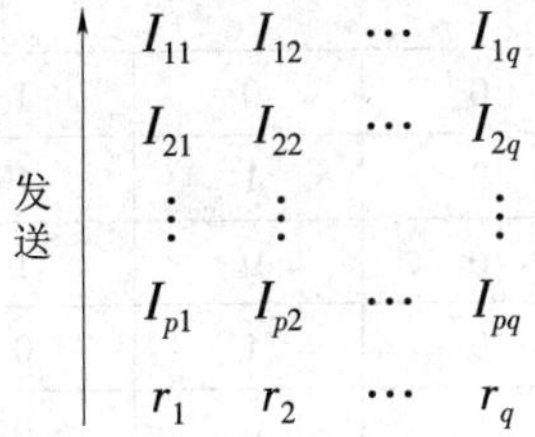

$$
\begin{matrix}
I_{11} & I_{12} & \cdots & I_{1q} \\
I_{21} & I_{22} & \cdots & I_{2q} \\
\vdots & \vdots & & \vdots \\
I_{p1} & I_{p2} & \cdots & I_{pq} \\
r_1 & r_2 & \cdots & r_q
\end{matrix}
$$

发送

图 2 - 32　垂直奇偶校验

编码效率为

$$R = \frac{p}{p+1}$$

检错能力：能检出每列中的所有奇数个错，但检不出偶数个错。对突发错，漏验率约为 50%。

表 2 - 5 是垂直奇偶校验的举例。

表 2 - 5　垂直奇偶校验举例

| | | | | | | | |
|---|---|---|---|---|---|---|---|
| ↑ | 1 | 1 | 0 | 0 | 1 | 0 | 1 |
| | 1 | 1 | 0 | 1 | 1 | 0 | 1 |
| | 0 | 1 | 0 | 0 | 1 | 1 | 0 |
| | 0 | 1 | 0 | 1 | 0 | 0 | 0 |
| | 1 | 1 | 1 | 0 | 0 | 1 | 0 |
| 发送 | 1 | 1 | 1 | 1 | 1 | 0 | 0 |
| 顺序 | 0 | 1 | 1 | 0 | 0 | 1 | 0 |
| 偶校验 | 0 | 1 | 1 | 1 | 0 | 1 | 0 |

**2）水平奇偶校验**

原理：将要发送的整个数据分为定长 $p$ 位的 $q$ 段，对各个数据段的相应位横向进行编码，产生一个奇偶校验冗余位，如图 2-33 所示。

$$
发送 \quad
\begin{vmatrix}
I_{11} & I_{12} & \cdots & I_{1q} & r_1 \\
I_{21} & I_{22} & \cdots & I_{2q} & r_2 \\
\vdots & \vdots & & \vdots & \vdots \\
I_{p1} & I_{p2} & \cdots & I_{pq} & r_p
\end{vmatrix}
$$

图 2-33 水平奇偶校验

编码效率为

$$R = \frac{q}{q+1}$$

检错能力：能检出每列中的所有奇数个错，但检不出偶数个错。对突发错，漏检率约为 50%。

表 2-6 是水平奇偶校验的举例。

**表 2-6 水平奇偶校验举例**

| | | | | | | | | 偶校检 |
|---|---|---|---|---|---|---|---|---|
| | 1 | 1 | 0 | 0 | 1 | 0 | 1 | 0 |
| | 1 | 1 | 0 | 1 | 1 | 0 | 1 | 1 |
| | 0 | 1 | 0 | 0 | 1 | 1 | 0 | 1 |
| | 0 | 1 | 0 | 1 | 0 | 0 | 0 | 0 |
| 发送 | 1 | 1 | 1 | 0 | 0 | 1 | 0 | 0 |
| 顺序 | 1 | 1 | 1 | 1 | 1 | 0 | 0 | 1 |
| | 0 | 1 | 1 | 0 | 0 | 1 | 0 | 1 |

**3）水平垂直奇偶校验**

原理：能同时进行水平和垂直奇偶校验，如图 2-34 所示

$$
发送 \quad
\begin{vmatrix}
I_{11} & I_{12} & \cdots & I_{1q} & r_{1,q+1} \\
I_{21} & I_{22} & \cdots & I_{2q} & r_{2,q+1} \\
\vdots & \vdots & & \vdots & \vdots \\
I_{p1} & I_{p2} & \cdots & I_{pq} & r_{r,q+1} \\
r_{p+1,1} & r_{p+1,2} & \cdots & r_{p+1,q} & r_{p+1,q+1}
\end{vmatrix}
$$

图 2-34 水平垂直奇偶校验

编码效率为

$$R = \frac{pq}{(p+1)(q+1)}$$

检错能力：能检出所有 3 位或 3 位以下的错误，能检出所有奇数个错和很大一部分偶数个错，并对突发长度 $\leqslant p+1$ 的突发错都能检测出。

表 2 - 7 是水平垂直奇偶校验的举例。

**表 2 - 7　水平垂直奇偶校验举例**

| | | | | | | | 偶校检 |
|---|---|---|---|---|---|---|---|
| 1 | 1 | 0 | 0 | 1 | 0 | 1 | 0 |
| 1 | 1 | 0 | 1 | 1 | 0 | 1 | 1 |
| 0 | 1 | 0 | 0 | 1 | 1 | 0 | 1 |
| 0 | 1 | 1 | 0 | 1 | 0 | 0 | 0 |
| 1 | 1 | 1 | 1 | 0 | 0 | 0 | 0 |
| 1 | 1 | 1 | 1 | 1 | 0 | 0 | 1 |
| 0 | 1 | 1 | 0 | 0 | 0 | 0 | 1 |
| 偶校检　0 | 1 | 1 | 1 | 1 | 1 | 0 | 0 |

（发送顺序）

### 2. 循环冗余校验

循环冗余校验（Cyclic Redundancy Check，CRC）是采用一种多项式的编码方法。它是把要发送的报文看成系数为 1 或 0 的多项式，将一个 $K$ 位的报文可能看成是从 $X^{K-1}$ 到 $X^0$ 的一个 $K$ 位多项式的系数序列。例如，一个要发送的报文的二进制序列为 1010110，具有 7 位。

相应报文的多项式为
$$M(X) = 1X^6 + 0X^5 + 1X^4 + 0X^3 + 1X^2 + 1X^1 + 0X^0$$

在发送时将要发送的报文用另一个多项式 $G(X)$ 来除，$G(X)$ 称为生成多项式。生成多项式由通信双方约定，已有多种生成多项式成为国标标准，举例如下：
$$G(X) = X^{16} + X^{15} + X^2 + 1$$

多项式的运算以 2 为模相加，如同逻辑异或运算。除法也同二进制运算一样，只要被除数具有和除数一样多的位，即把除数"加到"被除数上。在发送报文时将相除结果的余数 $R(X)$ 作为校验码，附在报文码之后发送出去。

当接收方收到带校验的报文时，用生成多项式 $G(X)$ 去除它，若能除尽，即余数为 0，表明传输正确；若有余数，则传输有错误，再请求重传。

例如，要发送的报文是 1101011011，生成多项式为 $G(X) = X^4 + X + 1$，求 CRC 码和要发送的码字。

解：CRC 码及码字求法如下：

发送数据比特序列为 1101011011（10 比特）。

生成多项式比特序列为 10011（5 比特，$K=4$）。

将发送的数据比特序列乘以 10000，产生的乘积其比特序列为 11010110110000。

将乘积比特序列用生成的多项式比特序列去除，按模二算法即异或运算，运算方式为 $1 \pm 0 = 1$，$1 \pm 1 = 0$，$0 \pm 1 = 1$，$0 \pm 0 = 0$，除法运算如下：

```
                    1100001010
            10011)11010110110000
                    10011
                     10011
                     10011
                       10110
                       10011
                       10100
                       10011
                        1110
```

求得余数比特序列为1110。

余数比特序列1110就是CRC校验码，把它作为加在发送数据比特序1101011011的后面就构成发送的码字1101011011110。

接收方用收到的码字除以生成多项式，若能除尽，即余数为0，表明传输正确；否则若有余数，则传输有错误，再请求重传。

在实际网络应用中，CRC校验码的生成与校验过程可以用软件或硬件方法来实现。目前，很多超大规模集成电路芯片内部，可以非常方便、快速地实现标准CRC校验码的生成与校验功能。

CRC校验码的检错能力很强，它除了能检查出离散错外，还能检查出突发错。

# 习　题

## 一、单项选择题

1. 单工通信是指（　　）。

A. 通信双方可同时进行收、发信息的工作方式

B. 通信双方都能收、发信息，但不能同时进行收、发信息的工作方式

C. 信息只能单方向发送的工作方式

D. 通信双方不能同时进行收、发信息的工作方式

2. 数据通信的信道包括（　　）。

A. 模拟信道　　　　　　　　　　　　B. 数字信道

C. 模拟信道和数字信道　　　　　　　D. 同步信道和异步信道

3. 双工通信是指（　　）。

A. 通信双方可同时进行收、发信息的工作方式

B. 通信双方都能收、发信息，但不能同时进行收、发信息的工作方式

C. 信息只能单方向发送的工作方式

D. 通信双方不能同时进行收、发信息的工作方式

4. 半双工通信是指（　　）。

A. 通信双方可同时进行收、发信息的工作方式

B. 通信双方都能收、发信息，但不能同时进行收、发信息的工作方式

C. 信息只能单方向发送的工作方式

D. 通信双方不能同时进行收、发信息的工作方式

5. 完整的通信系统是由（　　　）构成。

A. 信源、变换器、信道、反变换器、信宿

B. 信源、变换器、信道、信宿

C. 信源、变换器、反变换器、信宿

D. 变换器、信道、反变换器、信宿

6. （　　　）是将一条物理线路按时间分成一个个互不重叠的时间片，每个时间片常称为一帧，帧再分为若干时隙，轮换地为多个信号所使用。

A. 波分多路复用　　　　　　　　　B. 频分多路复用

C. 时分多路复用　　　　　　　　　D. 远程多路复用

7. 频分复用是一种按频率来划分信道的复用方式，它将物理信道的总带宽分割成若干个互不交叠的子信道，每一个子信道传输一路信号，这就是（　　　）。

A. 波分多路复用　　　　　　　　　B. 频分多路复用

C. 时分多路复用　　　　　　　　　D. 远程多路复用

8. （　　　）方式，就是通过网络中的结点在两个站之间建立一条专用的通信线路，是两个站之间一个实际的物理连接。

A. 电路交换　　　　B. 分组交换　　　　C. 电流交换　　　　D. 分页交换

9. 线路交换不具有的优点是（　　　）。

A. 传输时延小　　　　　　　　　　B. 对数据信息格式和编码类型没有限制

C. 处理开销小　　　　　　　　　　D. 线路利用率高

10. （　　　）传递需进行调制编码。

A. 数字数据在数字信道上　　　　　B. 数字数据在模拟信道上

C. 模拟数据在数字信道上　　　　　D. 模拟数据在模拟信道上

11. 设传输 1 KB 的数据，其中有 1 位出错，则信道的误码率为（　　　）。

A. 1　　　　　　B. 1/1 024　　　　　C. 0. 125　　　　　D. 1/8 192

12. 网络中用集线器或交换机连接各计算机的这种结构，物理上属于（　　　）。

A. 总线型结构　　　B. 环形结构　　　　C. 星形结构　　　　D. 网状结构

13. 下列说法正确的是（　　　）。

A. Modem 仅用于把数字信号转换成模拟信号，并在线路中传输

B. Modem 是对传输信号进行 A/D 和 D/A 转换的，所以在模拟信道中传输数字信号时是不可缺少的设备

C. Modem 是一种数据通信设备 DTE

D. 56 Kbps 的 Modem 的下传速率比上传速率小

14. 双绞线绞合的目的是（　　　）。

A. 增大抗拉强度　　　B. 提高传送速度　　　C. 减少干扰　　　　D. 增大传输距离

15. 模拟电视要上网，还必须具备一个外围设备，它使用户利用模拟电视接收数字信号，这种外围设备的名称是（　　　）。

A. 机顶盒　　　　　　B. 调制解调器　　　　C. 网络适配器　　　　D. 信号解码器

16. 下列交换方式中实时性最好的是（　　　）。

A. 数据报方式　　　　B. 虚电路方式　　　　C. 线路交换方式　　　D. 各种方法都一样

17. 在数据通信中，当发送数据出现差错时，发送端无须进行数据重发的差错控制方式是（　　　）。

A. ARQ　　　　　　　B. FEC　　　　　　　C. BEC　　　　　　　D. CRC

18. 与数据报相比，虚电路的主要优点是（　　　）。

A. 消除传播时延期　　　　　　　　　　　B. 自动纠正错误

C. 可选择最佳路由　　　　　　　　　　　D. 不必为每个分组单独选择路由

19. 在异通信中，1 位起始位，7 位数据位，2 位停止位，波特率为 2 400 Band，采用 NRZ 编码，有效数据速率是（　　　）Kbps。

A. 9. 60　　　　　　　B. 2. 40　　　　　　　C. 1. 72　　　　　　　D. 1. 68

## 二、简答题

1. 数据通信模型由哪几部分构成？其各部分功能是什么？

2. 通信信道有哪些分类？

3. 试画出信息"001101"的不归零编码，曼彻斯特编码、差分曼彻斯特编码波形图。

4. 什么是数据传输？其模式有哪些？

5. 什么是多路复用技术？常用的多路复用技术都有哪些？

6. 常用的数据交换方式有哪些？

7. 报文交换方式与电路交换方式相比有什么特点？

8. 说明分组交换与报文交换相比所具有的优点。

# 第 3 章

# 网络体系结构

当今社会的快速发展离不开计算机网络，计算机网络在社会的信息化中扮演的角色也越来越重要。网络已经渗透到人们生活的各个方面，影响到人们的日常生活。21 世纪的特征就是数字化、网络化和信息化，而这些都需要计算机网络作为支撑环境。

## 3.1 网络体系结构概述

计算机网络体系结构（Computer Network Architect，CNA）是指为了完成计算机之间的通信，把每台计算机互连的功能划分成有明确定义的层次，并规定了同层次进程通信的协议及相邻之间的接口及服务，用分层研究方法定义网络各层的功能，各层协议和接口的集合。在复杂的网络体系结构设计中采用的方法是分层，分层可以把一个复杂的大系统分解为若干个容易处理的小系统，然后逐个解决。

### 3.1.1 采用分层结构的原因

合理的层次结构应该具有下列优点。

**1. 易于实现和维护**

由于系统被分割为相对简单的若干层，使得实现和调试一个复杂系统变得易于处理，只需要分层去实现和维护。

**2. 各层功能明确，相对独立**

每一层实现一种相对独立的功能，并不需要知道其他层是如何实现的，只需要知道该层通过层间接口所提供的服务。便于各层软、硬件和互连设备的开发。

**3. 灵活性好**

当某层的功能需要发生变化时，只要层间的接口关系保持不变，该层的相邻上下各层都不受影响，这有利于技术进步和模型的改进。当某层的服务不再需要时，也可以把该层取消或和相邻层合并。

**4. 易于标准化工作**

各层结构清晰，每层的功能服务都有了精确地说明，容易理解和标准化。

### 3.1.2 分层的原则

层次划分如果不合理也会带来很多问题，网络体系结构分层时要遵循以下原则。

（1）结构清晰，层数适中。层数过多则结构过于复杂，描述和实现各层功能时会遇到困难；层数过少则功能划分不明确，多种功能齐聚一个层次，每层的协议复杂。

（2）层间接口清晰，跨越接口的通信量尽可能少。

（3）每一层都通过层间接口使用下层的服务，并为上层提供服务。

（4）网络中各结点都有相同的层次，各个结点的对等层按照协议实现对等层之间的通信。

### 3.1.3 层次结构模型

层次结构一般以垂直分层模型来表示，如图 3-1 所示。

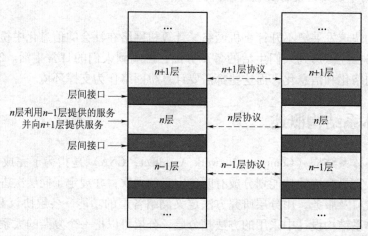

图 3-1 网络分层结构示意图

（1）除了在物理介质上建立的物理连接是实通信外，其他各对等层之间的连接都是建立在逻辑连接上的虚通信。

（2）各对等层间的虚通信必须遵循层的协议。

（3）$n$ 层的虚通信是通过 $n$ 层和 $n-1$ 层间接口处 $n-1$ 层提供的服务以及 $n-1$ 层的通信来实现的。

在如图 3－1 所示的结构中，$n$ 层是 $n-1$ 层的用户，又是 $n+1$ 层的服务提供者。$n+1$ 层直接使用 $n$ 层的服务，间接使用了 $n-1$ 层及以下所有各层的服务。

## 3.2　OSI 参考模型

为了能让不同的计算机网络实现互连，国际标准化组织（ISO）提出了一种让各种计算机在世界范围内实现互连的标准框架，就是著名的开放系统互连参考模型（OSI/RM）。这是一个标准化开放式计算机网络层次结构模型，只要遵循 OSI 标准，世界上任何地方的两个系统都能够互相连接通信。

### 3.2.1　OSI/RM 结构

OSI 采用层次结构，将整个网络的通信功能划分为 7 个层次，如图 3－2 所示，这 7 个层次从下到上依次为物理层（Physical Layer，PL）、数据链路层（Data Link Layer，DLL）、网络层（Network Layer，NL）、传输层（Transport Layer，TL）、会话层（Session Layer，SL）、表示层（Presentation Layer，PL）和应用层（Application Layer，AL）。层与层之间的联系是通过各层之间的接口进行的，上层通过接口向下层提出服务请求，下层通过接口向上层提供服务。

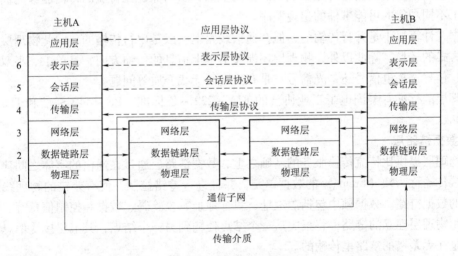

图 3－2　OSI 7 层参考模型

在 7 层模型中，处于底部的 3 层被称为通信子网，主要通过相关网络硬件来完成通信功能，高 3 层主要通过相关协议为用户提供网络服务，被称为资源子网。处于中间的传输层的作用是屏蔽具体通信的细节，使得高层不用关心具体通信实现，而只是进行信息的处理。

OSI 并非指一个现实的物理网络，它只是规定了每一层的功能，是一个为制定统一标准提出的设计蓝图。不同软、硬件厂商生产设备时，只需要按照这个蓝图来生产符合标准的硬件设备和软件产品，不管产品的外观和样式有什么不同，都能够互相通信。

### 3.2.2 OSI/RM 各层功能简介

**1. 物理层**

物理层是 OSI 参考模型的最低层，其作用就是利用传输介质传输原始的二进制比特流（0 和 1）。注意：物理层不是指某个物理设备，而是对通信设备和传输介质之间互连接口的描述和规定。一般来说，有下列 4 个特性的定义。

1）机械特性

指明连接电缆的材质、接口所用连接器的形状和尺寸、引线数目和排列、固定和锁定装置等。这和平时人们见到的电源插头的形状和尺寸都有严格的规定一样。

2）电气特性

规定了物理连接中线缆的电气连接和有关线路的特性。包括接收器和发送器线路特性的说明，电压和电流信号的识别，"0" 和 "1" 信号的电平表示以及收发双方的协调等内容。

3）功能特性

规定了接口信号的来源、作用以及与其他信号间的关系，即某条线路上出现的某一电平的电压表示何种意义。

4）规程特性

规定了通信双方的初始连接要如何建立、采用的传输方式是哪种、结束通信时如何拆除连接等；规定了使用线路进行数据交换的控制步骤，从而保证比特流的传输能够完成，也就是规定了不同功能的可能事件的出现顺序。

数据在计算机中是并行传输的，但在通信线路上一般是串行传输的，因此物理层还要完成传输方式的转换。除此以外，物理层还涉及信道上信息的传输方向，是单工、半双工还是全双工；信号选择电信号还是光信号；是有线还是无线介质等问题。

物理层的标准有美国电子工业协会的 EIA – 232 – E 标准、RS – 449 标准和 ITU – T 的 X. 21 标准。

**2. 数据链路层**

在物理层提供比特流传输服务的基础之上，数据链路层通过在通信的实体之间建立数据链路连接传输称为帧（Frame）的数据单元，并且进行差错控制，使有差错的物理线路变成无差错的数据链路。数据帧中包括源地址、目标地址、校验码、数据和控制信息等。数据链路层利用物理层建立的链路，将报文从一个结点传输到另一个结点，其上层接受信息时可认为信息是在无差错的链路里传输的。

数据链路层主要完成数据链路的建立、维持和释放、流量控制、差错控制等功能，在局域网的标准中，数据链路层分成两个子层：逻辑链路控制子层（Logic Link Control，LLC）和介质访问控制子层（Media Access Control，MAC）。

1）LLC 的功能

数据链路层中与媒体接入无关的部分都集中在逻辑链路 LLC 子层。LLC 的主要功能是建立和释放数据链路层的逻辑连接；提供与高层的接口；差错控制以及给帧加上序号。

2）MAC 的功能

MAC 的主要功能是：将上层交下来的数据封装成帧进行发送（接收时进行相反的过程，将帧拆卸）；实现和维护 MAC 协议；位差错检测以及物理地址寻址。

LLC 子层与 MAC 子层的关系是 LLC 子层位于数据链路层的上层，MAC 子层位于数据链路层的下层；所有的高层协议要和各种局域网的 MAC 交换信息，必须通过同样的一个 LLC 子层；在 LLC 子层的上面看不到具体的局域网，局域网对 LLC 子层是透明的，只有下到 MAC 子层才能看见所连接的是采用什么标准的局域网。

**3. 网络层**

　　网络层是 OSI 参考模型的第 3 层，也是通信子网的最高层，它传输的数据单元是数据包（Packet），也叫分组。网络层建立在数据链路层所提供的相邻结点间数据帧的传输功能之上，将数据从源端经过若干结点传输到目的端，交付给目的结点的传输层。网络层考虑的是源和目标结点传输数据时需要经过的若干中间结点的情况，由于网络上任何两个结点间到达的路径可能有很多，因此路由选择、流量和拥塞控制、不同网络协议的网络间的互联都是网络层的功能。网络层要涉及不同网络之间的数据传送，网络地址（IP 地址）也是网络层协议的重要内容。

　　1）IP 地址寻址

　　数据链路层的 MAC 地址是同一局域网内的寻址，当传输的数据要跨网络时，需要使用到网络层的 IP 地址。IP 地址信息在数据包的头部控制信息中会包含有相关内容。

　　2）路由选择

　　路由信息是数据包在网络中从源结点到目标结点间经过的若干中间结点及其链路的有序集合。从一个结点到另外一个结点的路径可能有多个，路由选择就是按照一定的原则和算法从这些可能的路径中选出一条到达目标结点的最佳路径。

　　3）流量和拥塞控制

　　在网络信息传输中，发送端的发送速度和接收端的接收速度要协调好，控制好数据流量。当网络中的信息到达一定程度以至于网络来不及处理这些信息时就会发生拥塞。

**4. 传输层**

　　传输层传输的信息单位被称为报文（Message），其功能是提供无差错的可靠的端到端的服务，提供端到端的差错控制和流量控制。所谓端到端是指从一个主机到另一个主机，中间可以有一个或多个交换结点。传输层建立的是一条逻辑链接，可以在源端和目的端之间透明地传送报文，使高层用户不必关系通信子网的存在。

　　传输层可以对大报文进行分段，在目标结点进行重组，从而控制传输层的流量，提高网络资源利用率。传输层关心的主要问题是建立、维护和中断虚电路、传输差错校验恢复和信息流量控制，采用了面向连接的虚电路和无连接的数据报两种服务，是 OSI 参考模型中最重要的一层。

**5. 会话层**

　　会话层的作用是建立、维护和释放面向用户的连接，并且对会话质量进行管理和控制，保证会话数据可靠传输。传输数据时如果发生中断，当再次连接时，会话层可以使用校验点使通信会话从断点处恢复通信；会话类型可以有全双工、半双工和单工几种方式选择；另外会话层可以提供缓冲区来保证通信速度不匹配的双方正常通信。

　　会话层对传输层的服务进行包装，提供一个更为完善、能满足多方面应用要求的连接服务，会话连接和传输层的连接有 3 种关系：一个会话连接对应一个传输连接的一对一的关系；一个会话连接对应多个传输连接的一对多关系和多个会话连接对应一个传输连接的多对

**6. 表示层**

表示层的作用是处理传输信息的语法和语义，就是从一个系统应用层发出的信息能被另一个系统的应用层所识别。这就要涉及数据的编码和译码、数据的加密和解密、认证和数据压缩与解压等问题。

例如，通信的双方如果一方采用 ASCII 码，另一方采用 EBCDIC 码，表示层相关协议能起到翻译作用；为了通信双方的通信安全，防止数据在传输过程被复制或窃听，发送方传输的数据会加密，接收方收到数据后再解密，这个过程在表示层中实现；为了验证通信双方身份的真伪，通信中往往会用数字签名来防止伪造，基于公开密钥技术的数字签名也是在表示层中实现的；另外传输中为了节省通信带宽，提高传输效率而采用的压缩与解压手段也是由表示层进行处理的。

**7. 应用层**

应用层是距离用户最近的一层，是用户能直接使用相关服务的一层，是用户与网络系统之间的接口和界面。应用层能识别并证实通信双方的可用性，协调各个应用程序间的工作使其保持同步，监督和管理各种资源和服务的使用情况。

### 3.2.3 OSI/RM 数据封装过程

OSI/RM 层次结构模型的数据传输过程如图 3 - 3 所示。图中发送方向接收方发送数据的过程实际上是经过发送方各层从上到下传送到发送方物理层，通过物理层介质传输到接收方的物理层，再由接收方物理层从下到上依次传递，最后到达接收方。

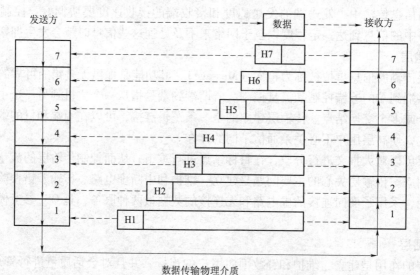

图 3 - 3　OSI/RM 数据传输过程

## 3.3 TCP/IP 参考模型

ISO 提出来的 OSI/RM 是一个计算机网络的理论参考模型，对于计算机网络的研究和发展具有重要的意义。但是，由于 OSI 模型的定义过于复杂，实现起来有困难，没有得到很好的推广。与此同时，另外一个分层次的网络模型却逐渐被众多的网络产品生产厂家所支持，称为互联网标准，就是人们经常提的 TCP/IP 模型。

### 3.3.1　TCP/IP 概述

TCP/IP（Transmission Control Protocol/Internet Protocol，传输控制协议/因特网协议）主要是解决网络互连。TCP/IP 是指一组通信协议所组成的协议簇，而 TCP 和 IP 是其中的两个最重要的协议。

TCP/IP 的产生和 OSI/RM 不同，它是一个慢慢发展、演变和不断完善的过程。最早，TCP/IP 出现在美国国防部的高级研究项目 ARPAnet 上，作为网络传输和控制的协议，随着 ARPAnet 逐步发展成为今天 Internet 的主干，TCP/IP 也成了网络的标准，TCP/IP 至今仍在发展和变化中。

### 3.3.2　TCP/IP 体系结构

TCP/IP 体系结构的划分和 OSI/RM 类似，在层次划分方面只有 4 个层次，自下向上依次为网络接口层（Network Interface Layer）、网际层（Internet Layer）、传输层（Transport Layer）和应用层（Application Layer）。在各个层次的功能上，两个模型有相似之处，大致上有如图 3 - 4 所示的对应关系。

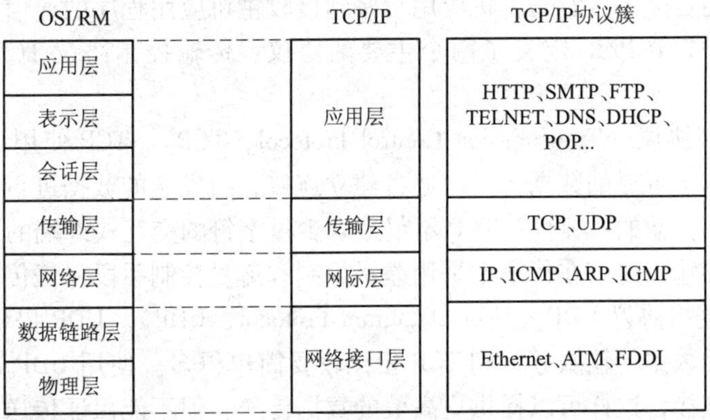

| OSI/RM | TCP/IP | TCP/IP协议簇 |
|---|---|---|
| 应用层 | 应用层 | HTTP、SMTP、FTP、TELNET、DNS、DHCP、POP… |
| 表示层 | | |
| 会话层 | | |
| 传输层 | 传输层 | TCP、UDP |
| 网络层 | 网际层 | IP、ICMP、ARP、IGMP |
| 数据链路层 | 网络接口层 | Ethernet、ATM、FDDI |
| 物理层 | | |

图 3 - 4　OSI/RM 与 TCP/IP 各层的对应关系

**1. 网络接口层**

TCP/IP 的网络接口层和 OSI/RM 的物理层及数据链路层对应，该层没有具体的特定协议，只是给出了支持物理通信的网络接口，基本上已有的各种逻辑链路控制和介质访问控制协议都支持。例如，X. 25、帧中继、ATM 和 Ethernet 都可以运行在 TCP/IP 架构网络上。

**2. 网际层**

网际层是 TCP/IP 体系结构的关键，主要负责生成 IP 数据报、IP 寻址、路由选择、校验数据报的有效性、分段和包重组等功能。可以把数据报从源主机发送到目标主机，不管源主机与目标主机在相同的网络上还是在不同的网络上。网际层包含了几个核心协议：因特网协议 IP、因特网控制报文协议 ICMP、地址解析协议 ARP、反向地址解析协议 RARP 和因特网组报文协议 IGMP。

（1）因特网协议（Internet Protocol，IP）。IP 的作用是进行寻址和路由选择，将数据包从一个网络发到另一个网络。IP 本身是一个不可靠的无连接的传输协议，数据包到达目标网络后没有回送确认信息，不能保证传输的正确与否，而且没有流量控制和差错控制功能。因此，IP 提供的是一种尽可能传输信息的服务。

（2）因特网控制报文协议（Internet Control Message Protocol，ICMP）。IP 数据包在网络中传输时因为网络拥塞、传输故障等原因可能发生错误，ICMP 能够提供错误报告和相关的控制信息。在网络中，ICMP 报告可以提供诊断功能，如目标或端口不可达，或者网络出现拥塞。

（3）地址解析协议（Address Resolution Protocol，ARP）。IP 数据包在网络中传输时要依靠 IP 地址确定数据包发送的目的地，而局域网络中数据是通过物理地址（MAC 地址）到达某台主机的。只知道 IP 地址是不能够确定主机 MAC 地址的，ARP 的任务就是完成 IP 地址到物理地址的映射，采用的方式是广播。

（4）反向地址解析协议（Reverse Address Resolution Protocol，RARP）。RARP 的作用和 ARP 刚好相反，主要是完成物理地址到 IP 地址的转换，采用的也是广播的方法。

（5）因特网组报文协议（Internet Group Management Protocol，IGMP）。IGMP 的作用是管理 IP 组播组，协助路由器表示局域网中的组播主机成员。

**3. 传输层**

传输层的功能是提供从发送主机应用程序到接收主机应用程序的通信，被称为端到端的通信。在传输层中，TCP/IP 定义了两个主要的协议：传输控制协议 TCP 和用户数据报协议 UDP。

（1）传输控制协议（Transmission Control Protocol，TCP）。TCP 使用点到点的面向连接的通信，提供全双工可靠的数据传送，通过建立连接，对发送的数据进行编号和应答，采用重传机制确保数据传输的可靠性。TCP 不仅适合少量字符的交互式终端的通信应用，也适合大量数据的文件传输，能够在传输中采用差错控制和流量控制手段保证传输的质量。

（2）用户数据报协议 UDP（User Datagram Protocol，UDP）。UDP 提供的是一种面向无连接的、不可靠的数据传输服务，和 TCP 相比较要简单得多。使用 UDP 通信时，通信双方不需要事先建立连接，这样可以提供更高效的数据传送，但不能保证传送一定能完成。UDP 使用在要求效率比较高的场合，例如，可视电话、现场直播和视频点播等应用。

**4. 应用层**

位于 TCP/IP 中最高层的应用层给应用程序提供了访问其他层服务的能力，功能相当于 OSI 模型中的会话层、表示层和应用层 3 层的功能。应用层给出了调用和访问网络上各种应用程序的接口，并且提供了标准的应用程序和相关协议。

应用层中的协议很多，而且一直在开发新的协议，常见的协议有负责文件传输的协议 FTP（File Transfer Protocol），负责邮件发送和接受的协议 SMTP（Simple Mail Transfer Protocol）和 POP（Post Office Protocol），负责域名系统解析的协议 DNS（Domain Name System），负责超文本文件传输的协议 HTTP（HyperText Transfer Protocol），负责动态主机地址分配的 DHCP（Dynamic Host Configuration Protocol），以及远程登录访问协议 TELNET（Telecommunications Network）等。

## 3.4 TCP/IP 和 OSI/RM 的比较

TCP/IP 和 OSI/RM 在设计上采用的都是分层的方法，但层次划分和使用协议上都有不同之处。OSI/RM 的层次过多，过于复杂难以实现。TCP/IP 模型是在 Internet 的发展中逐渐完善的，是一个先有协议应用再总结出来的模型，存在一些先天的不足，两种模型比较如下所述。

（1）在 OSI/RM 模型有 7 层，而 TCP/IP 模型只有 4 层。两者都有网络层、传输层和应用层，但其他层是不同的。TCP/IP 模型把功能完全不同的物理层和数据链路层合并为网路接口层不利于对模型的理解。

（2）在 OSI/RM 参考模型中，服务、接口和协议的概念区分得很清楚，每一层都为其上层提供服务，服务的概念描述了该层所做的工作，并不涉及服务的实现以及上层实体如何访问的问题。接口定义了服务访问所需的参数和期望的结果，也不涉及某层实体的内部机制。只要能够完成它必须提供的功能，对等层之间可以采用任何协议。TCP/IP 模型没有严格区分这几个概念。

（3）OSI/RM 参考模型是在其协议被开发之前设计出来的，这意味着 OSI/RM 模型并不是基于某个特定的协议簇而设计的，因而它更具有通用性。而 TCP/IP 模型正好相反。先有协议，模型只是现有协议的描述，因而协议与模型非常吻合。TCP/IP 模型不是通用的，它在描述其他非 TCP/IP 网络时用处不大。

## 3.5 IP 地址

作为 Internet 通信基础的 TCP/IP 协议簇，网际协议 IP 是一个关键的低层协议。IP 协议的主要功能是寻址，提供了能适应各种各样网络硬件的灵活性，并且对底层网络硬件几乎没有任何要求。任何一部计算机只要可以从一个地点向另外一个地点传送二进制数据，就可以使用 IP 协议加入 Internet 了。

计算机网络中是通过名字查找主机的，名字在网络系统中必须具有唯一性，就像人们要寄信给某人一定要知道对方的地址一样。名字有面向机器和面向人两类，面向机器的名字有主机的物理地址和 IP 地址，面向人的名字是域名。

### 3.5.1 物理地址

由于物理地址是体现在数据链路层上的，因此物理地址又被称为硬件地址或介质访问控制（MAC）地址，习惯称物理地址为网卡（NIC）地址，它由生产厂家通过编码烧制在网卡的硬件电路上，不管网卡拿到什么机器上去使用，它的物理地址总是恒定不变的。

网卡地址由 48 位二进制数字组成（用 12 位十六进制数表示），高 24 位二进制是由 IEEE 分配的网卡生产厂商地址组成，低 24 位是由网卡生产厂商自己定义的地址组成，一般是生产的序列号，每一个网卡的物理地址在全球都是唯一的。关于网卡地址可以通过一般的网络检测软件得知，在 Windows 系统中，通过在命令提示符下运行 ipconfig/all 命令，可以得到网卡的地址。

例如：00 - 1F - 3C - 09 - B1 - AD 和 02 - 00 - 4C - 4F - 4F - 50 都是合法的网卡地址。

### 3.5.2 IP 地址

IP 地址是唯一确定一台主机的标识符，Internet 上不允许有两台主机有相同的 IP 地址，它由 IP 协议规定，下面以当前应用的主流 IPv4 为标准来详细分析 IP 地址的结构。

一个 IP 地址由 4 段组成，每段包含 8 个二进制位，一共由 32 位二进制组成，习惯上每段之间用"."号分隔。例如，IP 地址"11001010.1110100.00010010.00101110"就是一个合法的 IP 地址。为了让 IP 地址形式更短，更易于人们阅读和记忆，可以把 IP 地址的每一个二进制段表示为其对应的十进制数字，这种表示法称之为"点分十进制表示法"。例如，把上面的二进制 IP 地址转化为十进制就是"202.116.18.46"，如图 3 - 5 所示。

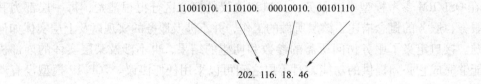

11001010. 1110100. 00010010. 00101110

202. 116. 18. 46

图 3 - 5　二进制转换为点分十进制

IP 地址是由网络号（网络地址，网络 ID）和主机号（主机地址，主机 ID）两部分组成的，如图 3 - 6（a）所示。同一网络内的所有主机使用相同的网络号，并且主机号是唯一的，不能相同。当路由寻址时，首先根据 IP 地址的网络号到达该网络，然后再通过主机号定位某台主机。

按照网络规模的大小，IP 地址分为 A 类、B 类、C 类、D 类和 E 类共 5 类，如图 3 - 6（b）所示。

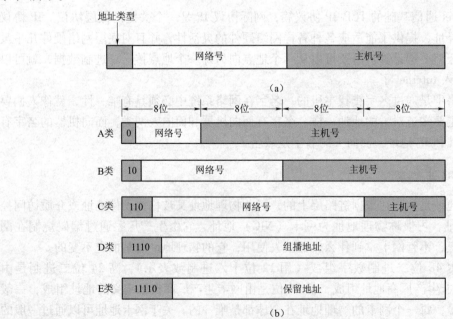

图 3 - 6　IP 地址组成与分类

(a) IP 地址组成；(b) IP 地址分类

## 1. A 类地址

A 类地址适合于大型网络。它用第一个字节表示网络号，并且网络号以 0 开头。第二、三、四个字节共 24 个比特表示主机号。因此，A 类地址的网络数为 $2^7$ 个，其网络号的二进制取值范围为 00000000 ～ 01111111，对应的十进制数值范围是 0 ～ 127；A 类地址的主机个数为 $2^{24}$ 个，其主机号的二进制取值范围为 00000000.00000000.00000000 ～ 11111111.11111111.11111111，对应的十进制数值范围为 0.0.0 ～ 255.255.255。

IP 地址中规定，网络号全 "0" 和全 "1" 保留做特殊用途。因此 A 类地址的合法网络号取值范围为 00000000 ～ 01111111，即十进制 1 ～ 126，共 $2^7 - 2$（126）个。主机号全 "0" 和全 "1" 也有特殊用途，因此一台主机能使用的合法主机号取值范围为 0.0.1 ～ 255.255.254，共 $2^{24} - 2$（16777214）个。所以，真正可以分配给用户的 A 类 IP 地址的范围为 1.0.0.1 ～ 126.255.255.254。如果一个公司分配到网络 ID 为 "34"，则该公司获得的 IP 地址范围为 34.0.0.1 ～ 34.255.255.254。如图 3 - 7（a）所示为 A 类地址的范围。

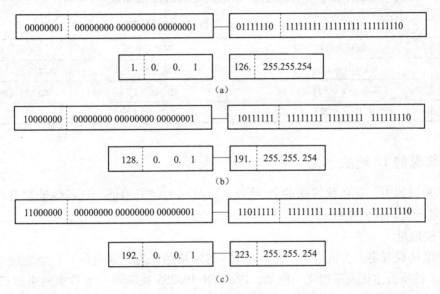

图 3 - 7　IP 地址的范围
（a）A 类地址范围；（b）B 类地址范围；（c）C 类地址范围

## 2. B 类地址

B 类 IP 地址前两个字节表示网络号，并且以 10 开头，后两个字节表示主机号，一般用于中等规模的网络。B 类 IP 地址的网络号取值范围为 128.0 ～ 191.255，由于网络号前两位固定为 "10"，不存在全 "0" 和全 "1" 的网络号的可能，因此共有 $2^{14}$ 个可供选择的网络地址。主机号的取值方式和 A 类地址类似（主机号不能取全 "0" 和全 "1"），其范围为 0.1 ～ 255.254，共有 $2^{16} - 2$ 个可供选择的主机地址。一台主机能够使用的 B 类 IP 地址的有效范围是 128.0.0.1 ～ 191.255.255.254。如图 3 - 7（b）所示。

## 3. C 类地址

C 类 IP 地址前 3 个字节表示网络号，并且以 110 开头，最后一个字节表示主机号，一般用于规模较小的网络。C 类 IP 地址的网络号取值范围为 192.0.0 ～ 223.255.255，由于网络号前两位固定为 "110"，不存在全 "0" 和全 "1" 的网络号的可能，因此共有 $2^{21}$ 个可供选择的网络地址。主机号的取值方式和 A 类地址类似（主机号不能取全"0"和全"1"），其范围为 1～254，共有 $2^8-2$ 个可供选择的主机地址。一台主机能够使用的 C 类 IP 地址的有效范围是 192.0.0.1～223.255.255.254。如图 3-7（c）所示。

**4. D 类地址**

D 类 IP 地址的第一个字节前 4 位以 1110 开头，D 类地址用于组播，组播就是同时把数据包发给一组主机。组播的工作原理和人们日常的广播相似，和广播不同的是，广播把数据包发送到所有可能的目标结点，而组播只允许发送到一个选定的子集。只有那些已经登记可以接收组播地址的主机才能接收组播的数据包。D 类地址的取值范围是 224.0.0.0～239.255.255.255。

**5. E 类地址**

E 类 IP 地址的第 1 个字节前五位以 11110 开头，E 类地址是为将来预留的，主要用于实验目的。

A 类、B 类和 C 类是基本 IP 地址类，这 3 类地址的比较如表 3-1 所示。

表 3-1 A 类、B 类和 C 类地址比较

| 类别 | 地址的取值范围 | 网络号数量 | 主机号数量 |
| --- | --- | --- | --- |
| A | 1.x.y.z～126.x.y.z | 126（$2^7-2$） | 16 777 214（$2^{24}-2$） |
| B | 128.0.y.z～191.255.y.z | 16 348（$2^{14}$） | 65 534（$2^{16}-2$） |
| C | 192.0.0.z～223.255.255.z | 2 097 152（$2^{21}$） | 254（$2^8-2$） |

### 3.5.3 特殊的 IP 地址

在 IP 地址当中，有几种特殊的 IP 地址，也被称为保留地址，这些地址都有特殊的含义，不能够分配给任何主机。

**1. 广播地址**

TCP/IP 协议规定，主机号部分全为"1"的网络地址为广播地址。广播地址是指同时向该网络上的所有主机发送报文。例如，192.168.10.255 就表示一个 C 类网络的广播地址，当向这个地址发送信息时，网络号为 192.168.10 内的所有主机都能接收到该信息的一个复制件。广播地址仍然包含有一个有效的网络号和主机号，也被称为直接广播地址，在 IP 网络中，任意一台主机均可以向其他网络进行直接广播。

**2. 有限广播地址**

有时候需要在本网络内广播，但又不知道本网络的网络号时，可用有限广播地址。有限广播地址的全部比特位都为"1"，即十进制的 255.255.255.255，有限广播不需要指明网络号。有限广播的范围被限制在最小的范围内，没有划分子网的情况下，广播范围就是本网络，划分子网后，广播范围被限制在本子网内。

**3. 网络 ID**

TCP/IP 协议规定，主机号全为"0"用于标识一个网络，称为网络 ID 或网络号。例如，50.0.0.0 表示一个 A 类网络，该网络的网络 ID 为 50；134.66.0.0 表示一个 B 类网络，该网络的网络 ID 为 134.66；196.168.10.0 表示一个 C 类网络，该网络的网络 ID 为 196.168.10。网络 ID 是不能够分配给主机的。

**4. 回送地址**

A 类地址的第 1 段为 127 就是回送地址。回送地址用于网络软件测试以及本地机器进程间的通信。例如，开发一个网络应用程序，程序员可以使用回送地址来调试程序，当两个应用程序之间要进行通信时，可以不用把两个程序安装在两台机器上，而在同一台机器运行两个应用程序，并指示它们在通信时使用回送地址。127. 20. 178. 2 就是一个回送地址，主机地址部分不同，但处理都一样。人们习惯使用 127. 0. 0. 1 作为回送地址。

**5. 内部保留地址**

另外有一些 IP 地址留给用户组建自己的局域网和内部网时使用，Internet 不负责分配这些地址，它们被称为内部 IP 地址或私有地址，具体如下所述。

- A 类：10. 0. 0. 1 ～ 10. 255. 255. 254
- B 类：172. 16. 0. 1 ～ 172. 31. 255. 254
- C 类：192. 168. 0. 1 ～ 192. 168. 255. 254

## 3.5.4 IP 地址的功能和意义

在 Internet 中，IP 地址有下列的功能和意义。

（1）IP 地址在 Internet 上有唯一性。直接连接在 Internet 网络上的每一台计算机都被分配一个 IP 地址，这个 IP 地址在整个 Internet 上是唯一的。

（2）地址格式统一通用。IP 地址是供全球使用的通信地址，其地址格式由专门机构负责制定，全球通用，目前在使用的是 32 位的 IPv4 格式。

（3）路由器、网关等网络连接设备也有 IP 地址。不仅仅是计算机要分配 IP 地址才能连接到 Internet，Internet 上的网络连接设备，例如，路由器和网关也需要 IP 地址，而且这些网络连接设备的 IP 地址通常有两个或者更多，这样才能连接多个网络。

（4）IP 地址是运行 TCP/IP 协议的标识符。一旦运行 TCP/IP 协议的计算机连入 Internet，均要获得 IP 地址才能访问网络。

## 3.5.5 IP 地址的分配和使用

Internet 中的 IP 地址是由指定机构负责分配，分为 3 个级别。最高一级的 IP 地址由国际网络信息中心（Network Information Center，NIC）负责分配，其职责是分配 A 类 IP 地址、授权分配 B 类 IP 地址的组织并有权刷新 IP 地址；第二级是负责分配 B 类 IP 地址的国际组织，有 InterNIC、APNIC 和 ENIC，InterNIC 负责北美地区分配，APNIC 负责亚太地区分配，ENIC 负责欧洲地区分配；第三级是地区网络中心向国家级网管中心申请分配。

由指定机构负责分配的 IP 地址可以让外部用户访问它们，被称为共有地址。局域网内部的计算机如果不作为 Internet 的主机供其他用户访问，那么 IP 地址可以任意分配。通常小公司、网吧和家庭网络等小型局域网使用保留的 C 类内部地址。IPv4 的地址由于只有 32 位，资源已十分紧张，在新一代的 Internet 中，将会使用 128 位的 IPv6 地址。

## 3.5.6 IP 地址的配置管理与默认网关

IP 地址的配置管理有以下几种类型。

### 1. 静态 IP 地址

静态 IP 地址是经过申请得到 IP 地址后，由用户或者网络管理员人工对主机的 TCP/IP 协议的有关选项进行配置。静态 IP 地址一旦经过配置，不论计算机什么时候启动，其 IP 地址是固定不变的。在"网络连接 属性"对话框中，选中"Internet 协议（TCP/IP）"复选项，可以配置静态 IP 地址。如图 3 – 8 所示为 Windows XP 客户机中静态 IP 地址的设置，矩形区域里就是人工设置的 IP 地址。

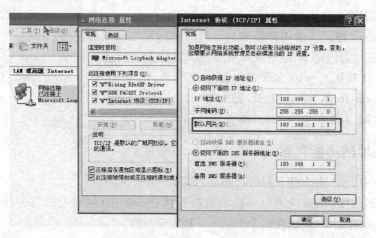

图 3 – 8　静态 IP 地址设置

静态 IP 地址也分两类，一类是需要在指定机构去申请而得到的 Internet 上的 IP 地址，称为 IP 公有地址。另一类是在局域网内部使用的，称为 IP 私有地址，这类地址没有什么具体要求，但只能在内网使用。

### 2. 动态 IP 地址

动态 IP 地址是由网络中的动态主机配置协议 DHCP 服务器动态分配的 IP 地址。DHCP 服务器给用户分配的是一个临时的 IP 地址，一个请求 DHCP 服务的客户机，每次申请 IP 地址时，所得到的 IP 地址可能是不同的，这和 DHCP 服务器分配 IP 地址的规则有关。客户机申请 IP 地址时，DHCP 服务器将某个 IP 地址临时分配给客户机，当客户机使用结束后，DHCP 又将 IP 地址回收，供给其他的客户机使用。

动态 IP 地址主要用于网络中主机数量较多，静态 IP 地址不够的场合，比如说拨号上网的用户，分配到的就是动态 IP 地址和一些相关信息，DHCP 服务器自动为其配置各个选项。另外，当网络中的主机较多时，网络管理员为了管理方便，避免为每台主机配置 IP 地址及其选项时也会采用 DHCP 方式分配 IP 地址。最后，在一些网络中主机经常有变动的场合，譬如说笔记本式计算机移动办公，也会采用动态 IP 地址。如图 3 – 9（a）所示为 Windows XP 客户机中动态 IP 地址的设置，黑框矩形区域里就是申请动态 IP 地址时的选项。

通过 DHCP 服务器分配到的 IP 地址可以通过图 3 – 9（b）、图 3 – 9（c）、图 3 – 9（d）步骤得到，如果在图 3 – 9（d）中单击"详细信息"按钮，可以看到 DHCP 服务器地址、租约时间以及 DNS 等其他网络信息。

### 3. 自动专用 IP 地址

自动专用 IP 地址（Automatic Private IP Addressing，APIPA）是 Windows 系统里的一个

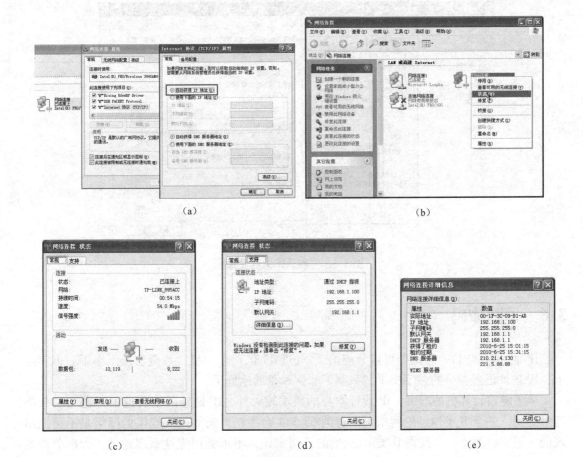

图 3 – 9　动态 IP 地址设置

增强功能。虽然在网络中有 DHCP 服务器，但因为 DHCP 服务器尚未开启、DHCP 服务器有故障或 IP 地址池中可用 IP 地址已经用完等原因，导致 DHCP 客户机不能得到 IP 地址。这时，Windows 系统会自动产生一个专用的 IP 地址，并且用广播的方式将这个地址发送到网络上进行确认，如果这个 IP 地址没有被使用，则 DHCP 客户机使用这个 IP 地址。否则重复这个过程，一直到产生一个自动专用的 IP 地址为止。自动专用 IP 地址的网络号是 169.254，其地址空间为 169.254.0.1 ～ 169.254.255.254。

**4. 默认网关**

默认网关（Default Gateway）和 IP 地址的配置一样，可以在"网络连接属性"对话框中，选择"Internet 协议（TCP/IP）"复选项，和 IP 地址在一起设置。如图 3 – 10 所示为默认网关的设置。默认网关在两个远程网络进行通信时，可以把数据发送到不同网络号的目标主机，它是远程网络通信的接口，如果没有指定默认网关，通信仅局限于本地网络。

默认网关可以由本地网络中的某台计算机担任，也可以由路由器实现。一般由计算机担任的网关用于单位内部局域网之间的通信，路由器的功能更强大些，外部网络之间的通信则选择外部路由器。

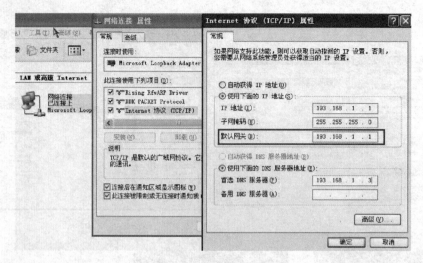

图 3 – 10　默认网关的设置

## 3.6　子网掩码

　　IP 地址有 32 位，理论上可以分配给 $2^{32}$（近 43 亿）个主机，数量已经不小了。但实际上，IP 地址已经被分的差不多了，只剩下非常少量的地址了。

　　除了随着计算机的增多，IP 地址本身的需求较大外，IP 地址的浪费也很厉害。以 B 类地址为例，一个 B 类地址的网络可以容纳 65 534 台主机，而如此大规模的网络是不可能出现的。因此，对于一个获得 B 类 IP 地址的公司来说，不可能用完这么多地址，大部分地址闲置没用。对于获得一个 C 类 IP 地址的公司来说，可能 254 个地址又不够用，申请多个 C 类 IP 地址，就相当于建立了多个局域网，需要用路由器把这些局域网连接起来，又增加了成本，带来不方便。

　　为了提高 IP 地址使用效率，在 IP 地址基础分类上对 IP 地址进行相应改进，将主机号进一步划分为子网号和主机号两部分，这样不仅可以节约网络号，又可以充分利用主机号部分庞大的编址能力。实现这样的功能就要用到子网掩码（Subnet Mask）。

　　网络通信时，网络设备先要判断通信双方是否在同一个网络中，如果在同一个网络，则数据直接被传送到目标机器，如果不在同一个网络就要利用路由器等设备进行数据转发。因此，通信时必须首先判断通信双方的网络号是否相同。

　　1）子网掩码的作用

　　如果只用 IP 地址标识一台主机，是无法区分它的网络号的，只有和子网掩码一起使用才能区分某个主机的网络号。子网掩码的作用就是分出 IP 地址中哪些位是网络号，哪些位是主机号。子网掩码也是长度为 32 位的二进制，通过它和 IP 地址进行二进制按位"逻辑与（AND）"运算，可以得到 IP 地址的网络号，从而可求出主机号。进行"逻辑与"运算时，如果参与运算的两个二进制位都是"1"，那么运算结果也为"1"；如果参与运算的两个二进制位有一位为"0"，那么运算结果就为"0"。两台计算机 IP 地址和子网掩码经过"逻辑与"运算后结果如果相同，则表示两台计算机属于同一网络。如图 3 – 11 所示是经过子网划分后的 IP 地址结构。

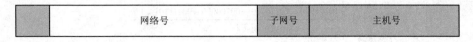

图 3 - 11　子网划分后的 IP 地址结构

2）子网掩码的定义

子网掩码的选取是这样规定的，对应 IP 地址中物理网络地址（包括网络号和子网号）中的每一位，子网掩码中的各位都置为"1"；对应 IP 地址中主机地址中的每一位，子网掩码中的各位都置为"0"。例如，子网掩码为：11111111 11111111 00000000 00000000，表示前两个字节为网络地址，后一个字节表示该网络中的主机地址。为了方便记忆，子网掩码也采用 IP 地址的"点分十进制"方法表示，上面的子网掩码可以写为 255.255.0.0。如表 3 - 2 所示是采用"点分十进制"方法表示的 A 类、B 类和 C 类 IP 地址的默认子网掩码。

子网掩码除了可以用"点分十进制"方法表示外，还有另外一种称为网络前缀标记法的表示方法。根据子网掩码选取的规定，可以用表示 IP 地址中网络号长度的方法来表示子网掩码。由于网络号是从 IP 地址高字节开始以连续方式选取的，也即是从左到右连续选取若干位做网络号，比如 A 类地址取前 8 位作为网络号，B 类地址取前 16 位作为网络号，C 类地址取前 24 位作为网络号。因此，可以采用一种简便的方法来表示子网掩码中对应的网络号部分，用网络前缀表示/ < #位数 >，它定义了网络号的位数。用网络前缀标记法表示标准的 A 类、B 类和 C 类 IP 地址的默认子网掩码如表 3 - 3 所示。

表 3 - 2　A 类、B 类、C 类 IP 地址默认子网掩码（点分十进制）

| 网络类别 | 子网掩码（点分十进制） | 子网掩码（二进制） |
| --- | --- | --- |
| A 类 | 255.0.0.0 | 11111111.00000000.00000000.00000000 |
| B 类 | 255.255.0.0 | 11111111.11111111.00000000.00000000 |
| C 类 | 255.255.0.0 | 11111111.11111111.11111111.00000000 |

表 3 - 3　A 类、B 类、C 类 IP 地址默认子网掩码（网络前缀标记法）

| 网络类别 | 子网掩码（网络前缀标记法） | 子网掩码（二进制） |
| --- | --- | --- |
| A 类 | /8 | 11111111.00000000.00000000.00000000 |
| B 类 | /16 | 11111111.11111111.00000000.00000000 |
| C 类 | /24 | 11111111.11111111.11111111.00000000 |

3）子网掩码的"逻辑与"运算

下面通过具体例子来说明如何通过默认子网掩码确定 IP 地址的网络地址。

【例 3 - 1】　已知 IP 地址为 170.54.32.61，子网掩码为 255.255.0.0，请指明该 IP 地址的网络地址是多少。

分析：170.54.32.61 是一个 B 类 IP 地址，采用的子网掩码也是默认的，没有划分子网，将 IP 地址和子网掩码进行二进制按位"逻辑与"操作，结果如图 3 - 12（a）所示。

【例 3 - 2】　已知 IP 地址为 170.54.32.61，子网掩码为 255.255.255.0，请指明该 IP 地址的网络地址是多少。

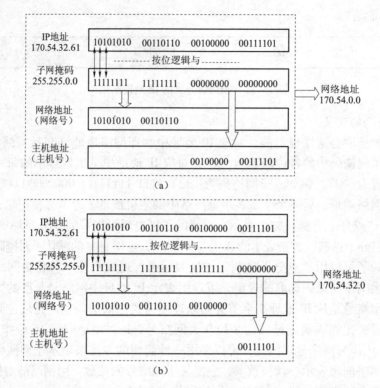

图 3 - 12　子网掩码的运算

分析：170.54.32.61 是一个 B 类 IP 地址，采用的子网掩码不是默认的，已经划分了子网，将 IP 地址和子网掩码进行二进制按位"逻辑与"操作，结果如图 3 - 12（b）所示。

在上面的例子中，如果 IP 地址采用的是默认的子网掩码，则没有划分子网；如果采用的不是默认的子网掩码，则划分了子网。对于子网掩码的 4 个字节的取值，如果不是 255 就是 0，称为边界子网掩码。边界级子网掩码的网络地址容易得到，十进制 255 就是二进制 11111111，十进制 0 就是二进制 00000000，因此对应于子网掩码为 255 的 IP 地址部分，网络地址与其相同；对应于子网掩码为 0 的 IP 地址部分，网络地址就是 0。

进行子网划分时，非边界级子网掩码在网络中的应用更多，下面在 3.7 节"子网规划与配置"中再进行详细介绍。

## 3.7　子网规划与配置

A 类、B 类和 C 类 IP 地址是经常使用的 IP 地址，它们适用于不同的网络规模。例如，一个 B 类网络地址 170.54.0.0，该网络可以容纳 60 000 多个主机，那么多台主机在不使用路由设备的单一网络中是没法正常工作的，而且也没使用这么多台计算机的公司，通常只有一少部分 IP 地址得到使用，从而造成大量的地址浪费。随着计算机技术的发展和网络技术的进步，个人计算机应用普及很快，小型网络越来越多，这些网络多则拥有几十台主机，少则拥有两三台主机。这样的小型网络即使分配给它一个 C 类网络地址仍然是一种浪费，因为每一个 C 类网络地址拥有 254 个主机号，可以容纳 254 台主机。

随着局域网数目的增加和计算机数量的增加，IP 地址不够的问题越来越严重，人们开始寻找新的方法来解决这个问题。子网划分技术是目前行之有效的解决办法，把一个网络划分成多个子网，并使用路由设备把它们连接起来，对外还是一个单独的网络。

**1. 子网划分的优点**

一个网络划分为若干个子网后，在管理、性能和安全性等方面都有所提高，具体的优点体现在下列几个方面。

1）可以连接不同的网络

有些情况下，一个单位的网络由于各种原因是由几个不同类型的网络构成，如以太网、令牌环网等，那么就必须将不同类型的网络分别划分为不同的子网，每一个子网有它自己的网络地址。并由路由器等网络连接设备将它们连接起来。如图 3 – 13 所示是子网划分示意图，其中图 3 – 13（a）是从外部看到的网络的情况，图 3 – 13（b）是子网划分后网络的内部结构。

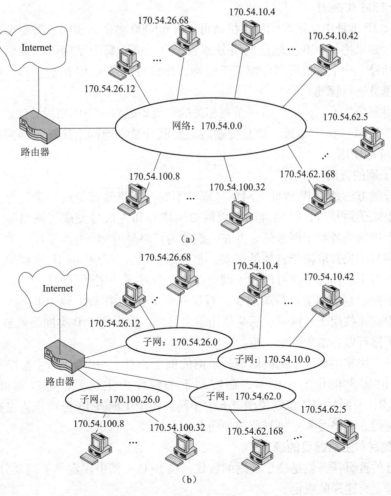

图 3 – 13　子网划分

（a）外部看到的结构；（b）网络内部结构

划分子网后，从 Internet 上看不到该网络被划分成了 4 个子网。4 个子网对外仍是一个网络，对内部而言，它被分为不同的子网。假如，Internet 上的某个用户发送数据给 170.54.26.68，其目的地是一个 B 类 IP 地址，数据先到达路由器，170.54 是网络号，而 26.68 是主机号。到达路由器后，对 IP 地址的解析有了变化，要根据子网号决定数据的路径。在 170.54.26.68 中，子网号为 26，最后数据被发送到网络号为 170.54.26 的子网，最后到达主机号为 68 的主机。

2）提高网络的性能

网络中的用户和主机数量如果过于庞大，网络通信会变得很繁忙，网络中的流量会很大。繁忙的网络容易产生冲突，出现丢失数据包和数据包重传等现象，从而降低网络的通信效率。如果把一个大的网络划分为多个规模较小的子网，并且通过路由设备把子网连接起来可以减少网络拥塞。路由器可以隔离子网间的广播信息，只有需要在子网间传递的数据才被允许经过路由器，子网内部的本地通信是不会转到其他子网上的。另外，路由器还可以限制 Internet 用户对子网的访问，提高子网内部的安全性。

3）充分利用 IP 地址

一个 B 类 IP 地址中，可容纳的主机数可以有 60 000 多个，实际上需要 6 万多个 IP 地址的公司很少。如果把一个 B 类地址网络分成若干个子网，每个子网可以按照需要有几十个或几百个主机号，一个单位可以分配一个子网，这样可以节省 IP 地址。多个小规模的子网也有利于管理员进行管理。

利用子网划分技术，还可以将一系列相关的主机集成到一个网络段，通过网络地址映射技术（NAT）公用一个 IP 地址，信息传输时只要区分是本地网络还是外部网络即可，减少了公网 IP 地址的使用。

**2. 划分子网的方法**

子网划分的方法是将 IP 地址的网络号部分不变，主机号部分进一步划分为子网号和主机号。划分出来子网号后，IP 地址的组成就由网络号和主机号变成了网络号、子网号和主机号，习惯上把网络号和子网号还合并在一起称为网络号或网络地址。

划分子网号的位数取决于具体的需要，创建子网时，是从标准 IP 地址的主机号的前面部分划分出来若干位作为子网号的。子网所占的位数越多，则可分配给主机的位数就越少，也就是每个子网所容纳的主机数就越少。假如一个 B 类网络 170.54.0.0，将主机号分为两个部分，其中前 8 位用于子网号，后 8 位用于主机号，那么这个 B 类网络就被分成了 254 个子网，每个子网可以容纳 254 个主机。

下面看一个用非边界级子网掩码划分子网的例子，对于一个 B 类网络 170.54.0.0 若将第 3 个字节的前 3 位作为子网号，而将剩下的位作为主机号，可以知道子网掩码为 255.255.224.0，子网号有 3 位就说明有 6 个子网，每个子网有 13 位可作为主机号，划分子网后的子网掩码、网络号和主机号范围如图 3-14 所示。

**3. 子网数目和主机数目的确定**

子网划分的首要任务就是确定子网的数目，在 RFC 文档中规定了子网划分遵循的规范，其中在子网号上有这样的规定。

（1）由于网络号全为 0 代表的是本地网络，所以网络地址中的子网号也不能为全 0，子网号的全 0 表示的是本子网网络。

子网掩码：255.255.224.0　　｜ 11111111.11111111.11100000.00000000 ｜

网络地址（网络号＋主机号）　主机号范围　　　IP 地址范围

子网 1：170.54.32.0

| 10101010.00110110.001 | 00000.00000001 | (170.54.32.1) |
| 10101010.00110110.001 | 11111.11111110 | (170.54.63.254) |

子网 2：170.54.64.0

| 10101010.00110110.010 | 00000.00000001 | (170.54.64.1) |
| 10101010.00110110.010 | 11111.11111110 | (170.54.95.254) |

子网 3：170.54.96.0

| 10101010.00110110.011 | 00000.00000001 | (170.54.96.1) |
| 10101010.00110110.011 | 11111.11111110 | (170.54.127.254) |

子网 4：170.54.128.0

| 10101010.00110110.100 | 00000.00000001 | (170.54.128.1) |
| 10101010.00110110.100 | 11111.11111110 | (170.54.159.254) |

子网 5：170.54.160.0

| 10101010.00110110.101 | 00000.00000001 | (170.54.160.1) |
| 10101010.00110110.101 | 11111.11111110 | (170.54.191.254) |

子网 6：170.54.192.0

| 10101010.00110110.110 | 00000.00000001 | (170.54.192.1) |
| 10101010.00110110.110 | 11111.11111110 | (170.54.223.254) |

图 3-14　非边界级子网掩码划分子网

（2）由于网络号全为 1 代表的是本网络的广播地址，所以网络地址中的子网号也不能为全 1，子网号的全 1 表示的是本子网的广播地址。

对于图 3-14 中 B 类网络地址 170.54.0.0，使用主机号的前 3 位作为子网号，按照计算可以有 $2^3 = 8$ 种组合，划分出 000、001、010、011、100、101、110、111 共 8 个子网号，但根据规范，全 0 和全 1 的子网号是不能分配的，因此忽略了 170.54.0 和 170.54.224 网络地址，共划分了 6 个子网。

在实际应用中，很多网络设备供应商的产品也支持全 0 和全 1 的子网，而且现代网络技术已超越了 A 类、B 类和 C 类 IP 地址的工作方式，通过可变长子网技术和 CIDR 技术，已不存在全 0 和全 1 的子网问题，所以全 0 和全 1 子网在现实中都在使用。但在不加任何说明的情况下，根据规范要求，在计算子网数目时仍然要忽略全 0 和全 1 的子网。

根据子网划分的要求，得出这样两个子网划分应满足的条件。

（1）划分出来的子网号至少要有两位。

（2）划分出来子网号后，剩下的主机号不能少于两位。

由上述条件可知，A 类 IP 地址的主机号部分有 3 个字节，共 24 位，因此可以划分出 2～22 位去创建子网；B 类 IP 地址的主机号部分有 2 个字节，共 16 位，可以拿出 2～14 位去创建子网；而 C 类 IP 地址的主机号只有 8 位，只能拿出 2～6 位去创建子网。

由此可见，子网数量的计算可以用公式表示为

$$N_x = 2^x - 2$$

其中，$N_x$表示子网数量，$x$是子网号的位数，减去 2 的原因是这个公式是忽略全 0 和全 1 子网。

子网号一旦确定，主机号也就定下来了，从而主机数目也可以知道。每个子网支持的最大主机数 $N$ 也可以通过公式计算出来：

$$N_y = 2^y - 2$$

其中，$N_y$表示每个子网的最大主机数量，$y$是划分子网后剩余的主机号的位数，减去 2 的原因是主机号全 0 代表网络地址（网络号 + 主机号），主机号全 1 代表这个子网的广播地址，这两个地址都是不能分配给主机的。

IP 地址中的主机号划出一部分作为子网号，相应子网中的主机数目就会减少。例如，一个 C 类网络，没划分子网前，主机号有 8 位，可以容纳主机数量为 254 台。如果拿 3 位作为子网号，剩下 5 位为主机号，可以容纳 30 台主机；如果拿 4 位作为子网号，只剩下 4 位为主机号，可以容纳 14 台主机。主机数量和子网数量有相互制约的关系。

**4. 划分子网后的子网掩码**

划分子网后的子网掩码会改变，根据子网掩码的定义，它是对应的网络地址中的每一位，子网掩码各位都置为 "1"。例如，对于 A 类、B 类和 C 类 IP 地址，如果分别取主机号的前 5、4、3 位作为子网号，相应的子网掩码变化如下。

A 类 IP 地址：

划分子网前　11111111. 00000000. 00000000. 00000000　255. 0. 0. 0

划分子网后　11111111. 11111000. 00000000. 00000000　255. 248. 0. 0

B 类 IP 地址：

划分子网前　11111111. 11111111. 00000000. 00000000　255. 255. 0. 0

划分子网后　11111111. 11111111. 11110000. 00000000　255. 255. 240. 0

C 类 IP 地址：

划分子网前　11111111. 11111111. 11111111. 00000000　255. 255. 255. 0

划分子网后　11111111. 11111111. 11111111. 11100000　255. 255. 255. 224

**5. 划分子网步骤**

把网络划分子网，必须给每个子网分配一个网络号，这就需要确定子网数和每个子网容纳的最大主机数量。有了这些信息就可以定义子网掩码、网络地址的范围和主机地址的范围。划分子网的步骤如下所述。

（1）确定子网号的位数和主机号的位数。

（2）确定子网掩码的值。

（3）确定标识每个子网的网络地址。

（4）确定每个子网上主机地址的范围。

下面以两个例子来说明划分子网的过程。

【例 3 - 3】　设有一个 B 类 IP 地址，其网络号为 172. 16. 0. 0，现要划分 14 个子网，路由器不支持全 0 和全 1 子网，请计算每个子网的网络地址、每个子网主机的数量和划分子网后的子网掩码。

解：根据题意，B 类 IP 地址划分 14 个子网，并且去处全 0 和全 1 的子网，由公式 $N_x = 2^x - 2$ 可知，$x$ 的值为 4，也就是拿出主机号的前 4 位作为子网号，每个子网容纳的主机由

公式 $N_y = 2^y - 2$ 可知，主机数 $N_y$ 的值也为 $2^{12} - 2$；划分子网后的子网掩码为

11111111. 11111111. 11110000. 00000000（255. 255. 240. 0）

这时，网络地址一共是 20 位，可以用网络前缀表示法"172. 16. 0. 0 / 20"来表示。

第 1 个子网网络地址为：10101100. 00010000. **0001**0000. 0000（172. 16. 16. 0）

第 2 个子网网络地址为：10101100. 00010000. **0010**0000. 0000（172. 16. 32. 0）

第 3 个子网网络地址为：10101100. 00010000. **0011**0000. 0000（172. 16. 48. 0）

……

第 14 个子网网络地址为：10101100. 00010000. **1110**0000. 0000（172. 16. 224. 0）

因此，B 类 IP 地址 172. 16. 0. 0 划分子网后的子网网络地址、子网掩码和每个子网的主机数量主机如表 3 - 4 所示。

表 3 - 4　172. 16. 0. 0/20 的子网划分情况

| 序号 | 子网号 | 网络地址 | 子网掩码 | 主机数量 |
|---|---|---|---|---|
| 1 | 0000 | N/A | N/A | N/A |
| 2 | 0001 | 172. 16. 16. 0 | 255. 255. 240. 0 | $2^{12} - 2$ |
| 3 | 0010 | 172. 16. 32. 0 | 255. 255. 240. 0 | $2^{12} - 2$ |
| 4 | 0011 | 172. 16. 48. 0 | 255. 255. 240. 0 | $2^{12} - 2$ |
| 5 | 0100 | 172. 16. 64. 0 | 255. 255. 240. 0 | $2^{12} - 2$ |
| 6 | 0101 | 172. 16. 80. 0 | 255. 255. 240. 0 | $2^{12} - 2$ |
| 7 | 0110 | 172. 16. 96. 0 | 255. 255. 240. 0 | $2^{12} - 2$ |
| 8 | 0111 | 172. 16. 112. 0 | 255. 255. 240. 0 | $2^{12} - 2$ |
| 9 | 1000 | 172. 16. 128. 0 | 255. 255. 240. 0 | $2^{12} - 2$ |
| 10 | 1001 | 172. 16. 144. 0 | 255. 255. 240. 0 | $2^{12} - 2$ |
| 11 | 1010 | 172. 16. 160. 0 | 255. 255. 240. 0 | $2^{12} - 2$ |
| 12 | 1011 | 172. 16. 176. 0 | 255. 255. 240. 0 | $2^{12} - 2$ |
| 13 | 1100 | 172. 16. 192. 0 | 255. 255. 240. 0 | $2^{12} - 2$ |
| 14 | 1101 | 172. 16. 208. 0 | 255. 255. 240. 0 | $2^{12} - 2$ |
| 15 | 1110 | 172. 16. 224. 0 | 255. 255. 240. 0 | $2^{12} - 2$ |
| 16 | 1111 | N/A | N/A | N/A |

【例 3 - 4】　如图 3 - 15（a）所示为一个 C 类网络，如果要划分为如图 3 - 15（b）所示的两个子网，每个子网的主机数量相同。应该如何划分，请给出划分后的子网网络地址，子网掩码情况和划分后的网络示意图。

解：由题意可知，C 类网络 212. 66. 8. 0，共有 106 台主机，要划分为两个子网并且每个子网主机数量相同，都是 53 台。

（1）确定子网的位数：$N_x = 2^x - 2$，$N_x$ 的值为 2，因此可以得出 $x = 2$，也就是子网的位数为 2。

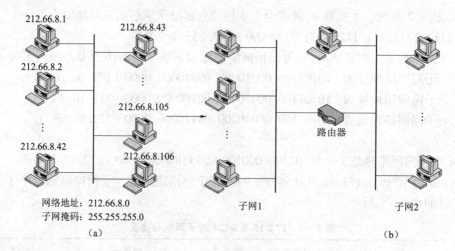

网络地址：212.66.8.0
子网掩码：255.255.255.0

（a）                                  子网1                    子网2
                                                                （b）

图 3 – 15    一个 C 类网络划分为两个子网

（2）确定主机的位数：$N_y = 2^y - 2$，$y$ 的值为 6，即（8 – 2），因此得出 $N_y = 62$，主机数量也满足 53 台的要求。

所以可以划分出主机号的前两位作为子网号，每个子网最多有 62 台主机，同时满足子网数量和主机数量的要求。

（3）确定子网掩码：由子网掩码定义可知，子网掩码为 11111111. 11111111. 11111111. 11000000，即为 255. 255. 255. 192。

（4）确定每个子网的网络地址：由分析可知子网号的取值为 01 和 10，二个子网的网络地址分别为 212. 66. 8. 64 和 212. 66. 8. 128。

（5）确定每个子网的主机地址范围，子网号确定后，主机地址范围也就确定了，结果如表 3 – 5 所示。

表 3 – 5    一个 C 类地址划分为两个子网后的结果

| 序号 | 子网号 | 网络地址 | 主机地址范围 |
|---|---|---|---|
| 1 | 00 | N/A | N/A |
| 2 | 01 | 212. 66. 8. 64 | 212. 66. 8. 65 ... 212. 66. 8. 126 |
| 3 | 10 | 212. 66. 8. 128 | 212. 66. 8. 129 ... 212. 66. 8. 190 |
| 4 | 11 | N/A | N/A |

最后，再画出划分子网后的网络效果图，并且给每台主机分配合适的 IP 地址，如图 3 – 16 所示。

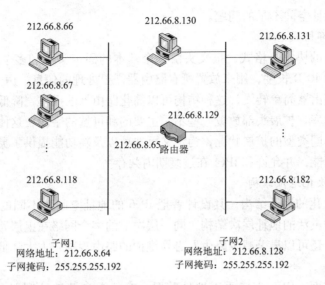

图 3-16  划分子网后的网络效果图

## 3.8  IPv6

现在使用的 IP 协议 IPv4 是 20 世纪 70 年代设计的，在早期主要用于大学、科研机构和美国政府。但从 20 世纪 90 年代中期开始，网络技术发展迅速，Internet 开始被各种各样的人使用，越来越多的企业和家庭通过 Internet 保持联系，可以说 Internet 已经渗透到人们日常生活和工作中。事实证明，IPv4 是一个非常成功的协议，它经受住了各种网络的考验，从 Internet 最初的 4 台主机发展到目前的几亿台网络终端的互连，运行相当正常，创造了不可估计的效益。

但 IPv4 是几十年前基于当时的网络规模和计算机数量设计的，从现在来看，IPv4 的设计者对于网络的发展规模设计不足，没有想到计算机会以如此快的速度普及。随着 Internet 的进一步发展，IPv4 的局限性也越来越明显。在 IPv4 一系列问题中，IP 地址即将耗尽是最严重、最迫切的问题。由于 IP 地址的长度只有 32 位，也就是只有大约 43 亿个地址，按照现在网络的发展速度，若干年后就耗尽了。为了彻底解决 IPv4 的问题，因特网工程任务组（IETF）从 1995 年开始，着手研究开发下一代 IP 协议，即 IPv6（网际协议第 6 版）。IPv6 具有长达 128 位的地址空间，可以彻底解决 IPv4 地址不足的问题，增强了 Internet 的可扩展性，加强了路由功能，允许诸如 IPX 地址等不同类型地址的兼容共存。除此之外，IPv6 还采用分级地址模式、高效 IP 包头、服务质量、主机地址自动配置、认证和加密等许多技术。

**1. IPv6 的主要特点**

下面列举了 IPv6 与 IPv4 相比较具有的新特点。

1）更大的地址空间

IPv6 的地址长度有 128 位，共有 $2^{128}$（约 3.4E+38）个地址空间，这是 IPv4 地址空间的 $2^{96}$ 倍，目前的全球网络设备和终端只占其极小的部分，有足够的地址空间可供以后发展所用，在可以预见的将来，即使为所有的移动电话和家用电器等都分配一个 IP 地址也够用了，不会再存在地址空间不足的问题。

2）灵活的头部格式

IPv6 使用了新的协议头格式，报文头由一个基本的固定头部和多个扩展头部组成。基本头部具有固定的 40 B 长度，用来放置所有路由器需要处理的信息。由于 Internet 上绝大部分数据包都是被路由器简单转发，这种结构可以简化路由器的操作，降低了路由器处理的开销，具有更高的效率。扩展头部放置一些不是主要的和可选的字段，这使得在基本固定头部之后还可以附加不同类型的扩展状况，为定义可选项以及新功能提供了灵活性，为以后支持新的应用提供了可能，并允许和 IPv4 在过渡期内共存。

3）全新的层次化地址结构

IPv6 采用层次化的地址结构，其设计者把 IPv6 的地址空间按不同的前缀来划分，这样不仅可以定义非常灵活的地址层次结构，同一层次上的多个网络在上层路由器中表示为一个统一的网络前缀，还可以显著减少路由器必须维护的路由表项，大大降低了路由器的寻址和存储开销。

在主机配置方面，IPv6 支持手工地址配置，有状态自动地址配置和无状态地址配置。有状态自动地址配置是利用专用的地址分配服务器动态分配 IPv6 地址。无状态地址配置是网络上的主机能够自动给自己配置合适的 IPv6 地址。所以，在统一链路上，所有主机不需要人工干预就可以进行通信。

4）全新的邻居发现协议

邻居发现协议（Neighbor Discover Protocol，NDP）是 IPv6 的一个重要协议，也是和 IPv4 一个主要的区别点。NDP 用来管理相邻结点之间的交互，在无状态自动地址配置中起到了重要作用。NDP 使用更加有效的单播和组播报文，取代了 IPv4 的地址解析协议 ARP。

5）更方便的内置安全性

IPv4 在设计之初是没有考虑到安全性的，后来为了网络通信安全而开发的 IPSec（Security Architecture for the Internet Protocol）是 IPv4 的一个可选扩展协议，但在 IPv6 中是必需的，已经被内置了。这样就为网络安全提供了一种标准的解决方案。IPSec 的主要功能是在网络层对数据分组提供加密和鉴别等安全服务，主要通过认证和加密两种机制来完成。认证机制使 IP 通信的数据接收方能够确认数据发送方的真实身份以及数据在网络传输中是否遭到修改。加密机制通过对数据进行编码来保证数据的机密性，以防止数据在传输过程中遭到非授权第三方截获而失去机密性。

6）对 QoS 更好的支持

IPv4 对网络服务质量考虑不多，在图像、视频和音频等许多传输中都采用"尽最大努力"交付。而 IPv6 允许对网络资源进行预分配，支持实时传输多媒体信息的要求，保证一定的带宽。在 IPv6 中，新定义了一个 8 位的业务流类别（Class）和一个 20 位的流标签（Flow Label），它能使网络中的路由器对属于一个流的数据包进行识别并提供特别处理。有了这个标签，路由器可以不打开传输的内层数据包就可以识别流，即使数据包的数据进行了加密，也不会影响数据的传输效率，满足 QoS 的要求。

7）更好的移动传输支持

移动通信和移动互联网已经在显示出巨大的威力，改变着人们生活的方方面面。IPv6 为用户提供可移动的 IP 数据服务，让用户可以在世界各地使用同样的 IPv6 地址，非常适合未来无线上网的要求。

**2. IPv6 的地址表示**

IPv6 庞大的地址空间相当于为地球表面每平方米的面积上提供了约 $6.65 \times 10^{23}$ 个地址，为地球上的每个人提供了约 $5.7 \times 1\,028$ 个 IPv6 地址。下面介绍 IPv6 的地址是如何表示的。

IPv6 的地址由前缀和接口标识组成，前缀和 IPv4 中的网络号有些相似，接口标识和主机号有些相似，但它们的概念是不同的。按照 RFC 中 IPv6 地址结构中的定义，IPv6 在使用中有 3 种格式。

1）首选格式

IPv6 不像 IPv4 那样采用"点分十进制"表示方法，而是将地址每 16 位划分为一段，每段转换为一个 4 位的十六进制数，一共有 8 段，段与段之间用冒号分隔。这种方法称为"冒号十六进制记忆法"。例如，AFCB：A35F：35D7：0000：E3C1：2345：4902：4A46。在十六进制基础上，有时会用下列几种简化记忆方法。

2）零压缩表示法

在"冒号十六进制记忆法"中，有的地址中有多个连续的 0，表示时可将不必要的 0 去掉，称为零压缩法。例如："…．：0003：1000：012B：…．"可以表示为"…．：3：1：12B：…．"。但要注意不能把一个段内有效的 0 也压缩了，例如："…．：ED01：F032：…．"是不能表示为"…．：ED1：F32：…．"的。

还有一种更特殊的情况是一段或多段都是 0 时，可以用一对冒号代替，连续几段都是 0 的情况在实际中会经常出现。例如，"AC1B：443F：D226：0：0：0：0：481C"可以表示为"AC1B：443F：D226：：481C"，连续的 0 都被压缩了，但在一个地址当中这种方式只能出现一次，否则系统无法判断 0 的个数。

3）以 IPv4 地址作为后缀

这是一种 IPv4 向 IPv6 过渡过程中使用的一种方法，IPv6 地址前面部分用"冒号十六进制记忆法"，而后缀部分可以是"点分十进制"表示法表示 IPv4 的地址。例如：

AC1B：443F：D226：0：0：0：202.36.110.7

AFCB：A35F：35D7：0000：E3C1：3345：119.66.122.34

**3. IPv4 到 IPv6 的过渡技术**

IPv4 和 IPv6 在一段时期内的共存是一个既成的事实，因此 IETF 研究了几种过渡技术用以完成 IPv4 到 IPv6 的过渡：隧道技术、网络地址转换/协议转换技术和双协议栈技术。

1）隧道技术

隧道技术就是将一种协议的数据包封装到另一种协议中的技术。在 IPv6 发展的初期，出现了许多采用 IPv6 技术的局域网，但这时 IPv4 网络还居于主导地位，利用隧道技术可以通过运行 IPv4 协议的 Internet 主干网络将局部的 IPv6 网络连接起来。在这种技术中，在起始端（隧道入口处）将整个 IPv6 数据报封装在 IPv4 数据报中，IPv6 全部报文作为 IPv4 的载荷，从而实现利用 IPv4 网络完成 IPv6 结点间通信的目的。在 IPv4 报文中，源和目标地址就是隧道入口和出口处的 IPv4 地址。

隧道技术只需要在隧道的出口和入口处进行修改，对其他部分没有要求，实现起来较为容易。基于 IPv4 隧道的 IPv6 实现过程分为 3 个步骤：封装、解封和隧道管理。封装，是指由隧道起始点创建一个 IPv4 包头，将 IPv6 数据报装入一个新的 IPv4 数据报中；解封，是指由隧道终点移去 IPv4 包头，还原初始的 IPv6 数据报，并送往目标结点；隧道管理，是指由隧道起始点维护隧道的配置信息。

2）网络地址转换/协议转换技术

网络地址转换/协议转换（Network Address Translation/Protocol Translation，NAT/PT）技术可以实现纯 IPv6 结点和纯 IPv4 结点间的通信。NAT/PT 处于 IPv4 和 IPv6 网络的交界处，协议转换实现 IPv4 和 IPv6 协议头部之间的转换，网络地址转换是让 IPv4 网络中的主机可以用一个 IPv4 地址来标识 IPv6 网络中的一台主机，IPv6 网络中的主机可以用一个 IPv6 地址来标识 IPv4 网络中的一台主机，从而使得两种网络中的主机能够互相识别对方。

除了能保证双方互相标识外，NAT/PT 服务器还负责 IPv4 到 IPv6 或 IPv6 到 IPv4 的报文转换。网络地址转换/协议转换技术的优点是只需要设置 NAT/PT 服务器就能实现两种网络之间的通信，简单易行；缺点是资源消耗大，服务器的负载较重。

3）双协议栈技术

双协议栈技术是在一个结点中同时运行 IPv4 和 IPv6 两个协议栈。这种配置需要一个接口，该接口能够识别两种类型的流量并能使其流向正确的位置。双协议栈结点应该同时能够支持 32 位和 128 位的地址，既有 IPv4 的地址，又有 IPv6 的地址，可以同时收发两种类型的 IP 数据报，双协议栈可以工作在某台主机上，也可以工作在路由器中。在当前的过渡期，双协议栈用得较为广泛，也构成了其他过渡技术的基础。

IPv6 是公认的未来 IP 技术，它的部署需要一个平滑过渡的过程，各种过渡技术都有其优缺点，在实施时要根据自身客观情况选取合适的过渡技术。而且，由于现存的各种网络情况，实现 IPv4 向 IPv6 的转换相当昂贵，不论是路由器、交换机还是服务器、软件和 TCP/IP 协议栈都需要升级，升级后还会存在其他的问题，IPv4 和 IPv6 会共存相当长的时间。

# 习　题

**一、选择题**

1. 关于 OSI 参考模型中的"服务"与"协议"的关系，正确的说法是（　　）。

A. "协议"是"垂直"的，"服务"是"水平"的

B. "协议"是相邻层之间的通信规则

C. "协议"是"水平"的，"服务"是"垂直"的

D. "服务"是对等层之间的通信规则

2. 在 OSI 参考模型中能实现路由选择、拥塞控制与网络互连功能的层是（　　）。

A. 传输层　　　　　B. 应用层　　　　　C. 网络层　　　　　D. 物理层

3. IP 地址的位数为（　　）位。

A. 32　　　　　　　B. 48　　　　　　　C. 128　　　　　　D. 64

4. IP 地址 202.116.40.32 的（　　）表示主机号。

A. 202　　　　　　B. 202.116　　　　　C. 32　　　　　　　D. 40.32

5. 假设一个主机的 IP 地址为 196.128.6.121，而子网掩码为 255.255.255.248，那么该主机的网络号和子网号为（　　）。

A. 196.168.6.12　　　　　　　　　　　B. 196.128.6.121

C. 196.128.6.120　　　　　　　　　D. 196.128.6.32

6. 以下 IP 地址中，属于 B 类地址的是（　　　）。

A. 110.200.10.23　　　　　　　　　B. 211.122.20.21

C. 23.123.211.32　　　　　　　　　D. 166.132.24.17

7. 在 TCP/IP 中，HTTP 是在（　　　）。

A. 网络接口层　　　B. 应用层　　　C. 传输层　　　D. 网络层

8. 下列给出的协议中，属于 TCP/IP 结构应用层的是（　　　）。

A. UDP　　　　　B. IP　　　　　C. TCP　　　　D. Telnet

9. 在网络协议中，涉及数据和控制信息的格式、编码及信号电平等的内容属于网络协议的（　　　）要素。

A. 语法　　　　　B. 语义　　　　C. 定时　　　　D. 语用

10. OSI 体系结构定义了一个（　　　）层模型。

A. 8　　　　　　B. 9　　　　　　C. 6　　　　　D. 7

11. 在 OSI 的 7 层模型中，主要功能是在通信子网中实现路由选择的层次为（　　　）。

A. 物理层　　　　B. 网络层　　　C. 数据链路层　　　D. 运输层

12. 在 OSI 的 7 层模型中，主要功能是协调收发双方的数据传输速率，将比特流组织成帧，并进行校验、确认及反馈重发的层次为（　　　）。

A. 物理层　　　　B. 网络层　　　C. 数据链路层　　　D. 运输层

13. 在 OSI 的 7 层模型中，主要功能是提供端到端的透明数据运输服务、差错控制和流量撞控制的层次为（　　　）。

A. 物理层　　　　B. 数据链路层　　　C. 运输层　　　D. 网络层

14. 在 OSI 的 7 层模型中，主要功能是组织和同步不同主机上各种进程间通信的层次为（　　　）。

A. 网络层　　　　B. 会话层　　　C. 运输层　　　D. 表示层

15. 在 OSI 的 7 层模型中，主要功能是为上层用户提供共同的数据或信息语法表示转换，也可进行数据压缩和加密的层次为（　　　）。

A. 会话层　　　　B. 网络层　　　C. 表示层　　　D. 运输层

16. 在开放系统互连参考模型中，把传输的比特流划分为帧的层次是（　　　）。

A. 网络层　　　　B. 数据链路层　　　C. 运输层　　　D. 分组层

17. 在 OSI 的 7 层模型中，提供为建立、维护和拆除物理链路所需的机械的、电气的、功能的和规程的特性的层次是（　　　）。

A. 网络层　　　　B. 数据链路层　　　C. 物理层　　　D. 运输层

18. 在 OSI 的 7 层模型中，负责为 OSI 应用进程提供服务的层次是（　　　）。

A. 应用层　　　　B. 会话层　　　C. 运输层　　　D. 表示层

19. 在创 OSI 的 7 层模型中，位于物理层和网络层之间的层次是（　　　）。

A. 表示层　　　　B. 应用层　　　C. 数据链路层　　　D. 运输层

20. 允许计算机相互通信的语言被称为（　　　）。

A. 协议　　　　　B. 寻址　　　　C. 轮询　　　　D. 对话

**二、简答题**

1. 计算机网络为什么采用层次结构？

2. LLC 层和 MAC 层的功能各是怎样？

3. 描述 TCP/IP 模型。

4. 分配给用户的 A、B 和 C 类地址的地址范围是多少？

5. 什么是子网掩码和默认网关？它们有什么作用？

6. 什么是静态 IP 地址和动态 IP 地址？

7. 现需要对一个局域网进行子网划分，局域网获取的是 C 类 IP 地址 202. 116. 246. 0，要求划分为 12 个不同的子网，每个子网主机数不超过 12 台。请确定每个子网的网络地址、开始和结束地址，并计算出该网络的子网掩码。

8. IPv4 的不足之处体现在哪些方面？IPv6 有哪些主要特征？

# 第 4 章

# 局 域 网

本章主要知识点

❖ 局域网概述。
❖ 局域网的体系结构与介质访问控制方式。
❖ 以太网的工作原理。
❖ 交换式以太网工作原理。
❖ 虚拟局域网的工作原理。
❖ 无线局域网的功能和实现方法。

学习本章应达到的能力目标

❖ 掌握局域网概念及相关知识。
❖ 掌握以太网的规划设计。
❖ 掌握交换式以太网的规划设计。
❖ 掌握无线网的规划设计。

局域网（Local Area Network，LAN）是一种应用广泛的计算机网络，在有限的地理范围内（一般不超过 10 km），一个机房、一幢大楼、一个学校或一个单位内部的计算机、外设和各种网络连接设备互连在一起，实现数据传输和资源共享的计算机网络系统。

## 4.1 局域网概述

局域网只涉及通信子网的功能，它是同一个网络中结点与结点之间的数据通信问题，不涉及网络层的路由概念。在体系结构上，局域网只包含 OSI 模型的低两层：物理层和数据链路层，并且数据链路层被细分为介质访问控制（Media Access Control，MAC）子层和逻辑链路控制（Logical Link Control，LLC）子层。OSI 参考模型和局域网模型的对比如图 4 - 1 所示。

**1. 物理层**

物理层涉及在通信线路上传输的二进制比特流，主要作用是确保在一段物理链路上正确传输二进制信号，完成信号的发送与接收、时钟同步、解码与编码等功能。

**2. 数据链路层**

局域网的信道大多都是共享的，容易出现争用传输介质而引起冲突，数据链路层的重点

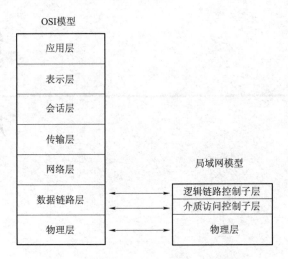

图 4 - 1    OSI 参考模型和局域网参考模型对比

就是考虑介质的访问控制问题。为了使数据链路层不致过于复杂，局域网模型把数据链路层又分成下面两个独立的子层。

1）逻辑链路控制子层

逻辑链路控制（LLC）子层的功能完全与介质无关，不针对特定的传输介质，对各种类型的局域网它都是相同的。该子层用来建立、维持和释放数据链路，提供一个或多个逻辑服务接口向网络层提供服务，完成帧的收、发，提供差错控制、流量控制和发送顺序等功能。LLC 子层独立于介质访问控制方法，隐藏了各种局域网技术之间的差别，对高层提供统一的界面。

2）介质访问控制子层

介质访问控制（MAC）子层的功能就和介质有关了，它包含了许多不同的模块对于不同类型的局域网都是不同的，例如，Ethernet、Token Bus 和 Token Ring 都有不同的要求。MAC 子层进行信道分配，解决信道争用问题。它包含了将信息从源点传送到目的地所需的同步、标志、流量和差错控制的规范，并完成帧的寻址和识别，产生帧检验序列和帧校验等功能。

局域网种类繁多，其中主要有 3 种常见的体系结构，它们是以太网（Ethernet）、令牌环网（Token Ring）和光纤分布式数据接口（Fiber Distributed Data Interface，FDDI），以太网在现实中使用的范围最广。

## 4.1.1  局域网的特点

局域网有下列几个特点。

（1）地理分布范围小，一般是几百米到几千米的范围。

（2）数据传输速率高，误码率低。局域网的带宽一般不小于 10 Mbps，有些快速的可以达到 10 Gbps，甚至更高。局域网的发展非常快，速率也越来越高，各种信息都能在局域网中高速传输。一般局域网的误码率在 $10^{-11} \sim 10^{-8}$，局域网通常采用基带传输技术，而且距离有限，经过的网络设备少，因此误码率低。

（3）局域网支持多种通信介质。局域网的通信介质有严格的规定，可以支持双绞线、同轴电缆和光纤。

（4）局域网归属单一，便于管理。一般局域网是归一个单位所有，所以网络设计、安装、使用和操作不受公共机构的约束，只要自己遵循局域网的标准即可。

（5）局域网协议简单，结构灵活，建网成本低，工作站的数量一般在几十台到几百台之间，管理和扩充都方便。

## 4.1.2 局域网的介质访问控制方法

为保证数据传输的可靠性，局域网中各个结点在使用传输介质进行传输时必须遵循某种传输规则或者叫协议，称为局域网的介质访问控制方法。常用的局域网介质访问控制方法有 IEEE802.3 的争用型访问方式，叫做载波监听多路访问/冲突检测（Carrier Sense Multiple Access/Collision Detected，CSMA/CD）技术，它是以太网的核心技术；另外一种是 IEEE802.5 的定时型访问方式，叫做令牌（Token）技术，主要用在令牌环网和 FDDI 网络中。

在具体介绍局域网介质访问控制方法前先介绍一下冲突和冲突域的概念。

冲突（Collision）：在以太网中，当两个数据帧同时被发到物理传输介质上，并完全或部分重叠时，就发生了数据冲突。当冲突发生时，物理网段上的数据都不再有效。

冲突域：在同一个冲突域中的每一个结点都能收到所有被发送的帧。

影响冲突产生的因素：冲突是影响以太网性能的重要因素，由于冲突的存在使得传统的以太网在负载超过 40% 时，效率将明显下降。产生冲突的原因有很多，如同一冲突域中结点的数量越多，产生冲突的可能性就越大。此外，诸如数据分组的长度（以太网的最大帧长度为 1 518 B）、网络的直径等因素也会影响冲突的产生。因此，当以太网的规模增大时，就必须采取措施来控制冲突的扩散。通常的办法是使用网桥和交换机将网络分段，将一个大的冲突域划分为若干小冲突域。

**1. 载波监听多路访问/冲突检测**

载波监听多路访问/冲突检测技术最早应用于总线型拓扑结构的以太网网络。在网络中各个站点以帧的形式发送数据，帧中含有源结点和目标结点的地址，网络中的帧以广播的方式传输，连接在信道上的所有设备都能检测到该帧。当某个结点检测到目的地址和自己相符时，就接收帧中所携带的数据，并按规定的协议给源结点返回一个响应。

所谓载波侦听（Carrier Sense），意思是网络上各个工作站在发送数据前都要检测总线上有没有数据传输。若有数据传输（称总线为忙），则不发送数据；若无数据传输（称总线为空），立即发送准备好的数据。多路访问（Multiple Access）的意思是网络上所有工作站收发数据共同使用同一条总线，且发送数据是广播式的。冲突也被称为碰撞，若网络上有两个或两个以上工作站同时发送数据，在总线上也会产生信号的混合，若多个工作站都同时发送数据，在总线上也会产生信号的混合，哪个工作站都辨别不出真正的数据是什么。为了减少冲突发生后的影响，工作站在发送数据过程中还要不停地检测自己发送的数据，有没有在传输过程中与其他工作站的数据发生冲突，这就是冲突检测（Collision Detected）。

CSMA 本身是不能完全消除冲突的。例如，当 A 结点经过侦听后，发现信道空闲可以传输数据，A 结点向信道上发送数据后，某个相隔较远的 B 结点由于传输信道的信号延迟的原因，经过一段比较短暂的时间，A 结点发送的信息没有到达 B 结点，而 B 结点经过侦听后发现信道空闲，也发送了数据，这样两组数据就会在信道上发生碰撞冲突，如图 4-2 所示。还有一种情况，A 结点和 B 结点同时侦听信道，发现信道空闲，又同时发送数据，这样也会发生碰撞。

CD 就是冲突检测，其目的是保证任一时刻只允许一个结点发送数据。其工作原理可以概括为先听后发，边听边发；一旦冲突，立即停发；等待时机，然后再发；听，即侦听、检测之意；发，即发送数据之意。上面几句话的意思是在发送数据前，先监听总线是否空闲。若总线忙，则不发送。若总线空闲，则把准备好的数据发送到总线上。在发送数据的过程中，工作站边发送边检测总线，看是否自己发送的数据有冲突。若无冲突则继续发送，直到发完全部数据；若有冲突，则立即停止发送数据，但是要发送一个加强冲突的 JAM 信号，以便使网络上所有工作站都知道网上发生了冲突，然后，等待一个预定的随机时间，且在总线为空闲时，再重新发送未发完的数据。

图 4-2  载波监听后发生冲突

从 CSMA/CD 的工作原理可以看出，它是一种"争用型"介质控制方法，网络上各个结点地位平等，结构简单，价格低廉，易于实现。缺点是无法设置介质访问优先权，对站点发送信息不提供任何时间上的保证，对信息传递实时性要求较高的场合不适用。低负载时，网络传输效率较高，负载较重时，竞争的结点过多，冲突也就增加，传输延迟剧增，网络性能会急剧下降甚至瘫痪。

**2. 令牌访问控制**

和"争用型"的 CSMA/CD 完全不同的另外一种介质访问控制方法是令牌（Token）技术，它采用轮流访问的公平方式占用信道，类似于"击鼓传花"游戏。令牌技术最早使用在环形网络拓扑结构中，有一个 Token 沿着环形总线在入网结点计算机间依次传递，令牌实际上是一个特殊格式的帧，本身并不包含信息，仅控制信道的使用，确保在同一时刻只有一个结点能够独占信道。当环上结点都空闲时，令牌绕环行进入。当有结点想发送信息时必须等待，结点计算机只有取得令牌后才能发送数据帧，因此不会发生碰撞。并且当有信息在网络上传输时就不会再有令牌存在，其他想要发送信息的结点就必须等待。由于令牌在网环上是按顺序依次传递的，因此对所有入网计算机而言，访问权是公平的。

令牌在工作中有"闲"和"忙"两种状态。"闲"表示令牌没有被占用，即网中没有计算机在传送信息；"忙"表示令牌已被占用，即网中有信息正在传送。希望传送数据的计算机必须首先检测到"闲"令牌，将它置为"忙"的状态，然后在该令牌后面传送数据。当所传数据被目的结点计算机接收后，数据被从网中除去，令牌被重新置为"闲"。

令牌技术不仅仅能用在环形网络结构中，还能应用在总线型网络结构中，称为令牌总线（Token Bus）。在环形结构中，令牌传递次序和结点连接物理次序一致，总线结构中逻辑环次序不一定和线路上的结点连接次序相一致。

令牌访问控制方法有许多优点，不存在信道竞争，不会出现冲突，负载大小对网络影响不大；令牌运行时间确定，实时性好，适合对时间要求较高的场合；可以对结点设置优先级，便于集中管理控制。缺点就是令牌访问控制的管理机制较复杂，令牌有可能损坏、丢失或者出现多个令牌，因此需要在网络中配置监控站点，监控站点具有错误检测和恢复能力，能够检查令牌的状态，进行恢复等操作。

## 4.2 以太网

以太网（Ethernet）指的是由 Xerox 公司创建并由 Xerox、Intel 和 DEC 公司联合开发的基带局域网规范。它是一种计算机局域网组网技术规范，不是一种具体的网络。以太网络使用 CSMA/CD（载波监听多路访问/冲突检测）技术，并以 10 Mbps 的速率运行在多种类型的电缆上。IEEE 制定的 IEEE 802.3 标准给出了以太网的技术标准。

以太网是当今现有局域网采用的最通用的通信协议标准。该标准定义了在局域网（LAN）中采用的电缆类型和信号处理方法，规定了包括物理层的连线、电信号和介质访问层协议的内容。以太网在互连设备之间以 10 ~ 100 Mbps 的速率传送信息包，双绞线电缆 10Base－T 以太网由于其低成本、高可靠性以及 10 Mbps 的速率而成为应用最为广泛的以太网技术。直扩的无线以太网可达 11 Mbps，许多制造供应商提供的产品都能采用通用的软件协议进行通信，开放性最好。

最开始以太网只有 10 Mbps 的传输速度，它所使用的是 CSMA/CD 的访问控制方法，通常把这种最早期的 10 Mbps 以太网称之为标准以太网。除此之外还有快速以太网（百兆位以太网）、千兆位以太网、万兆位以太网、光纤以太网和端到端以太网等多种不同的以太网分类。所有的以太网都遵循 IEEE 802.3 标准，在这些标准中前面的数字表示传输速度，单位是"Mbps"，最后的一个数字表示单段网线长度或电缆的类别，Base 表示"基带"的意思，Broad 代表"宽带"。例如，10Broad36，表示传输速度为 10 Mbps 的宽带传输，使用 75 Ω 同轴电缆；10Base5 表示表示传输速度为 10 Mbps 的基带传输，使用 50 Ω 粗同轴电缆，常用的几种传输介质的参数如表 4－1 所示。

表 4－1　常见以太网传输介质标准

| 选项 | 10Base5 | 10Base2 | 10Base－T | 10Base－F | 10Broad36 |
|---|---|---|---|---|---|
| 传输介质 | 50 Ω 同轴电缆 | 50 Ω 同轴电缆 | 双绞线 | 光纤 | 75 Ω 同轴电缆 |
| 网段长/m | 500 | 185 | 100 | 2 000 | 1 800 |
| 段站点数 | 100 | 30 | | 33 | 100 |
| 电缆直径 | 10 mm | 5 mm | 0.4 ~ 0.6 mm | 62.5/125 μm | 15 mm |
| 拓扑结构 | 总线 | 总线 | 星形 | 星形 | 总线 |
| 编码技术 | 曼彻斯特 | 曼彻斯特 | 曼彻斯特 | 曼彻斯特 | 曼彻斯特 |
| 标准 | 803.3 | 802.3a | 802.3i | 802.3i | 802.3b |

### 4.2.1 以太网的帧格式

IEEE 802.3 定义了一个由 7 个字段组成的 MAC 帧的格式，它们是由前导符、开始标志、目的地址、源地址、长度、数据和校验序列组成的，如图 4 - 3 所示。

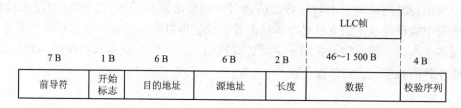

图 4 - 3  IEEE 802.3 帧格式

帧中的各部分说明如下。

（1）前导符：由 7 个字节组成，通知接收端即将有数据帧到来，使收发双方保持同步。前导符由 1 和 0 交替构成，形成 7 个二进制序列字段 10101010，该字段的曼彻斯特编码会产生 10 MHz 的方波，使发送方和接收方同步。

（2）开始标志：前导符后就是 1 B 的开始标志，也称为帧首分界符，标志一个帧的开始，编码形式为 10101011 序列。该序列告知接收方，后面的内容是发送的信息。

（3）目的地址：目的地址长度为 6 B，共 48 位，正好对应网卡的物理地址，即为帧要到达的接收方 MAC 地址。

（4）源地址：源地址也是 6 B，记录了发送方的物理地址。

（5）长度：2 B 的字段长度指出了将要到来的数据字段的字节数。

（6）数据：数据部分的内容也是 LLC 帧。802.3 帧将 LLC 帧作为一个模块化，可拆装的单元包含进来，长度为 46 ~ 1 500 B。802.3 帧和以太网都定义了帧的长度，从目的地址到校验序列的长度为 64 ~ 1 518 B。当数据字段的长度小于 64 B 时，在数据后面加上填充，直到等于 64 B，这样就可以保证帧的长度满足最少 64 B 的要求。

（7）校验序列：MAC 帧的最后一个字段是校验序列，由 4 B 组成，用于校验帧在传输过程中有无差错，采用循环冗余校验码 CRC。这个 CRC 码是由目的地址、源地址、长度和数据字段计算得出的，校验范围不包含前导符和开始标志。

根据上述帧的格式定义，发生下列情况之一时，该帧就是无效的帧，应该被丢弃。

（1）帧的长度与长度字段给出的值不一致。

（2）帧的长度小于规定的最短长度。

（3）帧的长度不是字节长度的整数倍。

（4）接收到的帧的 CRC 校验出错。

### 4.2.2 标准以太网技术

标准以太网技术就是常见的 10 Mbps 的以太网，802.3 中有 4 个常见的规范，如图 4 - 4 所示。

**1. 10Base5 规范**

10Base5 是最早的以太网，也是最早的局域网，通常称为粗同轴电缆，使用阻抗为 50 Ω

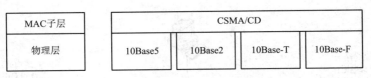

| MAC子层 | CSMA/CD | | | |
|---|---|---|---|---|
| 物理层 | 10Base5 | 10Base2 | 10Base-T | 10Base-F |

图 4 - 4 IEEE 802.3 物理层规范

的粗缆，传输速率为 10 Mbps，采用总线型拓扑结构，每段线缆的最大长度为 500 m，通过中继器可以延长距离。在网络扩展中，最多使用 4 个中继器连接 5 个网段，因此最大网络直径是 2 500 m，连接的 5 个网段中只允许 3 个网段连接计算机，其余 2 个网段只用来扩充网络距离，用中继器连接的整个网络构成 1 个冲突域，这就是常说的 5 - 4 - 3 - 2 - 1 中继规则。

50 Ω 粗同轴电缆与插在计算机内的网卡之间是通过收发器及收发器电缆连接的。收发器的主要功能是从计算机经收发器电缆得到数据向同轴电缆发送，或从同轴电缆接收数据经收发器电缆送给计算机；检测在同轴电缆上发生的数据帧的冲突；当收发器或所连接的计算机出故障时，保护同轴电缆不受其影响。

粗同轴电缆价格昂贵，连接很不方便，在 IEEE 802.3 标准中使用得不多，现在已经很少使用了。

**2. 10Base2 规范**

10Base2 使用细同轴电缆，它和 10Base5 都采用曼彻斯特编码，数据传输速率为 10 Mbps，都采用总线型拓扑结构。10Base2 降低了 10Base5 的安装成本和复杂性，是作为 10Base5 的一个替代方案出现的。它将 10Base5 收发器的功能移植到网卡上，这样网络组建更加简单，省去了收发器及收发器电缆，代之用 T 形头和 BNC 连接器，实现细同轴电缆和计算机上的网卡之间的连接，如图 4 - 5 所示。

（a）                （b）

图 4 - 5 10Base2 电缆连接器
（a）BNC 连接器；（b）T 形头

10Base2 规范中一个网段的最大长度为 185 m，一个网段的站点数为 30 个，同样适用 5 - 4 - 3 - 2 - 1 规则，10Base2 连接结构如图 4 - 6 所示。

**3. 10Base - T 规范**

10Base - T 规范使用双绞线作为传输介质，采用星形网络拓扑结构，中央结点是一个集线器（Hub），每台连网的计算机通过双绞线集中连接到集线器上。集线器的作用类似于一

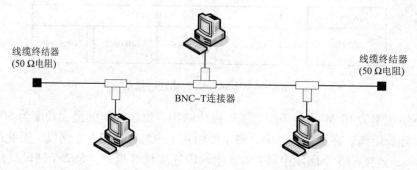

图 4 – 6    10Base2 连接结构图

个转发器，它接收来自一条线路上的信号向其他所有线路转发。尽管从物理上看是个星形网络，但在逻辑上仍是一个总线型网络，各个站点仍然共享逻辑上的总线，使用的是 CSMA/CD 协议。所以说，采用集线器构建的以太网仍然属于同一个冲突域。10Base – T 规范网络连接结构如图 4 – 7 所示。

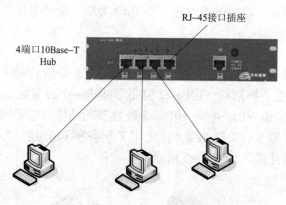

图 4 – 7    10Base – T 连接结构图

一个集线器有多个端口，每个端口通过 RJ – 45 连接器用双绞线与工作站上的网卡连接，每个端口都具有能接收和发送数据的功能。当某个端口有数据到来时，这个端口将收到的数据转发给其他所有端口，然后再转发给所有工作站。若多个端口同时有数据到来，则发生冲突，集线器就发送干扰信号，其本质上就像一个多端口的转发器。

集线器与网卡上都有发光二极管 LED 指示灯，灯亮表示连接正常。由于要检测冲突和传输衰减的原因，10Base – T 中单段网线的最大长度为 100 m，扩大距离的办法可以用光纤代替双绞线或用中继器延长网段。集线器有 4 端口、8 端口、16 端口和 24 端口，当网络中站点数量多，端口数不够时可以通过集线器级联或堆叠来扩充端口。

**4. 10Base – F 规范**

10Base – F 规范是使用光纤作为传输介质的标准。IEEE 802.3 中规定每条传输线路都使用一条光纤，每条光纤采用曼彻斯特编码传输一个方向上的信号。每一位数据经编码后，转换为光信号，可以用有光表示电信号中的高电平，无光表示电信号中的低电平。一个 10 Mbps 的数据流实际上需要 10 Mbps 的信号流。

### 4.2.3 其他类型以太网技术

**1. 快速以太网**

随着计算机的普及，网络的应用要求也越来越高，10 Mbps 的速率已经不能满足通信要求，为了使 10 Mbps 的以太网在改变很小的情况下升级到 100 Mbps，甚至更高的快速以太网，人们想了很多方法。1995 年 IEEE 批准的 802.3u 就是 Fast Ethernet 标准，如表 4-2 所示就是其规范。

表 4-2 快速以太网规范

| 标准 | 传输介质 | 特性 | 网段长/m |
|------|---------|------|---------|
| 100Base - TX | 2 对 5 类 UTP | 100 Ω | 100 |
| | 2 对 STP | 150 Ω | 100 |
| 100Base - FX | 1 对单模光纤 | 8/125 μm | 4 000 |
| | 1 对多模光纤 | 62.5/125 μm | 2 000 |
| 100Base - T4 | 4 对 3 类 UTP | 100 Ω | 100 |
| 100Base - T2 | 2 对 3 类 UTP | 100 Ω | 100 |

快速以太网是通过降低冲突域直径的情况下提高速率的。10 Mbps 的以太网冲突域直径为 2 500 m，一个站点发送信息时应该在整个帧传输完毕前检测到是否有冲突。因为以太网的最小帧长度为 64 B（512 位），以 10 Mbps 速率传输的话需要花费 51.2 ms，在最后一位传输之前，第一位应到达冲突域的尽头，如果没有冲突，紧接着发送下一帧；如果这时发生冲突，发送方必须已经检测到，也就是要在 51.2 ms 内检测到并停止下一帧的发送。这一时间足够让信号在传输介质上做一次 5 000 m 的往返。

由上面冲突域的分析可知，依然使用 CSMA/CD 介质访问控制方式，如果以太网的速度提高到原来的 10 倍，传输一个 512 位的帧时间就降低为原来的 1/10，变为 5.12 ms。在不改变帧的大小的情况下，如果让冲突域的直径降低为 1/10，从 2 500 m 降到 250 m，即使发生了冲突，发送方也能检测到。通过降低冲突域的方法，以太网能把传输速率提高 10 倍，特别是采用双绞线作为主要传输介质的情况下，距离降到 250 m 不会有什么问题，一般的应用，从桌面到集线器，只需要 100 m 长的双绞线就够了。

**2. 100 Mbps 以太网和 10 Mbps 以太网比较**

100 Mbps 以太网和 10 Mbps 以太网的 MAC 帧结构、长度和校验机制相同；介质访问控制方式相同，都采用 CSMA/CD；组网方法相同。这样，从 10 Mbps 以太网升级到 100 Mbps 的快速以太网很容易实现，成本较低。

100 Mbps 以太网的传输速度提高到原来的 10 倍，冲突域降低为原来的 1/10，最大网络直径只有 250 m；10 Mbps 以太网的工作频率是 25 MHz，100 Mbps 以太网的工作频率是 125 MHz；100 Mbps 以太网提供自适应功能，能够在网络设备之间进行自动协商，实现 10 Mbps 和 100 Mbps 两种网络的共存和平滑过渡；100 Mbps 以太网的编码不再采用曼彻斯特编码，而采用 4 B/5 B 的编码方式。

**3. 千兆位以太网**

千兆位以太网是一种新型高速局域网，它可以提供 1 Gbps 的通信带宽，也称为吉比特以太网。它采用和传统 10 Mbps、100 Mbps 以太网同样的 CSMA/CD 协议、帧格式和帧长，因此可以实现在原有低速以太网基础上平滑、连续性的网络升级。只用于点到点的传输，连接介质以光纤为主，最大传输距离已达到 70 km，可用于 MAN 的建设。千兆位以太网的规范如表 4 – 3 所示。

表 4 – 3　千兆位以太网规范

| 标　准 | 传输介质 | 特　性 | 网段长/m |
|---|---|---|---|
| 1000Base – SX | 50 μm 多模光纤 | 短波长激光 | 全双工最长传输距离 550 |
| | 62.5 μm 多模光纤 | | 全双工最长传输距离 275 |
| 1000Base – LX | 9 μm 单模光纤 | 长波长激光 | 全双工最长传输距离 3 000 |
| | 50 μm，62.5 μm 多模光纤 | | 全双工最长传输距离 550 |
| 1000Base – CX | 同轴电缆 | | 最长传输距离 25 |
| 1000Base – T | 5 类 UTP | | 最长传输距离 100 |

由于千兆位以太网采用了与传统以太网、快速以太网完全兼容的技术规范，因此千兆位以太网除了继承传统以太局域网的优点外，还具有升级平滑、实施容易、性价比高和易管理等优点。

千兆位以太网技术适用于大中规模（几百至上千台计算机的网络）的园区网主干，从而实现千兆位主干、百兆位交换（或共享）到桌面的主流网络应用模式。

**4. 万兆位以太网**

万兆位以太网技术与千兆位以太网类似，仍然保留了以太网帧结构，采用 CSMA/CD 机制，应用在点到点线路。通过不同的编码方式或波分复用提供 10 Gbps 传输速率。所以就其本质而言，10 Gbps 以太网仍是以太网的一种类型。

10 Gbps 以太网包括 10GBASE – X、10GBASE – R 和 10GBASE – W。10GBASE – X 使用一种特紧凑包装，含有 1 个较简单的 WDM 器件、4 个接收器和 4 个在 1 300 nm 波长附近以大约 25 nm 为间隔工作的激光器，每一对发送器/接收器在 3.125 Gbps 速率（数据流速度为 2.5 Gbps）下工作。10GBASE – R 是一种使用 64 B/66 B 编码（不是在千兆位以太网中所用的 8 B/10 B）的串行接口，数据流为 10.000 Gbps，因而产生的时钟速率为 10.3 Gbps。10 GBase – W 是广域网接口，与 SONET OC – 192 兼容，其时钟为 9.953 Gbps 数据流为 9.585 Gbps。

万兆位以太网在设计之初就考虑城域骨干网需求。首先带宽 10 Gbps 足够满足现阶段以及未来一段时间内城域骨干网带宽需求（现阶段多数城域骨干网骨干带宽不超过 2.5 Gbps）。其次，万兆位以太网最长传输距离可达 40 km，并且可以配合 10 Gbps 传输通道使用，足够满足大多数城市城域网覆盖。采用万兆位以太网作为城域网骨干可以节约成本，以太网端口价格远远低于相应的 POS 端口或者 ATM 端口。再次可以使端到端采用以太网帧成为可能，一方面可以端到端使用链路层的 VLAN 信息以及优先级信息，另一方面可以省略在数据设备上的多次链路层封装、解封装以及可能存在的数据包分片，简化了网络设备。在城域网骨干层采用万兆位以太网链路可以提高网络性价比并简化网络。

10 Gbps 以太网可以应用在校园网、城域网、企业网等，但是由于当前宽带业务并未广泛开展，人们对单端口 10 Gbps 骨干网的带宽没有迫切需求，所以 10 Gbps 以太网技术相对其他替代的链路层技术（例如，2.5 GbpsPOS、捆绑的千兆位以太网）并没有明显优势。思科和 JUNIPER 公司已推出 10 Gbps 以太网接口（依据 802.3ae 草案实现），但在国内几乎没有应用。目前城域网的问题不是缺少带宽，而是消耗大量带宽的杀手级应用（Killer Application），是如何将城域网建设成为可管理、可运营并且可赢利的网络。所以 10 Gbps 以太网技术的应用将取决于宽带业务的开展。只有广泛开展宽带业务，例如，视频组播、高清晰度电视和实时游戏等，才能促使 10 Gbps 以太网技术广泛应用，推动网络健康有序发展。

## 4.3 交换式以太网

### 1. 交换概念的提出

前面介绍以太网时都采用 CSMA/CD 介质访问控制方法，通过集线器来连接站点，通过集线器连接、堆叠和级联后形成的网络仍属于同一个冲突域。在同一个冲突域中介质是共享的，任何一个时刻只允许一个站点发送数据，网络的带宽是被站点平分的，这样的以太网称为共享式以太网。例如，在 10Base-TX 中，当有 10 个站点时，每个站点可以使用的带宽是 1 Mbps，当有 100 个站点时，每个站点可以使用的带宽只有 0.1 Mbps。所以，共享式以太网当站点数量较少时，有较好的性能和响应时间，当站点数较多时，传输速率和网络性能急剧下降。可以用交换技术解决这个问题，交换技术源于电话系统。

### 2. 交换式以太网

交换式以太网实现的关键设备是交换机（Switch），交换机根据收到的数据帧中的 MAC 地址决定数据帧应发向交换机的哪个端口。因为端口间的帧传输彼此屏蔽，不再像共享式以太网那样把帧发送给网络中的所有结点，因此结点就不担心自己发送的帧在通过交换机时是否会与其他结点发送的帧产生冲突。交换机的一个端口就是一个冲突域，24 口交换机就有 24 个冲突域，理论上可以 24 台计算机同时发送数据。

交换机的端口可以直接连接站点，这样站点之间的连接就是并行连接，发送的数据就可以并行传输，端口的带宽被站点独享；端口也可以连接某个共享式以太网的集线器，则该网段的所有站点共享该端口的带宽，在以太网组网中经常可以见到如图 4-8 所示的网络结构。

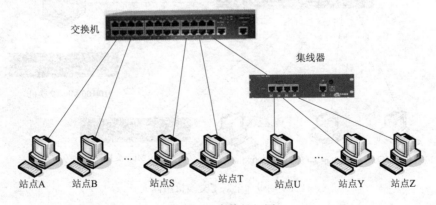

图 4-8　交换机组网

在图 4-8 中，站点 A，B，C，…，S，T 直接和交换机相连，站点 U，…，Y，Z 通过集线器和交换机相连。站点 A～T 可以同时向其他站点发送数据，例如，同时有站点 A 发送数据给站点 T，站点 S 发送数据给站点 B。站点 U ~ Z 是一个共享式网段，同一时刻只能有一个站点向外发送数据，例如，站点 U 向站点 S 发送数据时，其他站点只能等待。

**3. 交换式以太网和共享式以太网比较**

交换式以太网和共享式以太网相比较有下列区别。

1）信道不同

交换式以太网站点和站点之间的连接方式是点对点连接，是一个并行处理系统，它为每个站点提供一条交换通道，某个站点发送数据时，交换机只将帧发送到目标站点所连接的相应端口；共享式以太网中站点与站点之间的连接方式是广播式的共享方式，任一时刻只允许一个站点发送数据，且发送的数据全网络中的所有站点都能收到。

2）带宽不同

共享式以太网所有站点共享带宽，每个站点的实际带宽是用集线器的理论带宽除以站点数量，随着站点数量的增多，每个站点分到的带宽急剧减少。

交换式以太网中，理论上能把连接有 $N$ 个设备的网络提高到 $N$ 倍于交换机速率的带宽。例如，在一个 24 口的 100 Mbps 交换机组成的交换式以太网中，每个端口都提供 100 Mbps 的专有速率，则该交换机的最大数据流通量为 24 × 100 Mbps。如果交换机能以全双工的方式工作，则处理数据的能力还将翻倍。如图 4 - 9 所示为一个全双工的核心交换机为 100/1 000 Mbps，有 24 个 100 Mbps 端口，每个端口连接 24 个下行链路，有 1 个 1 000 Mbps 端口，连接一个上行线路，上行线路连接有一台服务器，下行线路连接了 24 台计算机或者 10/100 Mbps 的下一级交换机。则该交换机所需要的带宽为

$$(24 \times 100 + 1 \times 1\ 000)\ \text{Mbps} = 3.4\ \text{Gbps}$$

如果链路都以全双工的方式工作，则该核心交换机所需的带宽为

$$(24 \times 100 \times 2 + 1 \times 1\ 000 \times 2)\ \text{Mbps} = 6.8\ \text{Gbps}$$

只有当核心交换机的容量大于等于所需要的带宽时，才可以无阻塞的满负荷工作。

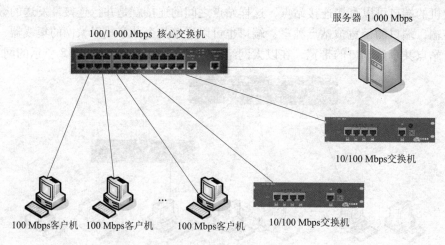

图 4 - 9 全双工交换机组网

3）通信方式的区别

共享式以太网的信道是共享的，只能以半双工的通信方式传输数据；交换式以太网并发传输数据，可以用全双工通信方式，其性能远远超过共享式以太网。

4）拓扑结构不同

共享式以太网的物理拓扑结构是星形，而逻辑上仍为总线型拓扑结构。交换式以太网物理拓扑和逻辑拓扑结构是一致的，都是星形网络。

# 4.4 虚拟局域网技术

在传统局域网中，每个网段可以是一个工作组或子网，多个逻辑工作组之间通过互联的交换机或路由器交换数据。如果一个工作组中的站点要转到另外一个工作组中去，需要将站点从一个网段中撤出，连接到另外一个网段上，甚至需要重新进行布线。逻辑工作组的组成受站点所在网段物理位置的限制。

## 4.4.1 虚拟局域网的概念

### 1. 虚拟局域网的定义

虚拟局域网（Virtual Local Area Network，VLAN）是以交换式网络为基础，把网络上的站点分成若干个逻辑工作组，每个逻辑工作组就是一个 VLAN。VLAN 的标准在 IEEE 802.1Q 中有详细的定义，不同厂商只要遵循相同标准就可以实现不同品牌交换机 VLAN 的建立与通信。VLAN 与使用网桥或交换机构成的一般逻辑子网的最大区别就是：不受地理位置的限制。局域网中的站点不受地理位置的限制，可根据需要，灵活将站点组成不同的VLAN。

VLAN 的建立是在以太网交换机上，以软件的方式实现逻辑工作组的划分与管理，逻辑工作组的站点组成不受物理位置限制，同一逻辑工作组的成员可以分布在相同的物理网段上，也可以位于不同的网络。如图 4 - 10 所示为典型的 VLAN 的物理结构和逻辑结构。

在图 4 - 10（a）中共有 A、B、C 三个房间，共有 1 ～ 9 号 9 个站点连接在同一个交换机上，其中 1、3、5、7、9 号站点位于 VLAN 1；2、4、6、8 号站点位于 VLAN 2。如图 4 - 10（b）所示是 VLAN 划分的逻辑结构图。

### 2. 虚拟局域网的应用和优点

进行虚拟局域网的划分常常为了满足下列几个需要。

（1）需要对广播数据包进行隔离操作，数据包只发送给某些特定的网段，避免网络中发生广播风暴。

（2）由于公司人员增加，网络站点扩充，部门不能集中办公，同一网段的人员可能不在同一物理地段。

（3）公司里的一些关键部门有特殊的安全需要，在保证能够和外界正常通信的同时又有自身内部网络的安全要求。

虚拟局域网本质上还是以太网，是对以太网的一个改进，增加了网络规划的灵活性和扩展性，在使用中体现出下列优点。

（1）网络结构灵活，变化多样。通过划分虚拟局域网，可以把一个物理局域网划分成若干个逻辑子网，而不必考虑具体的物理位置。例如，图 4 - 10 显示的 VLAN 1 和 VLAN 2 中的站点可以位于不同楼层的不同房间，不受物理位置限制。

（2）减少网络流量，节约带宽。通过划分 VLAN，网络被分割成多个逻辑的广播域，广

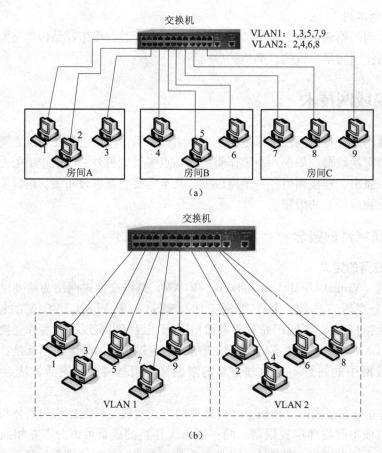

图 4-10　VLAN 的物理结构和逻辑结构

(a) VLAN 的物理结构；(b) VLAN 的逻辑结构

播数据能被有效隔离，减少了 VLAN 间的通信量。同时 VLAN 内部站点之间的访问可以有比较高的速率和较低的延迟。

（3）提高网络安全性。VLAN 中的广播流量被限制在 VLAN 内部，内部站点间的通信不会影响到其他 VLAN 的站点，减少了数据被窃听的可能性。VLAN 之间站点的访问可以通过路由很好地控制，增加了网络的安全性。

（4）简化网络管理。传统以太网中相当大一部分网络开销是增加、删除、移动更改网络用户而引起的。每当一个新的站点加入局域网，会有一系列端口分配、地址分配和网络设备重新配置等网络管理任务发生。使用 VLAN 技术后，这些任务都可以简化。例如，物理位置的移动，只需要在交换机中通过简单软件设置即可。

（5）设备投资少。在没使用 VLAN 技术前，广播域的隔离一般要通过昂贵的路由器来完成，现在，许多便宜的二层交换机也具备了 VLAN 划分功能，只是在需要进行 VLAN 间通信时，才考虑采用路由器。

**3. 虚拟局域网的帧格式**

虚拟局域网采用 IEEE 802.3au 规范定义的扩展以太网帧格式。该格式是在原有的以太网帧格式基础上增加一个 4 B 的 VLAN 标记字段，扩展的以太网帧格式如图 4-11 所示。

VLAN 标记字段包含有 VLAN 的标识符，该标识符用来唯一标识该数据帧所属的 VLAN。

| 7 B | 1 B | 6 B | 6 B | 4 B | 2 B | 46～1 500 B | 4 B |
|---|---|---|---|---|---|---|---|
| 前导符 | 开始标志 | 目的地址 | 源地址 | VLAN标记 | 长度 | 数据 | 校验序列 |

图 4 – 11　VLAN 的帧格式

### 4.4.2　虚拟局域网的划分

基于交换式的以太网要划分虚拟局域网时，目前有 6 种方法：基于端口的 VLAN、基于 MAC 地址的 VLAN、基于网络层协议的 VLAN、基于 IP 组播的 VLAN、按策略划分 VLAN 和按用户定义与非用户授权划分 VLAN。

**1. 基于端口的 VLAN**

这是最常应用的一种 VLAN 划分方法，应用也最为广泛、最有效，目前绝大多数 VLAN 协议的交换机都提供这种 VLAN 配置方法。这种划分 VLAN 的方法是根据以太网交换机的交换端口来划分的，它是将 VLAN 交换机上的物理端口和 VLAN 交换机内部的 PVC（永久虚电路）端口分成若干个组，每个组构成一个虚拟网，相当于一个独立的 VLAN 交换机。

对于不同部门需要互访时，可通过路由器转发，并配合基于 MAC 地址的端口过滤。对某站点的访问路径上最靠近该站点的交换机、路由交换机或路由器的相应端口上，设定可通过的 MAC 地址集。这样就可以防止非法入侵者从内部盗用 IP 地址，从其他可接入点入侵的可能。基于端口的 VLAN 划分时可以在一台交换机上划分不同 VLAN，如图 4 – 10 所示就是一台交换机划分 VLAN，也可以在不同交换机上划分 VLAN，如图 4 – 12 所示，交换机 A 的 1 号、2 号、4 号、8 号端口和交换机 B 的 1 号、2 号、3 号、6 号、8 号端口构成 VLAN 1；交换机 A 的 3 号、5 号、6 号、7 号端口和交换机 B 的 4 号、5 号、7 号端口构成 VLAN 2。

从这种划分方法本身可以看出，这种划分的方法的优点是定义 VLAN 成员时非常简单，只要将所有的端口都定义为相应的 VLAN 组即可，适合于任何大小的网络。它的缺点是如果某用户离开了原来的端口，到了一个新的交换机的某个端口，必须重新配置，否则该站点无法进行通信。

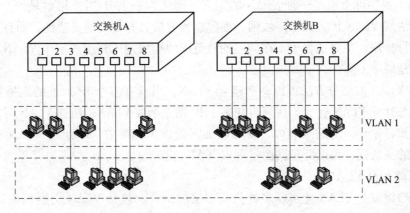

图 4 – 12　多交换机端口定义的 VLAN

**2. 基于 MAC 地址的 VLAN**

这种划分 VLAN 的方法是根据每个主机的 MAC 地址来划分，即对每个 MAC 地址的主机都配置它属于哪个组，它实现的机制就是每一块网卡都对应唯一的 MAC 地址，VLAN 交换机跟踪属于 VLAN MAC 的地址。因为网卡是和主机在一起的，主机移动位置后，网卡不变，MAC 地址也就不变，这种方式的 VLAN 允许网络用户从一个物理位置移动到另一个物理位置时，自动保留其所属 VLAN 的成员身份。

从这种划分的机制可以看出，这种 VLAN 的划分方法的最大优点就是当用户物理位置移动时，即从一个交换机换到其他的交换机时，VLAN 不用重新配置，因为它是基于用户，而不是基于交换机的端口。这种方法的缺点是初始化时，所有的用户都必须进行配置，如果有几百个甚至上千个用户的话，配置是非常麻烦的，所以这种划分方法通常适用于小型局域网。而且这种划分的方法也导致了交换机执行效率的降低，因为在每一个交换机的端口都可能存在很多个 VLAN 组的成员，保存了许多用户的 MAC 地址，查询起来相当不容易。另外，对于使用笔记本式计算机的用户来说，他们的网卡可能会经常更换，这样 VLAN 就必须经常配置。

**3. 基于网络层协议的 VLAN**

VLAN 还可以按网络层协议来划分，可分为 IP、IPX、DECnet、AppleTalk 等 VLAN 网络。这种按网络层协议来组成的 VLAN，可使广播域跨越多个 VLAN 交换机。这对于希望针对具体应用和服务来组织用户的网络管理员来说是非常具有吸引力的。而且，用户可以在网络内部自由移动，但其 VLAN 成员身份仍然保留不变。

这种方法的优点是用户的物理位置改变了，不需要重新配置所属的 VLAN，而且可以根据协议类型来划分 VLAN，这对网络管理者来说很重要。此外，这种方法不需要附加的帧标签来识别 VLAN，这样可以减少网络的通信量。这种方法的缺点是效率低，因为检查每一个数据包的网络层地址是需要消耗处理时间的（相对于前面两种划分方法），一般的交换机芯片都可以自动检查网络上数据包的以太网帧头，但要让芯片能检查 IP 帧头，需要更高的技术，同时也更费时。当然，这与各个厂商的实现方法有关。

**4. 基于 IP 组播的 VLAN**

IP 组播本身实际上也是一种 VLAN 的定义，即认为一个 IP 组播组就是一个 VLAN。这种划分的方法将 VLAN 扩大到了广域网，因此这种方法具有更大的灵活性，而且也很容易通过路由器进行扩展，主要适合于不在同一地理范围的局域网用户组成一个 VLAN，不适合局域网，主要是效率不高。

IP 组播 VLAN 的划分方法可以动态建立 VLAN，当具有多个 IP 地址的组播数据帧要传输时，先动态建立 VLAN 代理，代理再和多个 IP 站点组成 VLAN。组建 VLAN 时，网络通过广播信息通知各站点，若站点响应，就可以加入到该 VLAN 中。IP 组播 VLAN 有很强的动态性，极大的灵活性，可以跨越路由器形成 WAN 连接。

**5. 按策略划分 VLAN**

基于策略组成的 VLAN 能实现多种分配方法的组合，包括 VLAN 交换机端口、MAC 地址、IP 地址、网络层协议等，网络管理人员可根据自己的管理模式和本单位的需求来决定选择哪种类型的 VLAN。

**6. 按用户定义与非用户授权划分 VLAN**

基于用户定义与非用户授权来划分 VLAN，是指为了适应特别的 VLAN 网络，根据具体的网络用户的特别要求来定义和设计 VLAN，而且可以让非 VLAN 群体用户访问 VLAN，但是需要提供用户密码，在得到 VLAN 管理的认证后才可以加入一个 VLAN。

# 4.5 令牌网和 FDDI 光纤网

以太网使用的 CSMA/CD 介质访问控制方式，站点可能需要重试多次才能将数据发送出去，在网络负载较重时，时延会比较长，影响到用户的使用。令牌（Token）技术使站点能轮流发送数据，解决了这种不确定性，每次轮到的时候只能发送一帧，这种循环协调的机制称为令牌传递。令牌网属于环形拓扑结构的网络，采用的令牌环介质访问控制方法属于一种有序的竞争协议。

## 4.5.1 令牌环介质访问控制技术

### 1. 令牌环工作原理

令牌环网的标准是 IEEE 802.5，它采用差分曼彻斯特编码，寻址方式也是使用 6 B 的 MAC 地址。和以太网一样，令牌环网在物理上是一个由一系列环接口和这些接口间的点对点链路构成的闭合环路，各站点通过环接口连接到网络上，令牌和数据帧沿着环单向流动。

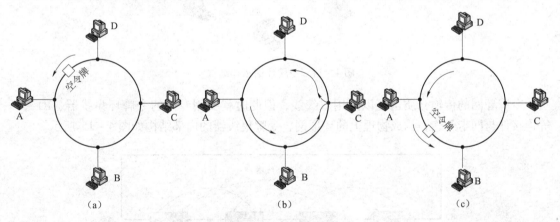

图 4-13 令牌环网工作原理

当环上的一个站点希望传送帧时，必须首先等待令牌。所谓令牌是一组特殊的比特，专门用来仲裁由哪个站点访问网环。一旦收到令牌，站点便可启动发送帧。帧中包括接收站的地址，以标识哪一站应接收此帧。帧在环上传送时，不管帧是否是针对自己站点的，所有站点都进行转发，直到待回到帧的始发站，并由该始发站撤销该帧。帧的目标接收者除转发帧外，应针对自身站的帧维持一个副本，并通过在帧的尾部设置"响应比特"来指示已收到此副本。站点在发送完一帧后，应该释放令牌，以便出让给其他站点使用。

现在就图 4-13 来表示令牌环网的工作原理，开始时，假定站点 A 想向站点 C 发送帧，其过程如图 4-13（a）～图 4-13（c）所标出的序列。

在图 4-13（a）中，站点 A 等待空令牌从上游邻站到达本站，以便有机会发送数据。

在图 4 – 13（b）中，站点 A 将帧发送到环上，站点 C 对照数据帧的目标地址，对帧进行复制，并继续将该帧转发到环上。

在图 4 – 13（c）中，站点 A 等待接收它所发的帧，并将帧从环上撤离，并发送空令牌。

还应指出，当令牌传到某一站点，但无数据发送或者数据不是发给自己时，只要简单地将令牌向下游转发即可。

**2. 令牌环网的组建**

一般令牌环网的传输介质采用同轴电缆，使用 T 形连接器、BNC 头等连接件将同轴电缆与网卡相连。其物理连接如图 4 – 14 所示，结构相当于将总线型的网络首尾相接连起来。

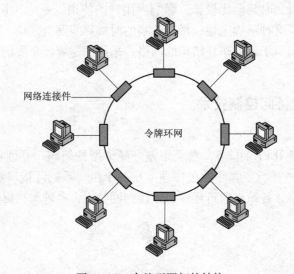

图 4 – 14　令牌环网拓扑结构

令牌环网的传输介质也可以采用双绞线，但此时就要用专门的令牌环集线器、RJ – 45 等连接件与网卡相连，构成物理上的环形网，令牌集线器的内部结构如图 4 – 15 所示。

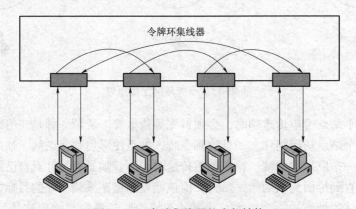

图 4 – 15　令牌集线器的内部结构

**3. 令牌帧和数据帧的格式**

IEEE 802.5 规定了令牌环 MAC 帧有令牌帧、异常终止帧和数据/命令帧 3 种类型，如图 4 – 16 所示。它们都有一对起始分界符 SD 和结束分界符 ED，用于确定帧的边界。

1）令牌帧

令牌帧是一个包含 3 个字段的帧，每个字段都是一个字节。SD 指明数据帧即将到来，ED 指明帧的结束。

2）数据帧

数据帧中各位的具体含义如下所述。

SD：起始分界符。

AC：访问控制（优先级）。

FC：帧控制（帧类型）。

CRC：循环冗余校验。

ED：结束分界符。

FS：帧状态位。

数据帧由 9 个字段组成，一般的令牌环网是按照站点的物理连接顺序传递令牌，也可以通过在 AC 字段设置优先级允许站点按不同的顺序获取令牌。帧状态 FS 可以由接收站点设置，用来表示这个帧已经被阅读，或者由监控站点设置，表示该帧已经环绕一周，用以通知发送方。

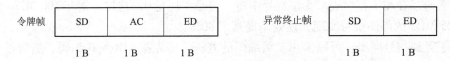

图 4-16 令牌环帧格式

3）异常终止帧

异常终止帧只有 SD 和 ED 两个字段，可以由发送方产生，用来停止发送方的传输，也可以由监控站点产生，用来清除线路上旧的传输。

## 4.5.2 FDDI 光纤网

光纤分布式数据接口（Fiber Distributed Data Interface，FDDI）是 ANSI 和 ITU - T 在 20 世纪 80 年代确定的局域网协议标准。FDDI 以光纤作为传输媒体，它的逻辑拓扑结构是一个环，更确切地说是逻辑计数循环（Logical Counter Rotating Ring，LCRR），它的物理拓扑结构可以是环形、带树形或带星形的环。FDDI 的数据传输速率可达 100 Mbps，覆盖的范围可达几千米。FDDI 可在主机与外设之间、主机与主机之间、主干网与 IEEE 802 低速网之间提供高带宽和通用目的的互连。

### 1. FDDI 的工作原理

FDDI 数据传输速率达 100 Mbps，采用 4 B/5 B 编码，要求信道媒体的信号传输率达到 125 MBaud。FDDI 网最大环路长度为 200 km，最多可有 1 000 个物理连接。若采用双环节结构时，站点间距离在 2 km 以内，且每个站点与两个环路都有连接，则最多可连接 500 个站点，其中每个单环长度限制在 100 km 内。

FDDI 网络是由许多通过光传送媒体连接成一个或多个逻辑环的站点组成的，因此与令牌环类似，也是把信息发送至环上，从一个站到下一个站依次传递，当信息经过指定的目的站时就被接收、复制，最后，发送信息的站点再将信息从环上撤销。因此 FDDI 标准和令牌环媒体访问控制标准 IEEE 802.5 十分接近。

**2. FDDI 数据编码**

FDDI 规定了一种很特殊的定时和同步方法。在网络中使用的代码最好是那种信号状态变化频繁的代码，这些状态变化使得接收器能够持续地与输入信号相适应，这样就保证了发送设备和接收设备之间的同步。IEEE 802.3 标准中使用的曼彻斯特码只有 50% 的效率，因为每一比特都要求线路上有 2 次状态变化，即 2 Baud。如果采用曼彻斯特码，那么 100 Mbps 传输速率就要求 200 MBaud 的调制速率，也即 200 MHz。换言之，曼彻斯特码需要发送数据的 2 倍宽带。

考虑到生产 200 MHz 的接口和时钟的设备会大大增加成本，ANSI 设计了一种称为 4 B/5 B 的代码。在这种编码技术中，每次对 4 位数据进行编码，每 4 位数据编码成 5 位符号，用光的存在和不存在表示 5 位符号中每一位是 1 还是 0。这样，对于 100 Mbps 的光纤网只需 125 MHz 的部件就可实现，使效率提高了 80%。

为了得到信号同步，可以采用二级编码的方法，即先按 4 B/5 B 编码，然后再利用一种称为倒相的不归零制 NRZI 编码。应该编码确保无论 4 位符号为何种组合（包括全 0），其对应的 5 位编码中至少有 2 位 1，从而保证在光纤中传输的信号至少发生两次跳变，以利于接收端的时钟提取。

**3. FDDI 的特点**

使用光纤作为传输媒体具有如下优点。

（1）较长的传输距离，相邻站间的最大长度可达 2 km，最大站间距离为 200 km。

（2）具有较大的带宽，FDDI 的设计带宽为 100 Mbps。

（3）具有对电磁和射频干扰抑制能力，在传输过程中不受电磁和射频噪声的影响，也不影响其设备。

（4）光纤可防止传输过程中被分接偷听，也杜绝了辐射波的窃听，因而是最安全的传输媒体。

# 4.6 局域网连接设备与应用

随着局域网应用的普及和发展，和局域网相关的网络连接设备也在日益发生变化，根据这些设备在网络中工作的层次不同有物理层的中继器和集线器，数据链路层的网桥和 2 层交换机，还有工作在网络层的路由器和 3 层交换机，计算机就是通过网卡和这些网络连接设备相连构成各种不同的局域网。

**1. 网卡**

网络适配器又称网卡或网络接口卡（Network Interface Card，NIC）。它是使计算机连网的设备。平常所说的网卡就是将 PC 和 LAN 连接的网络适配器。网卡（NIC）插在计算机主板插槽中，负责将用户要传递的数据转换为网络上其他设备能够识别的格式，通过网络介质传输。它的主要技术参数为带宽、总线方式、电气接口方式等。它的基本功能为：从并行到串行的数据转换、包的装配和拆装、网络存取控制、数据缓存和网络信号。

网卡必须具备两大技术：网卡驱动程序和 I/O（Input/Output，输入/输出）技术。驱动程序使网卡和网络操作系统兼容，实现 PC 机与网络的通信。I/O 技术可以通过数据总线实现 PC 和网卡之间的通信。网卡是计算机网络中最基本的元素。在计算机局域网络中，如果有一台计算机没有网卡，那么这台计算机将不能和其他计算机通信，也就是说，这台计算机和网络是孤立的。

网卡的不同分类：根据网络技术的不同，网卡的分类也有所不同，如 ATM 网卡、令牌环网卡和以太网网卡等。据统计，目前约有 80% 的局域网采用以太网技术。是根据不同工作对象的服务器的工作特点而专门设计的，价格较贵，但性能很好。就兼容网卡而言，目前，网卡一般分为普通工作站网卡和服务器专用网卡。服务器专用网卡是为了适应网络服务种类较多，性能也有差异，可按以下的标准进行分类：按网卡所支持带宽的不同可分为 10 Mbps 网卡、100 Mbps 网卡、10/100 Mbps 自适应网卡、1 000 Mbps 网卡几种；根据网卡总线类型的不同，主要分为 ISA 网卡、EISA 网卡和 PCI 网卡 3 大类，其中 ISA 网卡和 PCI 网卡较常使用。ISA 总线网卡的带宽一般为 10 Mbps，PCI 总线网卡的带宽从 10 Mbps 到 1 000 Mbps 都有。同样是 10 Mbps 网卡，因为 ISA 总线为 16 位，而 PCI 总线为 32 位，所以 PCI 网卡要比 ISA 网卡速率快。

网卡的接口类型：根据传输介质的不同，网卡出现了 AUI 接口（粗缆接口）、BNC 接口（细缆接口）和 RJ-45 接口（双绞线接口）3 种接口类型，随着无线网络的快速发展，无线网卡也开始出现。所以在选用网卡时，应注意网卡所支持的接口类型，否则可能不适用于用户的网络。市面上常见的 10 Mbps 网卡主要有单口网卡（RJ-45 接口或 BNC 接口）和双口网卡（RJ-45 和 BNC 两种接口），带有 AUI 粗缆接口的网卡较少。而 100 Mbps 和 1 000 Mbps 网卡一般为单口卡（RJ-45 接口）。除网卡的接口外，在选用网卡时还常常要注意网卡是否支持无盘启动。必要时还要考虑网卡是否支持光纤连接。

图 4-17（a）所示是 ISA 接口网卡，带有 BNC 和 RJ45 两种接口；如图 4-17（b）所示是常见的 PCI 网卡，带有一个 RJ-45 接口；如图 4-17（c）所示是近几年出现的无线网卡，是 USB 接口的；如图 4-17（d）所示是笔记本式计算机专用的 PCMCIA（Personal Computer Memory Card International Association 卡），可用于无线网络连接。

**2. 中继器和集线器**

中继器和集线器都工作在物理层，功能有相似之处。中继器功能更简单，仅仅是将信号整形、再生，维持通过局域网的电平，扩大局域网的传输距离。中继器分为有线中继器和无线中继器两种，如图 4-18（a）所示是常见的局域网有线中继器，如 4-18（b）所示是无线中继器。

集线器（Hub）是对网络进行集中管理的最小单元，像树的主干一样，它是各分枝的汇集点。Hub 是一个共享设备，其实质是一个中继器，而中继器的主要功能是对接收到的信号进行再生放大，以扩大网络的传输距离。正是因为 Hub 只是一个信号放大和中转的设备，所以它不具备自动寻址能力，即不具备交换作用。所有传到 Hub 的数据均被广播到之相连的各个端口，容易形成数据堵塞，因此有人称集线器为"傻 Hub"。

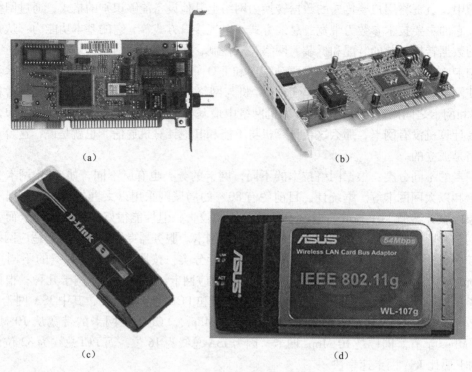

(a)

(b)

(c)

(d)

图 4-17 常见的几种网卡类型

(a)

(b)

图 4-18 中继器

(a) 有线中继器；(b) 无线中继器

Hub 在网络中所处的位置。Hub 主要用于共享网络的组建，是解决从服务器直接到桌面的最佳、最经济的方案。在交换式网络中，Hub 直接与交换机相连，将交换机端口的数据送到桌面。使用 Hub 组网灵活，它处于网络的一个星形结点，对结点相连的工作站进行集中管理，不让出问题的工作站影响整个网络的正常运行，并且用户的加入和退出也很自由。

Hub 的分类。依据总线带宽的不同，Hub 分为 10 Mbps、100 Mbps 和 10/100 Mbps 自适应 3 种；若按配置形式的不同可分为独立型 Hub，模块化 Hub 和堆叠式 Hub 3 种；根据管理方式可分为智能型 Hub 和非智能型 Hub 两种。目前所使用的 Hub 基本是以上 3 种分类的组合，例如，经常提到的 10/100 Mbps 自适应智能型可堆叠式 Hub 等。Hub 根据端口数目的不同主要有 8 口、16 口和 24 口等。

　　Hub 在组网中的应用。由于 10 Mbps 非智能型 Hub 的价格已经接近于一款网卡的价格，并且 10 Mbps 的网络对传输介质及布线的要求也不高，所以许多喜欢"自己动手"的网友完全可以自己动手组建自己的家庭局域网或办公局域网。在前些年组建的网络中，10 Mbps 网络几乎成为网络的标准配置，有相当数量的 10 Mbps Hub 作为分散式布线中为用户提供长距离信息传输的中继器，或作为小型办公室的网络核心。但这种应用在今天已不再是主流，尤其是随着 100 Mbps 网络的日益普及，10 Mbps 网络及其设备将会越来越少。

　　目前市面上常见的 Hub 品牌有华为、3com、D－LINK、TP－LINK 和 ACCTON 等，其性能差别不大。如图 4－19 所示为集线器的正面和背面。

（a）　　　　　　　　　　　　　　　　（b）

图 4－19　集线器

（a）集线器的正面；（b）集线器的背面

### 3. 网桥与交换机

　　网桥和交换机都是工作在数据链路层。网桥可以根据物理地址对数据帧进行过滤和存储转发，通过对数据帧筛选实现网络分段。当一个数据帧通过网桥时，网桥检查数据帧的源和目的物理地址，如果这两个地址属于不同的网段，则网桥将该数据帧转发到另一个网段，否则不转发。

　　交换机在本质上和网桥一样，网桥传统上是基于软件的，通过执行代码完成过滤和学习的过程，而交换机将这些功能转移到了硬件上，而且功能比网桥更强大，处理能力更强，并具有一些新的特性。

　　交换机提供了许多网络互连功能，交换机能经济地将网络分成小的冲突网域，为每个工作站提供更高的带宽。协议的透明性使得交换机在软件配置简单的情况下直接安装在多协议网络中；交换机使用现有的电缆、中继器、集线器和工作站的网卡，不必作高层的硬件升级；交换机对工作站是透明的，这样管理开销低廉，简化了网络结点的增加、移动和网络变化的操作。

　　利用专门设计的集成电路可使交换机以线路速率在所有的端口并行转发信息，提供了比传统桥接器高得多的操作性能。如理论上单个以太网端口对含有 64 个八进制数的数据包，可提供 14 880 bps 的传输速率。这意味着一台具有 12 个端口、支持 6 道并行数据流的"线路速率"以太网交换器必须提供 89 280 bps 的总体吞吐率（6 道信息流 × 14 880 bps/道信息流）。专用集成电路技术使得交换器在更多端口的情况下以上述性能运行，其端口造价低于传统型桥接器。如图 4－20 所示是一个 48 口的交换机。

图 4 – 20　交换机

#### 4. 路由器

网桥和交换机是通过数据链路层的 MAC 地址转发数据帧的，当数据到达第 3 层网络层时，需要网络层互连设备转发数据包，需要识别第 3 层地址，也就是 IP 地址，这个设备叫路由器。

路由器的作用是连通多个不同的网络，选择信息传送的线路。选择通畅快捷的近路，能大大提高通信速率，减轻网络系统通信负荷，节约网络系统资源，提高网络系统畅通率，从而让网络系统发挥出更大的效益。

图 4 – 21 所示为 Huawei – 3Com 公司生产的网络路由器。

图 4 – 21　路由器

## 4.7　无线局域网

无线局域网（WLAN）就是在不采用传统电缆线的同时，提供传统有线局域网的所有功能，网络所需的基础设施不用再埋在地下或隐藏在墙里，网络能够随着用户的需要移动或变化。

无线局域网技术具有传统局域网无法比拟的灵活性。无线局域网的通信范围不受环境条件的限制，网络的传输范围大大拓宽，最大传输范围可达到几十千米。在有线局域网中，两个站点的距离在使用铜缆时被限制在 500 m 以内，即使采用单模光纤也只能达到 3 000 m，而无线局域网中两个站点间的距离目前可达到 50 km，距离数千米的建筑物中的网络可以集成为同一个局域网。

此外，无线局域网的抗干扰性强、网络保密性好。对于有线局域网中的诸多安全问题，在无线局域网中基本上可以避免。而且相对于有线网络，无线局域网的组建、配置和维护较为容易，一般计算机工作人员都可以胜任网络的管理工作。

### 4.7.1　无线局域网的标准

无线局域网的主要标准：无线接入技术区别于有线接入的特点之一是标准不统一，不同的标准有不同的应用。目前比较流行的有 IEEE 802. 11 标准、新贵蓝牙（Bluetooth）标准以及 Home RF（家庭网络）标准。

**1. IEEE 802.11 标准**

IEEE 802.11 无线局域网标准的制定是无线网络技术发展的一个里程碑。IEEE 802.11 标准的颁布，使得无线局域网在各种有移动要求的环境中被广泛接受。它是无线局域网目前最常用的传输协议，各个公司都有基于该标准的无线网卡产品。不过由于 IEEE 802.11 速率最高只能达到 2 Mbps，在传输速率上不能满足人们的需要，因此，IEEE 小组又相继推出了 IEEE 802.11b 和 IEEE 802.11a 两个新标准。IEEE 802.11b 标准采用一种新的调制技术，使得传输速率能根据环境变化，速率最大可达到 11 Mbps，满足了日常的传输要求。而 IEEE 802.11a 标准的传输速率可达 25 Mbps，完全能满足语音、数据、图像等业务的需要。

IEEE 802.11 协议簇的最新版本是 IEEE 802.11n，其采用了多种最新的技术，在物理层，综合采用了 OFDM 调制和多入多出（Multiple Input Multiple Output，MIMO）等先进技术并加以融合，使传输速率可以达到 108 Mbps，甚至高于 500 Mbps；智能天线技术使无线网络的传输距离大大增加；独特的双频带工作模式（包含 2.4 GHz 和 5 GHz 两个工作频段）保障了与以往 IEEE 802.11a/b/g 等标准的兼容。在 MAC 层，进一步优化了数据帧结构，提高了网络吞吐量。

**2. 蓝牙标准**

"蓝牙"（IEEE 802.15）标准是一项最新标准，对于 IEEE 802.11 来说，它的出现不是为了竞争而是相互补充。"蓝牙"是一种先进的近距离无线数字通信的技术标准，其目标是实现最高数据传输速率 1 Mbps（有效传输速率为 721 Kbps）、传输距离为 10 cm ～ 10 m，通过增加发射功率可达到 100 m。"蓝牙"比 IEEE 802.11 更具移动性，比如，IEEE 802.11 限制在办公室和校园内，而蓝牙却能把一个设备连接到 LAN（局域网）和 WAN（广域网），甚至支持全球漫游。此外，"蓝牙"成本低、体积小，可用于更多的设备。"蓝牙"最大的优势还在于，在更新网络骨干时，如果搭配"蓝牙"架构进行，使用整体网路的成本肯定比铺设线缆低。

**3. Home RF 家庭网络的标准**

Home RF 主要为家庭网络设计，是 IEEE 802.11 与 DECT（数字无绳电话）标准的结合，旨在降低语音数据成本。Home RF 也采用了扩频技术，工作在 2.4 GHz 频带，能同步支持 4 条高质量语音信道。但目前 Home RF 的传输速率只有 1 ～ 2 Mbps。

## 4.7.2 无线局域网的结构

无线局域网的基本结构是由无线网卡、无线接入点（AP）、计算机和有关设备组成。在一个典型的无线局域网环境中，有一些进行数据发送和接收的设备，称为接入点（AP）。通常，一个 AP 能够在几十至上百米的范围内连接多个无线用户。在同时具有有线和无线网络的情况下，AP 可以通过标准的以太网电缆与传统的有线网络相连，作为无线网络和有线网络的连接点。无线局域网的终端用户可通过无线网卡等访问网络。

无线 AP 作为无线网络中的一个重要设备，其性能的好坏以及位置的摆放，直接影响着无线网络传输信号的强弱。要想有效提高无线网络的整体性能，选好和用好无线 AP 就成了不可或缺的一个重要环节。

当在室内的传输距离超出 20 ～ 30 m，室外的传输距离超出 50 ～ 100 m 时，就必须考虑为无线 AP 或无线网卡安装外置天线，以增强信号强度，延伸无线网络的覆盖范围。由于无线 AP 或无线路由器需要为无线网络内所有的无线网卡提供无线连接，因此，应当选择全向天线。而作为无线网卡而言，由于只是需要与无线 AP 或无线路由器进行通信，所以，应当选择定向天线，如图 4 – 22 所示。

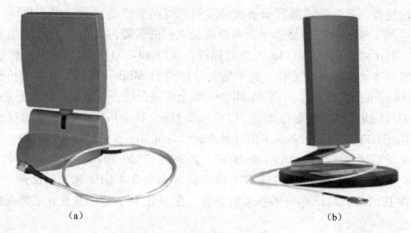

（a）　　　　　　　　　　　　　　　　　　　　　（b）

图 4 – 22　无线局域网天线

（a）无线定向天线；（b）无线全向天线

一个校园网利用 WLAN 技术进行扩展的例子如图 4 – 23 所示。

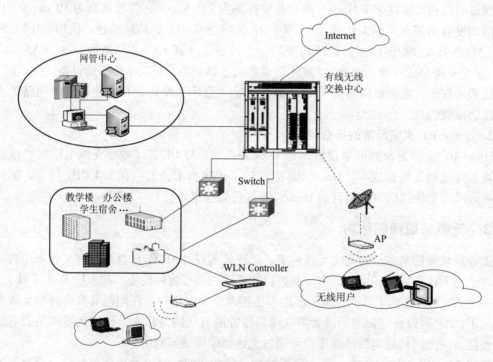

图 4 – 23　无线局域网应用实例

有线无线交换中心是校园网的千兆位核心交换设备，负责整个校园网的数据交换工作，可通过光纤连接到网管中心和其他的高速二、三层交换机，或通过无线网桥连接到接入点。网管中心有相应的计费、认证、数据等服务器，是校园网的管理中心。教学楼、办公楼和学生宿舍可通过光纤连接到 2、3 层交换机，并且可以通过 AP 扩充无线网络。

### 4.7.3　无线局域网的安全

无线局域网相对于有线局域网而言，其所增加的安全问题原因主要是其采用了公共的电磁波作为载体来传输数据信号，而其他各方面的安全问题两者是相同的。无线局域网的安全技术这几年来随着无线局域网的高速发展，也得到了快速的发展和应用。下面从无线局域网安全技术的发展历程对无线局域网采用的主要安全技术进行介绍。

早期基本的无线局域网安全技术包括有以下几种。

**1. 无线网卡物理地址过滤**

每个无线工作站网卡都由唯一的物理地址标示，该物理地址编码方式类似于以太网物理地址，是 48 位。网络管理员可在无线局域网访问点 AP 中手工维护一组允许访问或不允许访问的 MAC 地址列表，以实现物理地址的访问过滤。

**2. 服务区标识符匹配**

无线工作站必须出示正确的服务区标识符（SSID），与无线访问点 AP 的 SSID 相同，才能访问 AP；如果出示的 SSID 与 AP 的 SSID 不同，那么 AP 将拒绝它通过本服务区上网。因此可以认为 SSID 是一个简单的口令，从而提供口令认证机制，实现一定的安全功能。在无线局域网接入点 AP 上对此项技术的支持就是可不让 AP 广播其 SSID 号，这样无线工作站端就必须主动提供正确的 SSID 号才能与 AP 进行关联。

**3. 有线等效保密**

有线等效保密（WEP）协议是由 IEEE 802.11 标准定义的，用于在无线局域网中保护链路层数据。WEP 使用 40 位钥匙，采用 RSA 开发的 RC4 对称加密算法，在链路层加密数据。WEP 加密采用静态的保密密钥，各 WLAN 终端使用相同的密钥访问无线网络。WEP 也提供认证功能，当加密机制功能启用，客户端要尝试连接上 AP 时，AP 会发出一个（Challenge Packet）给客户端，客户端再利用共享密钥将此值加密后送回存取点以进行认证比对，如果正确无误，才能获准存取网络的资源。现在的 WEP 一般支持 128 位的钥匙，提供更高等级的安全加密。

在 IEEE 802.11i 或者说 WPA 之前的安全解决方案。

（1）端口访问控制技术（IEEE 802.1x）和可扩展认证协议（EAP），该技术也是用于无线局域网的一种增强性网络安全解决方案。当无线工作站与无线访问点 AP 关联后，是否可以使用 AP 的服务要取决于 IEEE 802.1x 的认证结果。如果认证通过，则 AP 为无线工作站打开这个逻辑端口，否则不允许用户上网。

（2）IEEE 802.1x 要求无线工作站安装 IEEE 802.1x 客户端软件，无线访问点要内嵌 IEEE 802.1x 认证代理，同时它还作为（Radius）客户端，将用户的认证信息转发给 Radius 服务器。现主流的 PC 操作系统 Windows XP 以及 Windows 2000 都已经有 IEEE 802.1x 的客户端功能。

（3）无线客户端 2 层隔离技术在电信运营商的公众热点场合，为确保不同无线工作站之间的数据流隔离，无线接入点 AP 也可支持其所关联的无线客户端工作站 2 层数据隔离，确保用户的安全。

（4）VPN-Over-Wireless 技术。目前已广泛应用于广域网络及远程接入等领域的 VPN

（Virtual Private Networking）安全技术也可用于无线局域网域，与 IEEE 802.11b 标准所采用的安全技术不同，VPN 主要采用 DES、3DES 以及 AES 等技术来保障数据传输的安全。对于安全性要求更高的用户，将现有的 VPN 安全技术与 IEEE 802.11b 安全技术结合起来，这是目前较为理想的无线局域网络的安全解决方案之一。

WPA 保护访问技术：在 IEEE 802.11i 标准最终确定前，WPA（Wi-FiProtected Access）技术是在 2003 年正式提出并推行的一项无线局域网安全技术，将成为代替 WEP 的无线协议，其将为现有的大量的无线局域网硬件产品提供一个过渡性的高安全解决方案。WPA 是 IEEE 802.11i 的一个子集，其核心就是 IEEE 802.1x 和 TKIP。

WPA 在 WEP 的基础之上为现有的无线局域网设备大大提高了数据加密安全保护和访问认证控制。为了更好地支持用户对 WPA 的实施，WPA 针对中小办公室/家庭用户推出了 WPA-PSK、而针对企业用户则采用完整的 WPA-Enterprise 的形式。WPA 是完全基于标准的并且在现有已存的大量无线局域网硬件设备上只需简单地进行软件升级便可完成，并且也能保证兼容将来要推出的 IEEE 802.11i 安全标准。

为了进一步加强无线网络的安全性和保证不同厂家之间无线安全技术的兼容，IEEE 802.11 工作组目前正在开发作为新的安全标准的 IEEE 802.11i，并且致力于从长远角度考虑解决 IEEE 802.11 无线局域网的安全问题。IEEE 802.11i 标准草案中主要包含加密技术，即 TKIP 和 AES，以及认证协议 IEEE 802.1x。IEEE 802.11i 将为无线局域网的安全提供可信的标准支持。

无线局域网的发展前景广阔，近年来，无线局域网技术逐渐走向成熟，无线局域网设备的价格也正逐渐下降，相应软件也逐渐成熟。此外，无线局域网已能够通过与广域网相结合的形式提供移动 Internet 的多媒体业务。无疑，无线局域网将以它的高速传输能力和灵活性发挥重要作用。

# 习　题

**一、选择题**

1. 有网络需要互连，在链路层上连接需要的设备是（　　）。

　A. 中继器　　　　　　　B. 网桥　　　　　　　C. 路由器　　　　　　　D. 网关

2. 网卡的主要功能不包括（　　）。

　A. 将计算机连接到通信介质上　　　　　　B. 网络互连

　C. 进行电信号匹配　　　　　　　　　　　D. 实现数据传输

3. OSI 参考模型中的网络层的功能主要是由网络设备（　　）来实现的。

　A. 网关　　　　　　B. 网卡　　　　　　C. 网桥　　　　　　D. 路由器

4. 网络接口卡位于 OSI/RM 模型的（　　）。

　A. 数据链路层　　　B. 传输层　　　　　C. 物理层　　　　　D. 表示层

5. 路由选择协议位于（　　）。

　A. 物理层　　　　　B. 数据链路层　　　C. 网络层　　　　　D. 应用层

6. 网络组网中使用光缆的优点是（　　）。

　A. 便宜

B. 容易安装

C. 是一个工业标准，在任何电气商店都能买到

D. 传输速率比同轴电缆或双绞线高，不受外界电磁干扰与噪声的影响，误码率低

7. 局域网中，媒体访问控制功能属于（　　　）。

A. MAC 子层　　　　B. LLC 子层　　　　C. 物理层　　　　D. 高层

8. 在网络互连设备中，不仅能用来互连同构型网络，而且还能连接 LAN 与 WAN 的是（　　　）。

A. 网关　　　　　　B. 中继器　　　　　C. 路由器　　　　D. 桥接器

9. 以太网媒体访问控制技术 CSMA/CD 的机制是（　　　）。

A. 争用带宽　　　　　　　　　　B. 循环使用带宽

C. 预约带宽　　　　　　　　　　D. 按优先级分配带宽

10. 具有隔离广播信息能力的网络互连设备是（　　　）。

A. 网桥　　　　　　B. 中继器　　　　　C. 路由器　　　　D. L2 交换

11. 局域网的协议结构一般不包括（　　　）。

A. 网络层　　　　　B. 物理层　　　　　C. 数据链路层　　　D. 介质访问控制层

12. 局域网常用的拓扑结构有（　　　）。

A. 星型　　　　　　B. 不规则型　　　　C. 总线型　　　　D. 环型

13. IEEE 802.3 的物理层协议 10Base－T 规定从网卡到集线器的最大距离为（　　　）。

A. 100 m　　　　　B. 185 m　　　　　C. 500 m　　　　D. 850 m

14. 一般认为决定局域网特性的主要技术有 3 个，它们是（　　　）。

A. 传输媒体、差错检测方法和网络操作系统

B. 通信方式、同步方式和拓扑结构

C. 传输媒体、拓扑结构和媒体访问控制方法

D. 数据编码技术、媒体访问控制方法和数据交换技术

15. 100Base－FX 采用的传输介质是（　　　）。

A. 双绞线　　　　　B. 光纤　　　　　　C. 无线电波　　　　D. 同轴电缆

16. 在 VLAN 中，每个虚拟局域网组成一个（　　　）。

A. 区域　　　　　　B. 组播域　　　　　C. 冲突域　　　　D. 广播域

17. 如果一个 VLAN 跨越多个交换机，则属于同一 VLAN 的工作站要通过（　　　）互相通信。

A. 应用服务器　　　　　　　　　　B. 主干（Trunk）线路

C. 环网　　　　　　　　　　　　　D. 本地交换机

18. IEEE 802.3 标准中 MAC 子层和物理层之间的接口，不包括（　　　）。

A. 发送和接收帧　　B. 载波监听　　　　C. 启动传输　　　　D. 冲突控制

19. 1000Base－SX 标准使用的传输介质是（　　　）。

A. 长波光纤　　　　B. 铜缆　　　　　　C. 双绞线　　　　D. 短波光纤

20. 1000Base－LX 使用的传输介质是（　　　）。

A. UTP　　　　　　B. STP　　　　　　C. 同轴电缆　　　　D. 光纤

21. MAC 地址通常固化在计算机的（　　　）上。

A. 内存　　　　　　　B. 网卡　　　　　　　C. 硬盘　　　　　　　D. 高速缓冲区

22. 在局域网模型中，数据链路层分为（　　　）。

A. 逻辑链路控制子层和网络子层

B. 逻辑链路控制子层和媒体访问控制子层

C. 网络接口访问控制子层和媒体访问控制子层

D. 逻辑链路控制子层网络接口访问控制子层

23. 用集线器连接的一组工作站（　　　）。

A. 同属一个冲突域，但不属一个广播域

B. 同属一个冲突域，也同属一个广播域

C. 不属一个冲突，但同属一个广播域

D. 不属一个冲突，也不属一个广播域

24. 用交换机连接的一组工作站（　　　）。

A. 同属一个冲突域，但不属一个广播域

B. 同属一个冲突域，也同属一个广播域

C. 不属一个冲突域，但同属一个广播域

D. 不属一个冲突域，也不属一个广播域

25. IEEE 802.3 标准中使用的媒体访问控制方式是（　　　）。

A. Token Ring　　　　B. Token Bus　　　　C. CSMA/CD　　　　D. ALOHA

26. 当以太网中数据传输率提高时，帧的传输时间要求按比例缩短，这样有可能会影响到冲突检测。为了能有效地检测冲突，应该（　　　）。

A. 减少电缆介质的长度或增大最短的帧长

B. 减少电缆介质的长度且减少最短的帧长

C. 增大电缆介质的长度且减少最短的帧长

D. 增大电缆介质的长度且增大最短的帧长

27. 在 100Base－TX 网络中，若两个 DTE 之间使用了两个中断器，则两个 DTE 间的最大跨距为（　　　）。

A. 100 m　　　　　　B. 175 m　　　　　　C. 200 m　　　　　　D. 205 m

### 三、问答题

1. 什么是局域网？它主要有哪些特点？

2. CSMA/CD 是什么？简述其工作原理和特点。

3. 描述 Token 访问介质的方法，它和 CSMA/CD 有什么不同？

4. 什么是 VLAN？VLAN 的功能是什么？

5. 中继器的功能是什么？

6. 交换机和集线器有什么区别？

7. 交换式以太网和共享式以太网有什么区别？

# 第 5 章

# 网络的互连

## 本章主要知识点

❖ 网络互连的概念及类型。

❖ 网络连接设备及其作用。

❖ 公共交换网络基础知识。

❖ 网络接入方式介绍。

❖ 网络管理与网络安全。

## 学习本章应达到的能力目标

❖ 掌握网络互连的概念及互连的方式方法。

❖ 了解网络互连的设备及其使用。

❖ 掌握网络管理的概念及其方法。

❖ 掌握网络安全的概念及其方法。

随着计算机网络技术的发展，网络互连得到广泛的应用，Internet 作为最大的互连网络，是由各种网络互连设备将相同或者不同的网络相互连接起来，达到资源共享的目的。

## 5.1 网络互连的基本概念

### 5.1.1 网络互连的概念

网络互连是指将分布在不同地理位置的网络、设备相连接，以构成更大规模的互连网络系统，实现互连网络资源的共享。互连的网络和设备可以是同种类型的网络、不同类型的网络，以及运行不同网络协议的设备与系统。

在互连网络中，每个网络中的网络资源都应成为互连网络中的资源。互连网络资源的共享服务与物理网络结构是分离的。对于网络用户来说，互连网络结构对用户是透明的。互连网络应该屏蔽各子网在网络协议、服务类型与网络管理等方面的差异。

在网络互连系统中，有多个术语：互连、互联、互通、互操作，各有不同的内涵。

（1）互连：是指网络在物理上的连接，两个网络之间至少有一条在物理上连接的线路，它为两个网络的数据交换提供了物资基础和可能性，但并不能保证两个网络一定能够进行数据交换，这要取决于两个网络的通信协议是不是相互兼容。

（2）互联：是指网络在物理和逻辑上，尤其是逻辑上的连接。

（3）互通：是指两个网络之间可以交换数据。

（4）互操作：是指网络中不同计算机系统之间具有透明地访问对方资源的能力。

显然，互连和互联是基础，互通是手段，互操作是网络互连的目的。

如果要实现网络互连，必须要做到以下几点。

（1）在互连的网络之间提供链路，至少有物理线路和数据线路。

（2）在不同网络结点的进程之间提供适当的路由来交换数据。

（3）提供网络记账服务，记录网络资源使用情况。

（4）提供各种互连服务，应尽可能不改变互连网络的结构。

## 5.1.2　网络互连的功能

### 1. 屏蔽各个物理网络的差别

寻址机制的差别，每种网络有不同的端点名字、编址方法与目录保持方案，需要提供全局网络编址方法与目录服务。

分组最大长度的差别，在互连的网络中，分组从一个网络传送到另一个网络时，往往需要分成几部分（称为分段），然后再合并。

### 2. 隐藏各个物理网络实现细节

### 3. 为用户提供通用服务

## 5.1.3　网络互连的类型

计算机网络分为局域网、城域网与广域网三种，因此，网络互连类型主要有以下几种。

局域网—局域网互连。

局域网—广域网互连。

局域网—广域网—局域网互连。

广域网—广域网互连。

### 1. 局域网—局域网互连

局域网—局域网互连是互联网中最常用的一种，如图 5 - 1 所示，依据网络使用协议进一步可以分成两种。

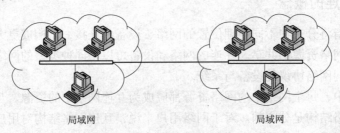

图 5 - 1　局域网—局域网互连

#### 1）同种局域网的互连

同种局域网互连是指符合相同协议的局域网之间的互连。如两个以太网的互连，同种局域网之间的互连比较简单，使用网桥就可以了。

2）异种局域网的互连

异种局域网的互连是指互连的各局域网使用不同的网络协议。例如，一个以太网与一个令牌环网间的互连。也可使用网桥，但异种局域网之间的互连必须经过协议转换，因此，异种局域网互连设备必须支持互连的网络所使用的协议。

**2. 局域网—广域网互连**

局域网—广域网互连是目前常见的网络互连方式之一，是接入广域网的重要方法。局域网与广域网互连通常采用路由器或网关来实现。

**3. 局域网—广域网—局域网互连**

通过此种方法可将分布在两个不同地理位置的局域网连接起来，从而达到远程登录的目的。

**4. 广域网—广域网互连**

两个广域网的互连可以形成更大的网络。

## 5.1.4　网络互连的层次

依据网络的层次模型，在网络互连时也要在两个网络间选择一个相同的协议层作为互连的基础。可互连层次如下所述。

（1）物理层。

（2）数据链路层。

（3）网络层。

（4）传输层及其以上高层。

网络互连的层次不同，所需要的互连设备也不一样，所需设备为中继器、集线器、网桥、交换机、路由器、网关等，如图 5－2 所示。

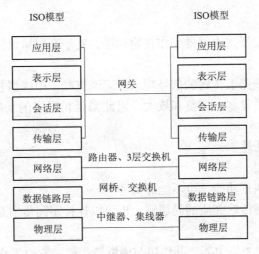

图 5－2　网间连接设备示意图

**1. 物理层互连**

物理层互连只是连接多个网段，起到扩大网络范围的作用。主要设备是中继器和集线器

（Hub）。

中继器是最低层的物理设备，用于在局域网中连接几个网段，只起简单的信号放大作用，用于延伸局域网的长度。严格地说，中继器是网段连接设备而不是网络互连设备。

**2. 数据链路层互连**

数据链路层互连是在网络中起到对数据帧进行数据接收、地址过滤、存储转发的作用，可以实现多个网络系统之间的数据交换。

数据链路层互连时，数据链路层与物理层协议可以相同也可以不同。数据链路层互连设备是网桥和交换机。

**3. 网络层互连**

网络层互连主要解决路由选择、拥塞控制、差错处理和分段技术等问题。

网络层互连时，网络层及其以下协议可以相同也可以不同。网络层互连设备主要是路由器和 3 层交换机。

如果网络层协议相同，则互连主要是解决路由选择问题。

如果网络层协议不同，则需使用多协议路由器。

**4. 高层互连**

传输层及其以上各层协议不同的网络之间的互连属于高层互连，高层互连需要一个协议转换器，起协议转换的作用，为不同网络体系间提供互连接口。

高层互连的设备就是网关，网关的种类很多，但高层互连使用的网关大部分是应用层网关。

## 5.2　网络互连设备

### 5.2.1　中继器、集线器

#### 1. 中继器

中继器又被称为转发器，中继器工作在物理层，对于高层协议完全透明，它是局域网互连的最简单的设备。

由于存在损耗，在线路上传输的信号功率会逐渐衰减，中继器相当一个信号放大还原的设备。主要作用是信号的复制、调整和放大，以此来延长网络的长度。图 5 - 3 所示是一种光纤中继器。

中继器的特点如下所述。

中继器工作在物理层。

不具有差错检查和纠正功能，也不能隔离冲突。

中继器可以连接同类传输介质的局域网，也可以连接不同传输介质的局域网。

#### 2. 集线器

集线器（Hub）也称为集中器，其作用与中继器类似，它也工作在物理层，具有信号放大功能，它与一般中继器的区别仅在于能够提供更多的端口服务，所以集线器又叫多端口中继器，如图 5 - 4 所示。

在各种类型的局域网中，集线器在以太网中的应用最为广泛。以太网是典型的广播式局

图 5-3　光纤中继器

图 5-4　集线器

域网，以太网集线器在传输数据信号时没有针对性，而是采用了广播的方式进行发送。也就是说，集线器的任何一个端口接收到数据包时，集线器都会将该数据包广播到集线器的其他工作端口上，当这些端口所连接的网卡收到数据包后，会判断该数据包是否是发给自己的，如果是，则接收，反之将其丢弃。

集线器主要是以优化网络布线结构，简化网络管理为目标而设计的。集线器是对网络进行集中管理的最小单元，像树的主干一样，它是各分支的汇集点。

因为以太网遵循"先听后说"的 CSMA/CD 协议，所以计算机在发送数据前首先进行载波侦听。只有当判定网络空闲时，才发送数据。如果在发送数据时检测到冲突，则该帧将被重发。当一个站点多次检测线路均为载波时，将自动放弃该帧的发送，从而造成丢包。因此，当网络中的站点数过多时，网络的有效利用率将会大大降低。所以采用集线器组网的站点不宜过多，当网络较大、用户较多时，只有采用交换机才能保证每台计算机拥有足够的网络带宽。

集线器的分类，集线器按照不同的分类标准，分为不同的种类，如按集线器的尺寸分类有机架式集线器和桌面式集线器，按照提供的带宽有 10 Mbps 集线器、100 Mbps 集线器、10/100 Mbps 自适应集线器 3 种。

1) 按尺寸分类

集线器按照外形尺寸有机架式和桌面式两种。

机架式集线器是指几何尺寸符合工业规范、可以安装在 19 英寸机柜中的集线器，该类集线器以 8 口、16 口和 24 口的设备为主流。由于集线器统一放置在机柜中，既方便了集线器间的连接或堆叠，又方便了对集线器的管理。

桌面式集线器是指几何尺寸不符合 19 英寸工业规范、不能够安装在机柜中、只能直接置放于桌面的集线器。该类集线器大多遵循接 8～16 口规范，也有个别 4～5 口的产品，仅适用于只有几台计算机的超小型网络。

2) 按带宽分类

集线器按提供的带宽划分有 10 Mbps 集线器、100 Mbps 集线器、10/100 Mbps 自适应集线器 3 种。

10/100 Mbps 自适应集线器是指该集线器可以在 10 Mbps 和 100 Mbps 之间进行切换。自适应是每个端口都能自动判断与之相连接的设备所能提供的连接速率，并自动调整到与之相适应的最高速率。

3）按管理方式分类

集线器按管理方式分有哑集线器和智能集线器两种。

哑集线器是指不可管理的集线器，属于低端产品。

智能集线器是指能够通过简单网络管理协议（SNMP），对集线器进行简单管理的集线器，比如启用和关闭某些端口等。

4）按扩展方式分类

集线器按照扩展方式分类有堆叠式集线器和级联式集线器两种。

堆叠式集线器指能够使用专门的连接线，通过专用的端口将若干集线器堆叠在一起，从而将堆叠中的几个集线器视为一个集线器来使用和管理。

级联式集线器是在网络中增加结点数的另一种方法，但是有一个条件必须具备：集线器必须提供可级联的端口，此端口上常标有 Uplink 或 MDI 字样，用此端口与其他的集线器进行级联。如果没有提供专门的端口，在进行级联时，连接两个集线器的双绞线在制作时必须要进行错线。

## 5.2.2 网桥

网桥又称桥接器，是一种工作在数据链路层的网络互连设备，它在数据链路层对数据帧进行存储转发，实现网络互连，如图 5-5 所示。根据帧的目的地址处于哪一网段来进行转发和滤除。

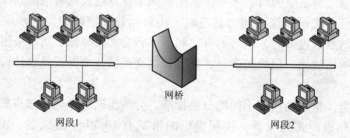

图 5-5 网桥连接的网段

使用网桥连接起来的网段从逻辑上看是一个网络，也就是说，网桥可以将两个以上独立的物理网络连接在一起，组成一个逻辑局域网。

网桥的中继功能仅仅依赖于 MAC 帧的地址，因而对高层协议完全透明。

网桥将一个较大的 LAN 分成多个网络段，有利于改善可靠性、可用性和安全性。

网桥在连接两个网段时，类似于中继器，但它是在数据链路层连接两个网。网间通信从网桥传送，而网络段内部的通信被网桥隔离。网桥检查数据帧的源地址和目的地址，如果目的地址和源地址不在同一个网络段上，就把帧转发到另一个网络段上；若两个地址在同一个网络段上，则不转发，所以网桥能起到过滤帧的作用。

网桥的帧过滤特性很有用，当一个网络由于负载很重而性能下降时可以用网桥把它分成两个网络段并使得段间的通信量保持最小。例如，把分布在两层楼上的网络分成每层一个网络段，段间用网桥连接。这样的配置可最大限度地缓解网络通信繁忙的程度，提高通信效率。同时，由于网桥的隔离作用，一个网络段上的故障不会影响另一个网络段，从而提高了网络的可靠性。

1）网桥的工作原理

网桥的内部结构中有网桥表，是用来存放各站点地址和对应的端口。网桥表是通过网桥的学习功能逐步建立起来的。当站点开始传送数据时，数据帧包括数据的目的地址和源地址，网桥收到数据帧后将其源地址与网桥表中的数据进行比较，如果源地址不在网桥表中，网桥会自动将它加入，同时也加入收到该数据帧的端口号。同时网桥对收到数据帧后的目的地址与网桥表中的数据进行比较，如果目的地址不在网桥表中，网桥就把该数据帧广播出去，如果目的地址在网桥表中，再依据网桥表的端口是否与数据帧源地址端口是否一致，决定是否转发。网桥的工作原理如图 5-6 所示。

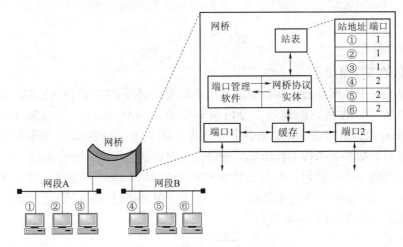

图 5-6 网桥的工作原理

网桥具有这样的自学习能力，使得当网桥加入到网络中时不必人工配置网桥表。网桥并不会阻挡广播包，广播数据包没有具体的目的地址，网桥无法判断便会将信息包转送给所有的网段。

2）网桥的分类

所有网桥都是在数据链路层提供连接服务，按网桥表的产生方式，网桥分为两种透明网桥、源路由选择网桥。

透明网桥是指网桥对任何数据站点都完全透明，用户感觉不到它的存在，也无法对网桥寻址。所有的路由判决全部由网桥自己确定。当网桥连入网络时，它能自动初始化并对自身进行配。

源路由选择网桥由发送帧的源结点负责路由选择。网桥假定每个结点在发送数据帧时，都已经清楚地知道发往各个目的结点的路由，源结点在发送帧的时候需要详细的路由信息放在帧的首部，网桥只是按要求处理。

## 5.2.3 交换机

交换机外形同集线器差不多，是集线器的换代产品，以交换机为主要连接设备的网络称交换式网络，解决了以集线器为主要连接设备的共享式网络通信效率低，网络带宽不足和网络不易扩展等问题，从根本上改变了传统网络结构，解决了带宽、瓶颈问题。

交换机工作于 OSI 参考模型的第 2 层进行，主要用于完成数据链路层和物理层的工作，同网桥的功能相同，是一种基于 MAC 地址识别，能够封装、转发数据包的网络设备，又称为多端口网桥，如图 5 - 7 所示。

图 5 - 7　交换机

### 1. 交换机的工作原理

交换机里有一个和网桥表一样功能的端口地址表，记录了端口对应的 MAC 地址。

当交换机从端口收到数据包后，分析包头中的源 MAC 地址，目的 MAC 地址，并在 MAC 地址表中查找相应的端口，如果表中有与该 MAC 地址对应的端口，则把数据包直接发送到其对应端口，如果表中找不到相应的端口，则把数据包广播到所有端口。

交换机每收到一个数据包，会分析数据包中的源 MAC 地址和数据包进入交换的端口，如果地址表中没有，会将该条记录添加至地址列表，就是通过不断的学习，建立并维护自己的地址表。其工作原理如图 5 - 8 所示。

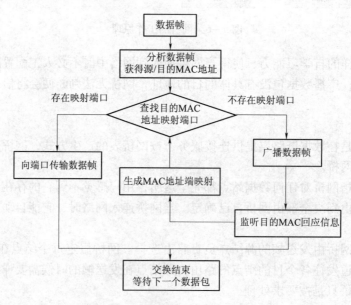

图 5 - 8　交换机的工作原理

### 2. 交换机的技术参数

1）交换方式

交换方式决定了交换机在转发数据包时采用的转发机制，目前常见的帧交换机主要使用直通交换、存储转发和碎片隔离 3 种交换方式。

（1）直通交换方式：当交换机接收到数据帧时，不对数据帧进行差错检验，而直接从数据帧中取出目的地址，查询交换表的端口地址表，找出相应的输出端口，直接将该帧转发到相应的端口。

（2）存储转发方式：当交换机接收到数据帧后，先将数据存储在缓冲区中，然后进行差错检测，若接收到的数据帧是正确的，则根据数据帧中的目的地址确定相应的输出端口，并将数据帧转发过去，否则丢失该帧。

（3）碎片隔离方式：将上述两种方式折中，它检查数据包的长度是否够 64 B，如果小于 64 B，说明是假包，则丢弃该包；如果大于 64 B，则发送该包。这种方式也不提供数据校验。它的数据处理速度比存储转发方式快，但比直通式慢。

直通式的特点是转发速度快、延时少，但不检测数据的准确性；存储转发的特点是：数据的准确性有保证，但转发速度慢，延时长；碎片隔离方式是在高速转发和高准确率之间的一个折中解决方案。

2）背板带宽

背板带宽指交换机的接口处理器或接口卡和数据总线间所能吞吐的最大数据量。背板带宽标志了交换机总的数据交换能力单位为 Gbps。一台交换机的背板带宽越高，所能处理数据的能力就越强。

3）包转发率

包转发率标志了交换机转发数据包能力的大小，单位一般为 pps（包每秒）。一般交换机的包转发率在几十 Kpps 到几百 Mpps 不等。其实，在交换机中影响包转发率的还是背板带宽。背板带宽越高，所能处理数据的能力就越强，交换机的包转发率也就越高。

4）传输速率

交换机的传输速率是指交换机端口的数据交换速率，常见的有 10 Mbps、100 Mbps、1 000 Mbps。

5）全双工

全双工模式下的交换机可以同时发送和接收数据，但这要求交换机和交换机所连接的设备都支持全双工工作方式。

6）内存容量

在交换机中，内存用于数据缓冲或存储交换机配置信息。交换机内存容量越大，它所能存储、缓冲的数据越多，其工作状态也就越稳定。

7）端口数量

交换机的端口数量是不同交换机产品间最直观的评定标准之一，通常这项参数是针对固定端口交换机而言的。常见的固定端口交换机端口数量有 8、16、24 等几种。

8）端口类型

端口类型是指交换机上的端口属于以太网、令牌环、FDDI 还是 ATM 等网络类型。目前，常见端口以 RJ – 45 端口为主，部分高性能交换机还提供 SC 光纤接口和 FDDI 接口。

9）MAC 地址数量

所谓 MAC 地址数量是指交换机 MAC 地址表的 MAC 地址最大存储数量，它决定了交换机的计算机接入容量。

除此之外，部分交换机产品还有模块插槽数量、堆叠端口、网管功能等参数。

**3. 交换机与集线器的区别**

交换机与集线器都是局域网中用于互连的多端口设备，但它们有很大的区别。

1）工作层不同

集线器工作在 OSI 参考模型的物理层，只负责数据流的传送；而交换机工作在 OSI 的第 2 层，负责的是数据帧的传送。近年来还出现了第 3 层、第 4 层交换机。

2）工作原理不同

集线器采用共享信道，以广播方式传送数据，使得每一个端口收到相同的数据；交换机使用交换方式传送数据，使得每一端口独占信道。

3）带宽使用不同

集线器的所有端口共享集线器的总带宽，而交换机的每个端口独占自己的带宽。

4）工作模式不同

在同一时间里，集线器的上行通道只能为一种数据传输状态，要么是接收数据，要么是发送数据，集线器采用单双工的方式传输数据。交换机采用的是全双工传输数据，能够在同一时间进行数据接收和发送。

## 5.2.4 3层交换机

随着网络的发展，传统的 2 层交换机已经无法满足用户跨网段传输数据的需要。为此，人们在 2 层交换机的基础上增加了 3 层路由模块，出现了能够工作于网络层、在多网段间完成数据传输的 3 层交换机。

3 层交换机最初是为了解决较大规模网络中的广播域问题，经过多年的发展，3 层交换机已经成为接入层骨干网络中的重要设备。

3 层交换机实质上是将 2 层交换机与路由器结合起来的网络设备，它既可以完成数据交换功能，又可以完成数据路由功能，3 层交换机的结构如图 5 - 9 所示。

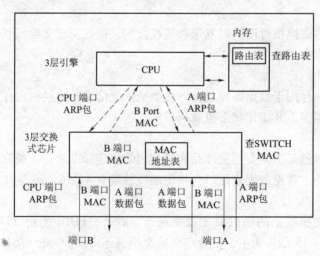

图 5 - 9　3 层交换机的结构

3 层交换机的工作原理，如图 5 - 10 所示。

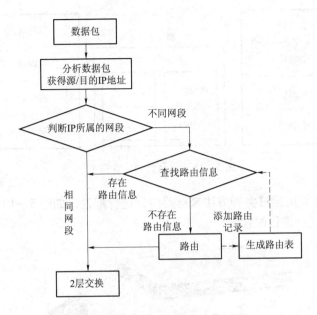

图 5 – 10　3 层交换机的工作原理

　　第 1 步：当某个信息源的第一个数据包进入 3 层交换机时，3 层交换机需要分析、判断该数据包中的目的 IP 地址与源 IP 地址是否在同一网段内。

　　第 2 步：如果两个 IP 地址属于同一网段，3 层交换机会通过 2 层交换模块直接对数据包进行转发，如果两个 IP 地址分属不同网段，3 层交换机会将该数据包交给 3 层路由模块进行路由。

　　第 3 步：3 层路由模块在收到数据包后，首先要在内部路由表中查看该数据包的目的 MAC 地址与目的 IP 地址间是否存在对应关系，如果有，则将其转回 2 层交换模块进行转发。

　　第 4 步：如果两者没有对应关系，3 层路由模块会在对数据包进行路由处理，将该数据包的 MAC 地址与 IP 地址映射记录添加至内部路由表中，然后将数据包转回 2 层交换模块进行转发。

## 5.2.5　路由器

　　路由器（Router）工作在网络层，是网络中进行网间连接的关键设备。作为不同网络之间互相连接的枢纽，路由器系统构成了基于 TCP/IP 的 Internet 的主体脉络，是应用最为广泛的网络互连设备，其可靠性直接影响着网络互连的质量，而其处理速度成为网络通信的主要瓶颈之一。路由器在网络层实现网络互连，可以连接多个不同类型的网络，其概念模型如图 5 – 11 所示。

### 1. 路由器的组成

　　路由器的本质也是一台计算机，路由器由中央处理器 CPU、操作系统、只读存储器 ROM 和随机存储器 RAM、网络互连操作系统 IOS、接口等几部分组成。路由器也有自己独特的配置和用户界面。

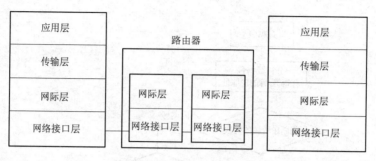

图 5 – 11　路由器的概念模型

　　路由器可以用计算机通过多种方法来对路由器进行配置，如图 5 – 12 所示，通过路由器控制台（Console）端口进行配置。

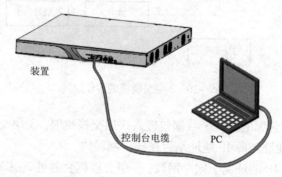

装置

控制台电缆　　　PC

图 5 – 12　通过路由器的控制台（Console）端口进行配置

### 2. 路由器的工作原理

　　路由器的主要工作就是为经过路由器的每个分组（Packet，亦称包）寻找一条最佳传输路径，并将该数据包有效地传送到目的站点。为了完成这项工作，在路由器中有一个路由表数据库和一个网络路由状态数据库。路由器通过路由选择算法建立并维护路由表，如图 5 – 13 所示。在路由表数据库中，保存着路由器每个端口对应连接的结点地址、网络上的路由器的个数、相邻路由器的名字、网络地址及相邻路由器之间的距离清单等内容。路由器通过定期与其他路由器和网络结点交换地址信息来自动更新路由表。路由器还需要定期地交换网络通信量、网络结构与网络链路状态等信息，这些信息保存在网络路由状态数据库中。常见路由表有静态路由表和动态路由表。

　　静态路由表：由网络管理员事先设置好的、固定不变的路由表。

　　动态路由表：路由表不是事先设定的，而是由路由器根据网络状态定时地进行自动调整。动态路由表根据路由选择协议提供的功能自动学习和记忆网络运行情况，在需要时自动计算出数据传输的最佳路径。使用动态路由表的路由器被称为动态路由器。

### 3. 路由器的主要功能

　　路由器完成网络层的功能，它将数据分组从源主机经最佳路径传送到目的主机。为此，路由器必须具备两个最主要的功能：路径选择和数据转发，即确定通过互联网到达目的网络的最佳路径和完成数据分组传送。另外，路由器还具备一些网络数据控制和网络管理功能，包括分组过滤、多播、服务质量、数据加密和阻隔非法访问网络数据控制功能，以及流量控

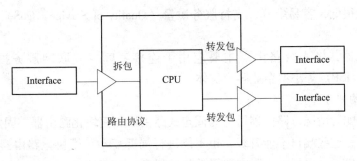

图 5 - 13　路由器的工作原理

制、拥塞控制和计费等网络管理功能。

1）路径选择

当两台连接在不同子网上的计算机需要通信时，必须经过路由器的转发，由路由器把分组通过网络沿着一条路径从源端传到目的端，在这条路径上可能需要通过一个或多个路由器，所经过的每台路由器必须知道需经过哪些路由器，才能将分组从源端传到目的端。为此路由器需要确定下一跳路由器的地址，也就是要确定一条通过网络到达目的端的最佳路径。

2）数据转发

数据转发也是路由器的主要功能，通常也称为数据交换。转发即沿选择好的最佳路径传送分组。路由器首先在路由表中查找，判明是否知道如何将分组发送到下一个站点（路由器或主机），如果路由器不知道如何发送分组，通常将该分组丢弃；否则就根据路由表的相应表项将分组发送到下一个站点，如果目的网络直接与路由器相连，路由器就把分组直接送到相应的端口上。

**4. 路由器的分类**

路由器的分类方法很多，下面介绍几种常见的分类方法。

1）按照网络协议划分

按照网络协议对路由器分类，可分为单协议路由器和多协议路由器。

（1）单协议路由器：只支持单个网络层协议，其他协议数据传送必须通过封装的隧道方式。因此该路由器仅是分组转换器，只能实现具有相同网络层协议的网络互连。

（2）多协议路由器：支持多个网络层协议，可以实现具有不同网络层协议的网络的互连。多协议路由器具有处理多种不同协议分组的能力，可以为不同类型的协议建立和维护路由表。

2）按照功能划分

按照功能对路由器分类，可将路由器分为骨干级（核心层或高端）路由器、企业级（分发层或中端）路由器和接入级（访问层或低端）路由器。

（1）骨干级路由器：骨干级路由器是实现企业级网络互连的关键设备，它数据吞吐量较大，在网络中处于十分重要的地位。对骨干级路由器的基本性能要求是高速度和高可靠性。为了获得高可靠性，网络系统普遍采用诸如热备份、双电源、双数据通路等传统冗余技术。

（2）企业级路由器：企业或校园级路由器连接许多终端系统，连接对象较多，但系统相对简单，且数据流量较小，对这类路由器的要求是以尽量便宜的方法实现尽可能多的端点互连，同时还要求能够支持不同的服务质量。因此，企业级路由器的特点是能够提供大量端口且每端口造价很低，容易配置，支持服务质量（Quality of Service，QoS），支持广播和组播等多项功能。

接入级路由器：接入级路由器主要应用于连接家庭或互联网服务提供商（Internet Service provider，ISP）等小型企业客户群体。

3）按照结构划分

根据端口的配置情况，路由器可分为固定式路由器和模块化路由器。固定式路由器采用不同的端口组合，这些端口不能升级，也不能进行局部变动。模块化路由器上有若干插槽，可插入不同的接口卡，可根据实际需要灵活地进行升级或变动。

4）按照应用划分

从应用的角度划分，路由器可分为通用路由器与专用路由器。一般所说的路由器皆为通用路由器。专用路由器通常为实现某种特定功能对路由器接口、硬件等作专门优化。例如，接入路由器用作接入拨号用户，增强 PSTN 接口以及信令能力；VPN 路由器用于为远程 VPN 访问用户提供路由，它需要在隧道处理能力以及硬件加密等方面具备特定的能力；宽带接入路由器则强调接口带宽及种类。

5）按照所处网络位置划分

按路由器所处的网络位置划分，通常把路由器划分为边界路由器和中间结点路由器两类。

（1）边界路由器：处于网络边缘，用于不同网络路由器的连接。由于边界路由器要同时接受来自许多不同网络路由器发来的数据，所以路由器的背板带宽要足够宽。

（2）中间结点路由器：处于网络的中间，通常用于连接不同网络，起到一个数据转发的桥梁作用。中间结点路由器因为要面对各种各样的网络，需要路由器具有较大容量的缓存，具备较强的 MAC 地址记忆功能。

6）按照性能划分

按照性能划分，路由器可分为线速路由器以及非线速路由器。所谓线速路由器就是完全可以按传输介质带宽进行通畅传输，基本上没有间断和延时。通常线速路由器是高端路由器，具有非常高的端口带宽和数据转发能力，能以介质速率转发数据包；中低端路由器是非线速路由器。

### 5.2.6　网关

网关又称网间连接器或协议转换器。它工作在 OSI 7 层模型的传输层或更高层，即在传输层以上实现网络的互连。

**1. 网关的工作原理**

网关能够连接两个高层协议完全不同的网络，网关能将收到的信息转换为目的网络所能接收的数据格式，如图 5－14 所示。网关实现协议转换的方法主要有两种。

（1）当两个网络通过一个网关互连时，最简单的方法就是直接将输入网络的信息包的格式转换成输出网络信息包的格式。

（2）另一种方法是制定一种标准的网间信息包格式，网关将第 1 个网络的格式转换成网间格式，再将网间格式转换成第 2 个网络的格式。

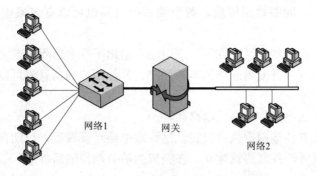

图 5 - 14  网关的工作原理

**2. 网关的基本功能**

网关具有报文存储转发、访问控制、流量控制和拥塞控制等功能。

网关支持互连网间的管理。

网关支持互连网间协议的转换。

**3. 网关的类型**

网关按路由体系结构可分为内部网关、外部网关和边界网关。

网关按对 OSI 7 层模型可分为传输网关和应用程序网关两种基本类型。

网关连接的不同体系的网络结构只能针对某一特定应用而言，不可能有通用网关。因此，网关一般只适合于某特定的应用系统的协议转换。

网关可以是一个专用设备，也可以用计算机作为硬件平台，由软件实现网关功能。

# 5.3  公共传输网

局域网的构建由局域网所属部门设计规划建设，由所属部门管理、维护。传输距离远的广域网由于受各种条件的限制，构建广域网时必须借助公共传输网。目前，提供公共传输网服务的单位主要是电信部门。

构建广域网时，公共传输网的内部结构和工作机制用户是不关心的，用户只需了解公共传输网络提供的接口，如何实现和公共传输网络之间的连接，并通过公共传输网络实现远程端点之间的报文交换。因此，设计广域网的前提在于掌握各种公共传输网络的特性，公共传输网和用户网之间的互连技术。

公共传输网基本可以分成两类，一类是电路交换网，主要是公共交换电话网（PSTN）和综合业务数字网（ISDN）；一类是分组交换网，主要是 X. 25 分组交换网、帧中继。

电路交换网的特点是，远程端点之间通过呼叫建立连接，在连接建立期间，电路由呼叫方和被呼叫方专用。经呼叫建立的连接属于物理层链路，只提供物理层承载服务，在两个端点之间传输二进制位流。

分组交换网络提供虚电路和数据报服务。

**1. 虚电路**

数据传输时网络的源结点与目标结点之间先要建立一条逻辑通路，因为这条逻辑电路不是专用的，所以称之为"虚"电路。每个结点到其他任一结点之间可能有若干条虚电路支持特定的两个端系统之间的数据传输，两个端系统之间也可以有多条虚电路为不同的进程服务。

虚电路和电路交换的最大区别在于：虚电路只给出了两个远程端点之间的传输通路，并没有把通路上的带宽固定分配给通路两端的用户，其他用户的信息流可以共享传输通路上物理链路的带宽。

虚电路又分永久虚电路和交换虚电路两种。

永久虚电路由公共传输网提供者设置，这种虚电路经设置后，长期存在。交换虚电路需要两个远程端点通过呼叫控制协议建立，在完成当前数据传输后拆除。

**2. 数据报服务**

数据报服务不需要经过虚电路建立过程就可实现报文传送，由于没有在报文的发送端和接收端之间建立传输通路，报文中必须携带源和目的端点地址，而且，公共传输网络的中间结点，必须能够根据报文的目的端点地址选择合适的路径转发报文。

分组交换网提供的不是物理层的承载服务，必须把要求传输的数据信息封装在分组交换网要求的帧或报文格式的数据字段中才能传输。

还有一种属于专用线路连接的传输网就是数字数据网（Digital Data Network，DDN），DDN 可以在两个端点之间建立一条永久的、专用的数字通道，通道的带宽可以是 $N \times 64$ Kbps，一般 $0 < N \leqslant 30$。当 $N$ 为 30 时，该数字通道就是完整的 E1 线路，DDN 的特点是在租用该专用线路期间，该线路的带宽就由用户独占。

## 5.3.1　公共交换电话网

公共交换电话网（Public Switched Telephone Network，PSTN）提供的是一个模拟的专有通道，通道之间经由若干个电话交换机连接而成。

由于 PSTN 是一种电路交换的方式，所以一条通路自建立直至释放，其全部带宽仅能被通路两端的设备使用，即使它们之间并没有任何数据需要传送。因此，这种电路交换的方式不能实现对网络带宽的充分利用。由于模拟电话线路是针对语音频率（30 ～ 4 000 Hz）优化设计的，使得通过模拟线路传输数据的速率被限制在 33.4 Kbps 以内，而且模拟电话线路的质量有好有坏，许多地方的模拟电话线路的通信质量无法得到保证，线路噪声的存在也将直接影响数据传输速率。

模拟拨号服务是基于标准电话线路的电路交换服务，这是一种最普遍的传输服务，往往用来作为连接远程端点的连接方法，比较典型的应用有：远程端点和本地 LAN 之间互连、远程用户拨号上网，用作专用线路的备份线路。

## 5.3.2　综合业务数字网

综合业务数字网（Integrated Services Digital Network，ISDN）实现用户线传输的数字化，提供一组标准的用户/网络接口，使用户能够利用已有的一对电话线，连接各类终端设备，分别进行电话、传真、数据、图像等多种业务通信，或者同时进行包括语音、数据和图像的综合业务（多媒体业务）通信。

ISDN 终端设备通过标准的用户接口接入 ISDN 网络。窄带 ISDN 有两种不同速率的标准接口：一种是基本入口（Basic Access），速率为 144 Kbps，支持两条 64 Kbps 的用户信道和一条 16 Kbps 的信令信道；另一种是一次群速率入口 (Primary Rate Access, PRA)，其速率和 PCM 一次群速率相同 (2 048 Kbps 或 1 544 Kbps)，支持 31 条或 24 条 64 Kbps 的用户信道和一条 64 Kbps 的信令信道。这两种接口都可以用双绞线作为传输媒体。宽带 ISDN 的用户——网络接口上传输速率高于 PCM 一次群速率，可达到几百 Mbps，但必须改用光纤来传输。

### 5.3.3　X. 25 分组交换网

分组交换也称包交换，它把用户要传送的数据按一定长度分割成若干个数据段，称做"分组"或称"包" (Packet)，然后在网络中以存储转发的方式进行传送。X. 25 分组交换适合于不同类型、不同速率的计算机之间的通信。

X. 25 分组交换网的特点，可实现多方通信，大大提高线路利用率，信息传递安全、可靠、传输速率高。X. 25 线路在我国已有广泛的应用，覆盖区域广，线路租用费较低，非常适合于远程结点间的低速互连。

随着光纤越来越普遍地作为传输媒体，传输出错的概率越来越小，在这种情况下，重复地在链路层和网络层实施差错控制，不仅显得冗余，而且浪费带宽，增加报文传输延迟。

### 5.3.4　帧中继

帧中继和 X. 25 一样，属于分组交换网络，但帧中继比 X. 25 有更高的传输速率。

帧中继可以看做是 X. 25 协议的简化版本，它省略了 X. 25 协议所具有的一些强健功能，例如，窗口技术和丢失数据重发技术等。这主要是因为目前帧中继网络传输介质大量使用光纤，网络具有很高的可靠性、传输质量和较高的传输率。

帧中继与 X. 25 不同，是一种严格意义上的第 2 层协议，所以可以把一些复杂的控制和管理功能交由上层协议完成。这样就大大提高了帧中继的性能和传输速度，使其更加适合广域网环境下的各种应用。

### 5.3.5　异步传输模式 ATM

异步传输模式可作为 B – ISDN 的底层传输模式。ATM (Asynchronous Transfer mode) 是面向连接的，通过建立虚电路进行数据传输。ATM 的主要优点是选择固定长度的短信元作为传输单位，ATM 信元长 53 B，ATM 的信元头只有 5 B，使 ATM 交换机的功能要比普通的分组交换精简得多。信元头的处理速度加快，能降低时延，使连网和交换的排队延迟数据更容易预测。与可变长度的数据包相比，ATM 信元更便于简单可靠地进行处理。很高的可预估性可使 ATM 硬件更有效地实现。ATM 网络是网状拓扑结构，ATM 网络包括 ATM 端点和 ATM 交换机等两种网络元素。

### 5.3.6　数字用户线

数字用户线 (xDSL) 以铜质电话双绞线为传输介质的点对点传输技术。DSL (Digital Subscribe Line) 使用在电话系统中没有被利用的高频信号传输数据以弥补铜线传输的一些缺陷。

xDSL 的调制技术有 3 种方式，即 2B1Q、无载波幅相调制 CAP 和离散多音频调制 DMT。该技术把频率分割成 3 部分，分别用于 POTS (普通电话服务)、上行和下行高速宽带信号。

数字用户线包括不对称数字用户线（ADSL）、高比特率数字用户线（HDSL）、单线数字用户线（SDSL）和超高速比特率数字用户线（VDSL）。

**1. ADSL**

ADSL（Asymmetric Digital Subscribe Line）为非对称数字用户环路，在两个传输方向上的速率是不一样的。它使用单对电话线，为网络用户提供很高的传输速率，从 32 Kbps ～ 8.192 Mbps 的下行速率和从 32 Kbps ～ 1.088 Mbps 的上行速率，同时在同一根线上可以提供语音电话服务，支持同时传输数据和语音。

ADSL 的调制技术主要有离散多音频调制技术 DMT 和无载波调幅调相技术 CAP 两种。

RADSL（Rate Adaptire DSL）为速率自适应数字用户环路，是 ADSL 的一种扩充，允许服务提供者调整 xDSL 连接的带宽以适应实际需要并且解决线长和质量问题。它利用一对双绞线传输，支持同步和非同步传输方式，速率自适应，下行速率从 640 Kbps ～ 12 Mbps，上行速率从 128 Kbps ～1 Mbps，支持同时传输数据和语音。

**2. HDSL**

HDSL（High-speed Digital Subscriber Linc）是高速对称四线 DSL。这种技术可在两对铜线上提供 1.544 Mbps（全双工方式）的速率，在三对铜线上提供 2.048 Mbps（全双工方式）的速率。

**3. SDSL**

SDSL 是 HDSL 的单对线版本，也被称为 S－HDSL。S－HDSL 是高速对称二线 DSL，它可以提供双向高速可变比特率连接，速率范围为 160 Kbps ～ 2.048 Mbps。

**4. VDSL**

VDSL（Very-high-bit-rate Digital Subscriber Loop）甚高速数字用户环路，是一种极高速非对称数据传输技术。它是在 ADSL 的基础上发展起来的 xDSL 技术，可以将传输速率提高到 25 ～ 52 Mbps，应用前景更广。

# 5.4 网络接入技术

网络接入首先要涉及一个带宽问题，随着互联网技术的不断发展和完善，接入网的带宽被人们分为窄带和宽带。

宽带运营商（ISP）网络结构如图 5－15 所示。网络由核心层、汇聚层、边缘汇聚层、接入层组成。

社区端到用户接入部分就是通常所说的最后 1 km，它位于网络的最末端。

在接入网中，目前可供选择的接入方式主要有 PSTN、ISDN、DDN、LAN、ADSL、VDSL、Cable-Modem、PON 和 LMDS 等，它们各有各的优缺点。

**1. PSTN 拨号**

PSTN（公用电话交换网）技术是利用 PSTN 通过调制解调器（Modem）拨号实现用户接入的方式。这种接入方式是大家非常熟悉的一种接入方式。

目前最高的速率为 56 Kbps，但不能满足宽带多媒体信息的传输需求，由于电话网非常普及，用户终端设备调制解调器则简单。

PSTN 接入方式如图 5－16 所示，随着宽带的发展和普及，这种接入方式将被淘汰。

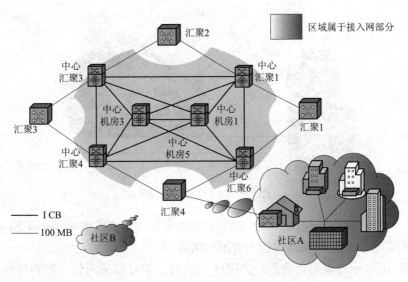

图 5 – 15 宽带运营商网络结构

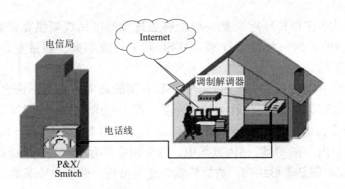

图 5 – 16 PSTN 拨号上网

## 2. ISDN 拨号

ISDN（综合业务数字网）接入技术俗称"一线通"，它采用数字传输和数字交换技术，将电话、传真、数据、图像等多种业务综合在一个统一的数字网络中进行传输和处理。用户利用一条 ISDN 用户线路，可以在上网的同时拨打电话、收发传真，就像两条电话线一样。ISDN 基本速率接口有两条 64 Kbps 的信息通路和一条 16 Kbps 的信令通路，简称 2B + D，当有电话拨入时，它会自动释放一个 B 信道来进行电话接听。

ISDN 也需要专用的终端设备，主要由网络终端 NT1 和 ISDN 适配器组成。网络终端 NT1 好像有线电视上的用户机顶盒一样必不可少，它为 ISDN 适配器提供接口和接入方式，如图 5 –17 所示。

## 3. DDN 专线

DDN 是随着数据通信业务发展而迅速发展起来的一种新型网络。DDN 的主干网传输媒介有光纤、数字微波、卫星信道等，用户端多使用普通电缆和双绞线。DDN 将数字通信技术、计算机技术、光纤通信技术以及数字交叉连接技术有机地结合在一起，提供了高速率、高质量的通信环境，可以向用户提供点对点、点对多点透明传输的数据专线出租电路，为用

136

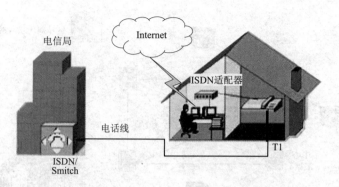

图 5 - 17　ISDN 拨号上网

户传输数据、图像、声音等信息。DDN 的通信速率可根据用户需要在 $N \times 64$ Kbps（$N = 1 \sim$ 32）之间进行选择，当然速率越快租用费用也越高。

　　用户租用 DDN 业务需要申请开户。DDN 的收费一般可以采用包月制和计流量制，这与一般用户拨号上网的按时计费方式不同。

**4. ADSL**

　　ADSL（非对称数字用户环路）是一种能够通过普通电话线提供宽带数据业务的技术，也是目前极具发展前景的一种接入技术。ADSL 其下行速率高、频带宽、性能优、安装方便、不需交纳电话费。

　　ADSL 接入技术示意如图 5 - 18 所示。ADSL 方案的最大特点是不需要改造信号传输线路，完全可以利用普通铜质电话线作为传输介质，配上专用的调制解调器即可实现数据高速传输。ADSL 支持上行速率 640 Kbps ～ 1 Mbps，下行速率 1 ～ 8 Mbps，其有效的传输距离在 3 ～ 5 km 范围以内。在 ADSL 接入方案中，每个用户都有单独的一条线路与 ADSL 端口相连，它的结构可以看做是星形结构，数据传输带宽是由每一个用户独享的。

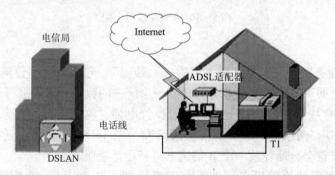

图 5 - 18　ADSL 接入技术示意

**5. VDSL**

　　VDSL 比 ADSL 还要快。使用 VDSL，短距离内的最大下传速率可达 55 Mbps，上传速率可达 2.3 Mbps（将来可达 19.2 Mbps，甚至更高）。VDSL 使用的介质是一对铜线，有效传输距离可超过 1 000 m。但 VDSL 技术仍处于发展初期，长距离应用仍需测试，端点设备的普及也需要时间。

　　目前有一种基于以太网方式的 VDSL，接入技术使用 QAM 调制方式，它的传输介质也是一对铜线，在 1.5 km 的范围之内能够达到双向对称的 10 Mbps 传输，即达到以太网的速率。如果这种技术用于宽带运营商社区的接入，可以大大降低成本。

**6. 线缆调制解调器**

线缆调制解调器（Cable Modem）是近几年才开始试用的一种超高速调制解调器，它利用现成的有线电视（Community Antenna Television，CATV）网进行数据传输，已是比较成熟的一种技术。随着有线电视网的发展壮大和人们生活质量的不断提高，通过线缆调制解调器，利用有线电视网访问 Internet 已成为越来越受业界关注的一种高速接入方式。

由于有线电视网采用的是模拟传输协议，因此网络需要用一个调制解调器来协助完成数字数据的转化。线缆调制解调器与以往的调制解调器在原理上都是将数据进行调制后在电缆的一个频率范围内传输，接收时进行解调，传输原理与普通调制解调器相同，不同之处在于它是通过有线电视 CATV 的某个传输频带进行调制解调的。

采用线缆调制解调器上网的缺点是由于线缆调制解调器模式采用的是相对落后的总线型网络结构，这就意味着网络用户共同分享有限带宽。

**7. 无源光纤网络**

无源光纤网络（Passive Optical Network，PON）接入技术是一种点对多点的光纤传输和接入技术，下行采用广播方式，上行采用时分多址方式，可以灵活地组成树形、星形、总线型等拓扑结构，在光分支点不需要结点设备，只需要安装一个简单的光分支器即可，具有节省光缆资源、带宽资源共享、节省机房投资、设备安全性高、建网速度快、综合建网成本低等优点。

PON 包括 ATM – PON（APON，即基于 ATM 的无源光纤网络）和 Ethernet – PON（EPON，即基于以太网的无源光纤网络）两种。APON 技术发展得比较早，它还具有综合业务接入、QoS 服务质量保证。

## 5.5 网络管理

网络管理是以计算机网络等相关技术为手段，对各种网络进行监视、控制、运营以及维护等。网络管理已成为计算机网络建设中的一个非常重要的部分，它是进行网络维护的重要手段，并且决定着网络资源的利用率和效益的发挥。

### 5.5.1 网络管理概述

网络管理是指对网络的运行状态进行监测和控制，使其能够有效、可靠、安全、经济地提供服务。主要任务就是对网络的运行状态进行监测和控制。

有效性：网络要能准确而及时地传递信息。网络有效性与通信有效性的意义不同。通信有效性是指传递信息的效率，而网络有效性是指网络的服务要有质量保证。

可靠性：网络必须保证能够稳定地运转，能对各种故障有一定的自愈能力。

安全性：避免用户数据被非法访问、截获、删除、修改，防止系统被非法入侵和受到病毒侵扰。

经济性：对网络管理者而言，网络的建设、运营、维护等费用要求尽可能少；对网络用户而言，用户能够使用尽量少的费用获得更多的网络服务。

### 5.5.2 网络管理的功能

网络管理包括 5 大功能：故障管理、配置管理、计费管理、性能管理和安全管理。

1）故障管理

故障管理是网络管理中最基本的功能之一。用户希望有一个可靠的计算机网络，当网络中某个组成部分失效时，网络管理器必须迅速查找到故障并及时排除。通常不大可能迅速隔离某个故障，因为网络故障的产生原因往往相当复杂，特别是当故障是由多个网络组成共同引起的。在此情况下，一般先将网络修复，然后再分析网络故障的原因。分析故障原因对于防止类似故障的再发生相当重要。网络故障管理包括故障检测、隔离和纠正 3 方面，应包括以下典型功能。

（1）维护并检查错误日志。

（2）接受错误检测报告并作出响应。

（3）跟踪、辨认错误。

（4）执行诊断测试。

（5）纠正错误。

对网络故障的检测依据对网络组成部件状态的监测。不严重的简单故障通常被记录在错误日志中，并不作特别处理；而严重一些的故障则需要通知网络管理器，即警报。一般网络管理器应根据有关信息对警报进行处理，排除故障。当故障比较复杂时，网络管理器应能执行一些诊断测试来辨别故障原因。

要进行网络管理中的故障排除操作，执行步骤如图 5 – 19 所示。

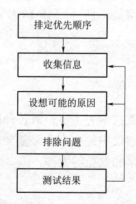

图 5 – 19　网络管理故障排除步骤

2）计费管理

计费管理记录网络资源的使用，目的是控制和监测网络操作的费用和代价。计费管理的目的是计算和收取用户使用网络服务的费用。统计网络资源利用率，核算网络的成本效益。计费管理包括以下功能：计算网络建设及运营成本、统计网络及其所包含的资源的利用率、联机收集计费数据、计算用户应支付的网络服务费用、进行账单管理。

3）配置管理

配置管理是最基本的网络管理功能，负责网络的建立、业务的展开以及配置数据的维护，包括资源清单管理、资源开通以及业务开通。目的是为了实现某个特定功能或使网络性能达到最优。具体包括以下内容。

（1）设置开放系统中有关路由操作的参数。

（2）被管对象和被管对象组名字的管理。

（3）初始化或关闭被管对象。

（4）根据要求收集系统当前状态的有关信息。

（5）获取系统重要变化的信息。

（6）更改系统的配置。

4）性能管理

性能管理估价系统资源的运行状况及通信效率等系统性能。其功能包括监视和分析被管网络及其所提供服务的性能机制。性能分析的结果可能会触发某个诊断测试过程或重新配置网络以维持网络的性能。性能管理收集分析有关被管网络当前状况的数据信息，并维持和分析性能日志。一些典型的功能包括以下内容。

（1）收集统计信息。

（2）维护并检查系统状态日志。

（3）确定自然和人工状况下系统的性能。

（4）改变系统操作模式以进行系统性能管理的操作。

5）安全管理

安全性一直是网络的薄弱环节之一，而用户对网络安全的要求又相当高，因此网络安全管理非常重要。网络中主要有以下几大安全问题：网络数据的私有性（保护网络数据不被侵入者非法获取），授权（Authentication），防止侵入者在网络上发送错误信息；访问控制，控制对网络资源的访问。相应的，网络安全管理应包括对授权机制、访问控制、加密和加密关键字的管理，另外还要维护和检查安全日志。具体包括以下内容。

（1）创建、删除、控制安全服务和机制。

（2）与安全相关信息的分布。

（3）与安全相关事件的报告。

### 5.5.3　计算机网络管理系统

网络管理系统（Network Management System，NMS）是用来管理网络、保障网络正常运行的软件和硬件的有机组合，是在网络管理平台的基础上实现的各种网络管理功能的集合，包括故障管理、性能管理、配置管理、安全管理和计费管理等功能。

网络管理系统提供的基本功能通常包括：网络拓扑结构的自动发现、网络故障报告和处理、性能数据采集和可视化分析工具、计费数据采集和基本安全管理工具。网络管理系统要处理的问题及其内容包括：网络管理的跨平台性、网络管理的分布式特性、网络管理的安全特性、新兴网络模式的管理、异种网络设备的管理和基于 Web 的网理。

典型的网络管理系统包括 4 个要素：网络管理者、管理代理、管理信息库、代理服务设备和协议。

#### 1．网络管理者

实施网络管理的实体，驻留在管理工作站上。它是整个网络系统的核心，完成复杂网络管理功能。网络管理系统要求管理代理定期收集重要的设备信息，收集到的信息将用于确定单个网络设备、部分网络或整个网络运行的状态是否正常。

**2. 管理代理**

网络管理代理是驻留在网络设备（这里的设备可以是 UNIX 工作站、网络打印机，也可以是其他的网络设备）中的软件模块，它可以获得本地设备的运转状态、设备特性、系统配置等相关信息。网络管理代理所起的作用是：充当管理系统与管理代理软件驻留设备之间的中介，通过控制设备的管理信息数据库（Management Information Base，MIB）中的信息来管理该设备。

**3. 管理信息库**

管理信息库存储在被管理对象的存储器中，管理库是一个动态刷新的数据库，它包括网络设备的配置信息、数据通信的统计信息、安全性信息和设备特有信息。这些信息被动态送往管理器，形成网络管理系统的数据来源。

**4. 代理设备和管理协议**

代理设备在标准网络管理软件和不直接支持该标准协议的系统之间起桥梁作用。利用代理设备，不需要升级整个网络就可以实现从旧协议到新版本的过渡。对于网络管理系统来说，重要的是管理员和管理代理之间所使用的网络管理协议，如 SNMP，和它们共同遵循的MIB 库。网络管理协议用于在管理员与管理代理之间传递操作命令，并负责解释管理员的操作命令。通过管理协议的作用，可以使管理信息库中的数据与具体设备中的实际状态、工作参数保持一致。

## 5.5.4　简单网络管理协议

简单网络管理协议（Simple Network Management Protocol，SNMP）是专门设计用于在 IP网络管理网络结点（服务器、工作站、路由器、交换机及集线器等）的一种标准协议，它是一种应用层协议。SNMP 使网络管理员能够管理网络效能，发现并解决网络问题以及规划网络增长。通过 SNMP 接收随机消息（及事件报告），网络管理系统获知网络出现问题。

SNMP 管理的网络有 3 个主要组成部分：管理的设备、代理和网络管理系统。管理设备是一个网络结点，包含 SNMP 代理并处在管理网络之中。被管理的设备用于收集并储存管理信息。

简单网络管理协议允许网络管理工作站软件与被管理设备中的代理进行通信。这种通信可以包括来自管理工作站的询问消息、来自代理的应答消息或者来自代理给管理工作站的自陷消息，如图 5 - 20 所示。

SNMP 实体不需要在发出请求后等待响应的到来，是一个异步的请求/响应协议。SNMP仅支持对管理对象值的检索和修改等简单操作，SNMPv1 支持以下 4 种操作。

（1）get：用于获取特定对象的值，提取指定的网络管理信息。

（2）get-next：通过遍历 MIB 树获取对象的值，提供扫描 MIB 树和依次检索数据的方法。

（3）set：用于修改对象的值，对管理信息进行控制。

（4）trap：用于通报重要事件的发生，代理使用它发送非请求性通知给一个或多个预配置的管理工作站，用于向管理者报告管理对象的状态变化。

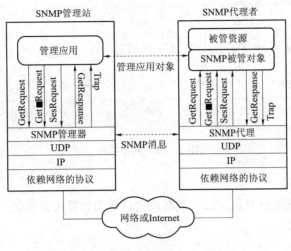

图 5 – 20　SNMP 协议环境

## 5.6　网络安全

随着 Internet 的发展，网络丰富的信息资源给用户带来了极大的方便，但同时也给上网用户带来了安全问题。由于 Internet 的开放性和超越组织与国界等特点，使它在安全性上存在一些隐患。

国际标准化组织（ISO）对计算机系统安全的定义是：为数据处理系统建立和采用的技术和管理的安全保护，保护计算机硬件、软件和数据不因偶然和恶意的原因遭到破坏、更改和泄露。由此可以将计算机网络的安全理解为，通过采用各种技术和管理措施，使网络系统正常运行，从而确保网络数据的可用性、完整性和保密性。所以，建立网络安全保护措施的目的是确保经过网络传输和交换的数据不会发生增加、修改、丢失和泄露等。

### 5.6.1　网络安全的基本概念

网络安全是指计算机网络资产的安全，保证其不受自然和人为的有害因素的威胁和迫害。网络安全技术是指各种网络监控和管理技术，这些技术通过对网络系统的硬件、软件以及数据资源进行保护，防止其遭到破坏，保证网络系统能够安全、可靠地运行。

**1. 网络威胁**

网络主要存在 4 个方面的威胁：截获、中断、篡改、伪造。这 4 种威胁可划分为两大类，即被动攻击和主动攻击，如图 5 – 21 所示。在上述情况中，截获信息的攻击称为被动攻击，而更改信息和拒绝用户使用资源的攻击称为主动攻击。

还有一种特殊的主动攻击是恶意程序，主要有以下几种。

（1）计算机病毒。

（2）计算机蠕虫。

（3）特洛伊木马。

（4）逻辑炸弹。

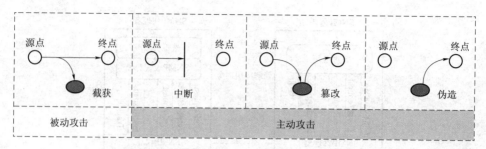

图 5-21　网络威胁

### 2. 黑客的攻击手段

黑客往往具有很高的计算机天赋，黑客攻击已成为计算机安全的严重威胁。黑客常用的几种攻击手段如下所述。

1）口令入侵

口令入侵是指使用某些合法用户的账号和口令登录到目的主机，然后再实施攻击活动。通常黑客会利用一些系统使用习惯性账号的特点，采用字典穷举法来破解用户的密码。中途截击的方法也是获取用户账号和密码的一条有效途径。

2）放置特洛伊木马程序

特洛伊木马程序是非法驻留在目标计算机里，并可自动运行以在目标计算机上执行一些事先约定的操作的程序。特洛伊木马程序分为服务器端和客户端。服务器端是攻击者传到目标机器上的部分，用来在目标机上监听等待客户端连接过来。客户端是用来控制目标机器的部分，放在攻击者的机器上。

3）DOS 攻击

DOS（Denial of Service）攻击亦称拒绝服务，其目的是使计算机或网络无法提供正常的服务。最常见的 DOS 攻击有计算机网络带宽攻击和连通性攻击。

4）端口扫描

端口扫描程序侦听目标主机的扫描端口是否处于激活状态、主机提供了哪些服务、提供的服务中是否含有某些缺陷等信息。扫描器一般有 3 项功能：发现一个主机或网络；发现主机上运行的服务；通过测试这些服务，发现漏洞。

5）网络监听

网络监听是主机的一种工作模式，在这种模式下，主机侦听网络物理通道可以接收本网段在同一条物理通道上传输的所有信息。监听在监测网络传输数据、排除网络故障等方面具有重要的作用，但另一方面也给网络的安全带来了极大的隐患。Sniffer 就是一个得到广泛使用的监听工具，它可以监听到网上传输的所有信息。

6）欺骗攻击

攻击者通过创造易于误解的上下文环境，来诱使受攻击者进入并且作出缺乏安全考虑的决策。

7）电子邮件攻击

电子邮件攻击手段的主要表现是向目标信箱发送电子邮件炸弹，将邮箱挤爆。

### 3. 网络安全的基本要素

网络安全的基本要素主要包括以下 5 个方面。

1）机密性

保证信息不泄露给未经授权的进程或实体，只供授权者使用。

2）完整性

信息只能被得到允许的人修改，并且能够判别该信息是否已被篡改过。同时一个系统也应该按其原来规定的功能运行，不被非授权者操纵。

3）可用性

只有授权者才可以在需要时访问该数据，而非授权者应被拒绝访问数据。

4）可鉴别性

网络应对用户、进程、系统和信息等实体进行身份鉴别。

5）不可抵赖性

数据的发送方与接收方都无法对数据传输的事实进行抵赖。

**4. 计算机系统安全等级**

美国国防部和国家标准局制定的《可信计算机系统评测标准》将计算机系统安全等级分为 4 类 7 级。

1）D 类

D 类的安全级别最低，保护措施最少并且没有安全功能。

2）C 类

C 类是自定义保护级，该级的安全特点是系统的对象可自主定义访问权限。C 类分为两个级别：C1 级与 C2 级。

C1 级：自主安全保护级。它能够实现用户与数据的分离。数据的保护是以用户组为单位的，并实现对数据进行自主存取控制。

C2 级：受控访问级，该级可以通过登录规程、审计安全性相关事件来隔离资源。

3）B 类

B 类是强制式安全保护类，它的特点在于由系统强制实现安全保护，因此用户不能分配权限，只能通过管理员对用户进行权限的分配。B 类分为 3 个级别。

B1 级：标记安全保护级。该级对系统的数据进行标记，同时对标记的主体和客体实行强制的存取控制。

B2 级：结构化安全保护级。该级建立形式化的安全策略模型，同时对系统内的所有主体和客体，都实现强制访问和自主访问控制。

B3 级：安全级。它能够实现访问监控器的要求，访问监控器是指监控器的主体和客体之间授权访问关系的部件。该级还支持安全管理员职能、扩充审计机制，当发生与安全相关的事件时将发出信号，同时可以提供系统恢复过程。

4）A 类

A 类是可验证的保护级。它只有一个等级，即 A1 级。A1 级的功能与 B3 几乎是相同的，但是 A1 级的特点在于它的系统拥有正式的分析和数学方法，它可以完全证明一个系统的安全策略和安全规格的完整性与一致性。同时，A1 级还规定了将完全计算机系统运送到现场安装所遵守的程序。

《可信任计算机系统评测标准》是美国国家安全局的国家计算机安全中心颁发的官方标准，它是当今得到国际上较多认可的、使用最为广泛的安全标准之一。一般的 UNIX 系统能满足 C1、C2 级的标准，少量的产品可满足 B2 级的标准；Windows NT 4.0 已经达到 C2 级标准，并有潜力朝着 B2 级发展；Windows 2000 已经获得了认证。

1989 年，我国公安部主持制定了《计算机信息系统安全保护等级划分准则》，并于 1999 年由国家技术标准局审查通过并正式批准发布。该准则将信息系统安全分为 5 个等级，计算机信息系统安全保护能力随着安全保护等级的增高而逐步增高。

**5. 网络安全技术的常见防范技术**

先进、可靠的网络安全防范技术是网络安全的根本保证。用户应对自身网络面临的威胁进行风险评估，进而选择各种适用的网络安全防范技术，形成全方位的网络安全体系。目前，主要有以下几种网络安全防范技术。

1）防火墙技术

防火墙技术是一种用来加强网络之间访问控制的特殊网络互连设备，它包括硬件和软件。防火墙是建立在内外网络边界上的过滤封锁机制，内部网络被认为是安全和可信赖的，而外部网络被认为是不安全和不可信赖的。防火墙通过边界控制强化内部网络的安全策略，可防止不希望的、未经授权的通信进出被保护的内部网络。

2）身份验证技术

身份验证技术是用户向系统证明自己身份的过程，也是系统检查核实用户身份证明的过程。

3）访问控制技术

访问控制技术是指对网络中资源的访问进行控制，只有被授权的用户，才有资格去访问相关的数据或程序。其目的是防止对网络中资源的非法访问。

4）入侵检测技术

入侵检测技术是为保障计算机网络系统的安全而设计的一种能够及时发现并报告系统中未授权或异常现象的技术，用于检测计算机网络中违反安全策略的行为和技术，是网络安全防护的重要组成部分。

5）密码技术

密码技术是保护网络信息安全的最主动的防范手段，具有信息加密功能，而且具有数字签名、秘密分存、系统安全等功能。

6）反病毒技术

反病毒技术主要是应用于计算机网络中的杀毒软件。

## 5.6.2 防火墙技术

网络防火墙技术是一种用来加强网络之间访问控制，防止外部网络用户以非法手段通过外部网络进入内部网络，访问内部网络资源，保护内部网络操作环境的特殊网络互连设备。它对两个或多个网络之间传输的数据包，如链接方式，按照一定的安全策略来实施检查，以决定网络之间的通信是否被允许，并监视网络运行状态。

防火墙的基本类型包括包过滤防火墙、应用网关防火墙、应用代理防火墙和状态检测防火墙。

**1. 包过滤防火墙**

包过滤防火墙又称为包过滤路由器，是根据已经定义好的过滤规则来检查每个数据包，确定数据包是否符合这个过滤规则，来决定数据包是否能通过，符合的数据包将被转发，而不符合的数据包将被丢弃。

包过滤防火墙的工作原理如图 5 – 22 所示，包过滤技术的主要依据是包含在 IP 包头中的各种信息，如源 IP 地址、目的 IP 地址、协议类型、源 TCP 端口号和目的 TCP 端口号等。

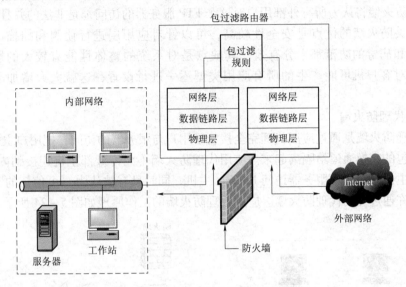

图 5 – 22　包过滤防火墙的工作原理

包过滤技术的优点是简单实用，实现成本较低，在应用环境比较简单的情况下，能够以较小的代价在一定程度上保证系统的安全。

但包过滤技术的缺陷也是明显的。包过滤技术是一种完全基于网络层的安全技术，只能根据数据包的来源、目标和端口等网络信息进行判断，无法识别基于应用层的恶意侵入，如恶意的 Java 小程序以及电子邮件中附带的病毒。有经验的黑客很容易伪造 IP 地址，骗过包过滤型防火墙。

**2. 应用网关防火墙**

应用网关防火墙是指在网关上执行一些特定的应用程序和服务器程序，实现协议过滤和转发功能，因此它工作在应用层上。应用网关防火墙能针对特别的网络应用协议来过滤逻辑数据。应用网关防火墙的工作原理如图 5 – 23 所示。

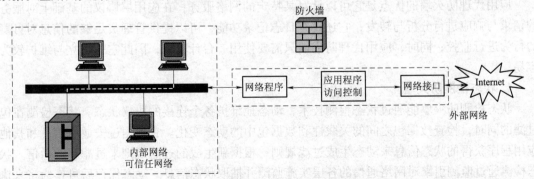

图 5 – 23　应用网关防火墙的工作原理

一个远程用户想要和一个正在运行应用网关防火墙的网络进行连接时，该网关会阻塞这个远程连接，对这个连接的各个域进行检查，如果符合要求，则网关将会在远程的主机和内部主机之间建立一个"桥"，并在其上设置更多的控制。如果一个内部网络 FTP 服务器设置为只允许内部用户访问，则所有的外部网络对这个内部 FTP 服务器的访问都是非法的，这个应用网关防火墙将认为所有外部用户对这个 FTP 服务器的访问都是非法的并且丢弃。

应用网关防火墙的优点是安全性较高，可以针对应用层进行侦测和扫描，对基于应用层的侵入和病毒的防范都十分有效。其缺点是对系统的整体性能有较大的影响，而且网关必须针对客户机可能产生的所有应用类型逐一进行设置，这就大大增加了系统管理的复杂性。

**3. 应用代理防火墙**

应用代理防火墙是通过应用代理完全接管了用户与服务器的访问，把用户主机与服务器之间的数据包的交换通道给隔离起来。应用代理防火墙不允许外部主机连接到内部的网络，只允许内部主机使用代理服务器访问 Internet 主机，同时只有被认为"可信任的"代理服务器才可以允许通过应用代理防火墙。应用代理防火墙的工作原理如图 5-24 所示。

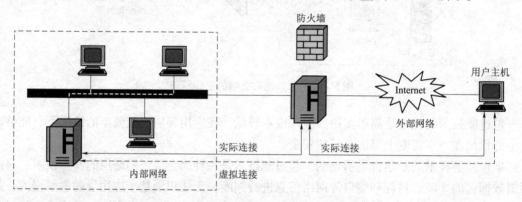

图 5-24 应用代理防火墙的工作原理

在实际的应用中，应用代理防火墙的功能是由代理服务器来完成的。假设一台外部网络的主机想要访问内部网络的 WWW 服务器，应用代理防火墙先将这个访问请求截获，然后进行检查，如果判断为合法用户，则允许访问，应用代理防火墙将代替该用户实现与内部 WWW 服务器的连接，完成访问的操作，再将结果发送给请求访问的用户。

应用代理防火墙的优点是它可以针对某特定的网络服务，在应用层协议的基础上对服务的请求与响应进行分析与转发；它还具有日志记录功能，可以提供管理员足够的信息对可疑的行为进行监控；同时，应用代理防火墙只需要使用一台计算机，因此它的建立与维护较为容易。

**4. 状态检测防火墙**

状态检测防火墙能通过状态检测技术，动态地维护各个连接的协议状态。状态检测在包过滤的同时，检查数据包之间的关联性和数据包中的动态变化。它根据过去通信信息和其他应用程序获得的状态信息来动态生成过滤规则，根据新生成的过滤规则来过滤新的通信。状态检测通过监测引擎对网络通信的各层实施监测并抽取状态信息，动态保存后可作为将来执行安全策略的参考。

这种状态检测防火墙产品一般还带有分布式探测器，这些探测器安置在各种应用服务器和其他网络的结点之中，不仅能够检测来自网络外部的攻击，同时对来自内部的恶意破坏也有极强的防范作用。据权威机构统计，在针对网络系统的攻击中，有相当比例的攻击来自网络内部。

虽然防火墙是目前保护网络免遭黑客袭击的有效手段，但也有明显不足：无法防范通过防火墙以外的其他途径的攻击，不能防止来自内部变节者和不经心的用户们带来的威胁，也不能完全防止传送已感染病毒的软件或文件，以及无法防范数据驱动型的攻击。

### 5.6.3　入侵检测

入侵检测是一种主动保护自己免受攻击的网络安全技术。作为防火墙的合理补充，入侵检测技术能够帮助系统对付网络攻击，扩展系统管理员的安全管理能力（包括安全审计、监视、攻击识别和响应），提高信息安全基础结构的完整性。入侵检测被认为是防火墙之后的第二道安全闸门，在不影响网络性能的情况下能对网络进行监测。

**1. 入侵检测的基本概念**

入侵检测（Intrusion Detection，ID）是指通过对行为、安全日志或审计数据或其他网络上可以获得的信息进行操作，检测到对系统的闯入或闯入的企图。入侵检测是检测和响应计算机误用的学科，其作用包括威慑、检测、响应、损失情况评估、攻击预测和起诉支持。入侵检测技术是为保证计算机系统的安全而设计与配置的一种能够及时发现并报告系统中未授权或异常现象的技术，是一种用于检测计算机网络中违反安全策略行为的技术。进行入侵检测的软件与硬件的组合便是入侵检测系统（Intrusion Detection Systems，IDS）。

**2. 入侵检测系统模型**

入侵检测系统由 4 个组件组成：事件产生器、事件分析器、响应单元、事件数据库。通用模型如图 5 - 25 所示。

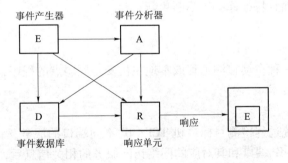

图 5 - 25　入侵检测系统模型结构

事件产生器通过传感器收集事件数据，并将数据传给事件分析器，事件分析器检测误用模式；事件数据库存储事件产生器和事件分析器的数据，并为额外的分析提供信息；响应单元提取数据，启动适当的响应。

**3. 入侵检测过程分析**

入侵检测过程分为 3 部分：信息收集、信息分析和结果处理。

1）信息收集

入侵检测过程的第一步是信息收集，收集内容包括系统、网络、数据及用户活动的状态和行为。由放置在不同网段的传感器或不同主机的代理来收集信息，包括系统和网络日志文件、网络流量、非正常的目录和文件改变、非正常的程序执行。

2）信息分析

收集到的有关系统、网络、数据及用户活动的状态和行为等信息，被送到检测引擎，检测引擎驻留在传感器中，一般通过 3 种技术手段进行分析：模式匹配、统计分析和完整性分析。当检测到某种误用模式时，产生一个警告并发送给控制台。

3）结果处理

控制台按照警告产生预先定义的响应采取相应措施，可以是重新配置路由器或防火墙、终止进程、切断连接、改变文件属性，也可以只是简单地警告。

**4. 按照检测类型划分**

从技术上划分，入侵检测有两种检测模型。

1）异常检测模型

检测与可接受行为之间的偏差。如果可以定义每项可接受的行为，那么每项不可接受的行为就应该是入侵。首先总结正常操作应该具有的特征（用户轮廓），当用户活动与正常行为有重大偏离时即被认为是入侵。这种检测模型漏报率低，误报率高。因为不需要对每种入侵行为进行定义，所以能有效检测未知的入侵。

2）误用检测模型

检测与已知的不可接受行为之间的匹配程度。如果可以定义所有的不可接受行为，那么每种能够与之匹配的行为都会引起警告。收集非正常操作的行为特征，建立相关的特征库，当监测的用户或系统行为与库中的记录相匹配时，系统就认为这种行为是入侵。这种检测模型误报率低、漏报率高。对于已知的攻击，它可以详细、准确地报告出攻击类型，但是对未知攻击却效果有限，而且特征库必须不断更新。

## 5.6.4 漏洞扫描

漏洞扫描系统是一种自动检测远程或本地主机安全性弱点的程序，是一种检测远程或本地系统安全脆弱性的技术。

**1. 工作原理**

网络漏洞扫描系统远程检测目标主机 TCP/ IP 不同端口的服务，记录目标给予的回答。在获得目标主机 TCP/ IP 端口和其对应的网络访问服务的相关信息后，与网络漏洞扫描系统提供的漏洞库进行匹配，如果满足匹配条件，则视为漏洞存在。当用户通过控制平台发出了扫描命令之后，控制平台即向扫描模块发出相应的扫描请求，扫描模块在接到请求之后立即启动相应的子功能模块，对被扫描主机进行扫描。在对从被扫描主机返回的信息进行分析判断后，扫描模块将扫描结果返回给控制平台，再由控制平台最终呈现给用户。

**2. 漏洞处理策略**

漏洞形成的原因很多，最常见的主要包含以下类型的漏洞：CGI 脚本漏洞、POP3 漏洞、FTP 漏洞、SSH 漏洞、HTTP 漏洞、SMTP 漏洞、IMAP 漏洞、后门漏洞、RPC 漏洞、DNS 漏洞等。根据不同的漏洞类型会有不同的漏洞处理策略。

## 5.6.5　其他网络安全措施

### 1. 加密技术

信息交换加密技术分为两类：即对称加密技术和非对称加密技术。

1）对称加密技术

在对称加密技术中，对信息的加密和解密都使用相同的钥匙，也就是说一把钥匙开一把锁。这种加密方法可简化加密处理过程，信息交换双方都不必彼此研究和交换专用的加密算法。如果在交换阶段私有密钥未曾泄露，那么机密性和报文完整性就可以得到保证。对称加密技术也存在一些不足，如果交换一方有 $N$ 个交换对象，那么他就要维护 $N$ 个私有密钥，对称加密存在的另一个问题是双方共享一把私有密钥，交换双方的任何信息都是通过这把密钥加密后传送给对方的。

2）非对称加密技术

在非对称加密体系中，密钥被分解为一对（即公开密钥和私有密钥）。这对密钥中任何一把都可以作为公开密钥（加密密钥）通过非保密方式向他人公开，而另一把作为私有密钥（解密密钥）加以保存。公开密钥用于加密，私有密钥用于解密，私有密钥只能有生成密钥的交换方掌握，公开密钥可广泛公布，但它只对应于生成密钥的交换方。非对称加密方式可以使通信双方无须事先交换密钥就可以建立安全通信，广泛应用于身份认证、数字签名等信息交换领域。非对称加密体系一般是建立在某些已知的数学难题之上，是计算机复杂性理论发展的必然结果。最具有代表性是 RSA 公钥密码体制。

### 2. 虚拟专用网技术

虚拟专用网（Virtual Private Network，VPN）是近年来随着 Internet 的发展而迅速发展起来的一种技术。现代企业越来越多地利用 Internet 资源来进行促销、销售、售后服务，乃至培训、合作等活动。许多企业趋向于利用 Internet 来替代它们私有数据网络。这种利用 Internet 来传输私有信息而形成的逻辑网络就称为虚拟专用网。

虚拟专用网实际上就是将 Internet 看做一种公有数据网，这种公有网和 PSTN 网在数据传输上没有本质的区别，从用户观点来看，数据都被正确传送到了目的地。相对地，企业在这种公共数据网上建立的用以传输企业内部信息的网络被称为私有网。

目前 VPN 主要采用 4 项技术来保证安全，这 4 项技术分别是隧道技术（Tunneling）、加解密技术（Encryption & Decryption）、密钥管理技术（Key Management）、使用者与设备身份认证技术（Authentication）。

1）隧道技术

隧道技术是一种通过使用互联网络的基础设施在网络之间传递数据的方式。使用隧道传递的数据（或负载）可以是不同协议的数据帧或包。隧道协议将这些其他协议的数据帧或包重新封装在新的包头中发送。新的包头提供了路由信息，从而使封装的负载数据能够通过互联网络传递。

被封装的数据包在隧道的两个端点之间通过公共互联网络进行路由。被封装的数据包在公共互联网络上传递时所经过的逻辑路径称为隧道。一旦到达网络终点，数据将被解包并转发到最终目的地。注意隧道技术是指包括数据封装、传输和解包在内的全过程。

2）加解密技术

对通过公共互联网络传递的数据必须经过加密，确保网络其他未授权的用户无法读取该信息。加解密技术是数据通信中一项较成熟的技术，VPN 可直接利用现有技术。

3）密钥管理技术

密钥管理技术的主要任务是如何在公用数据网上安全地传递密钥而不被窃取。现行密钥管理技术又分为 SKIP 与 ISAKMP/OAKLEY 两种。SKIP 主要是利用 Diffie – Hellman 的演算法则，在网络上传输密钥；在 ISAKMP 中，双方都有两把密钥，分别用于公用、私用。

4）使用者与设备身份认证技术

VPN 方案必须能够验证用户身份并严格控制只有授权用户才能访问 VPN。另外，方案还必须能够提供审计和计费功能，显示何人在何时访问了何种信息。身份认证技术最常用的是使用者名称与密码或卡片式认证等方式。

VPN 整合了范围广泛的用户，从家庭的拨号上网用户到办公室连网的工作站，直到 ISP 的 Web 服务器。用户类型、传输方法，以及由 VPN 使用的服务的混合性，增加了 VPN 设计的复杂性，同时也增加了网络安全的复杂性。如果能有效地采用 VPN 技术，是可以防止欺诈、增强访问控制和系统控制、加强保密和认证的。选择一个合适的 VPN 解决方案可以有效地防范网络黑客的恶意攻击。

**3. 安全隔离**

网络的安全威胁和风险主要存在于 3 个方面：物理层、协议层和应用层。网络线路被恶意切断或过高电压导致通信中断，属于物理层的威胁；网络地址伪装、Teardrop 碎片攻击、SYNFlood 等则属于协议层的威胁；非法 URL 提交、网页恶意代码、邮件病毒等均属于应用层的攻击。从安全风险来看，基于物理层的攻击较少，基于网络层的攻击较多，而基于应用层的攻击最多，并且复杂多样，难以防范。

面对新型网络攻击手段的不断出现和高安全网络的特殊需求，全新安全防护理念——"安全隔离技术"应运而生。它的目标是，在确保把有害攻击隔离在可信网络之外，并保证可信网络内部信息不外泄的前提下，完成网间信息的安全交换。

隔离概念的出现，是为了保护高安全度网络环境，隔离产品发展至今共经历了 5 代。

第 1 代隔离技术，即完全的隔离。采用完全独立的设备、存储和线路来访问不同的网络，做到了完全的物理隔离，但需要多套网络和系统，建设和维护成本较高。

第 2 代隔离技术，即硬件卡隔离。通过硬件卡控制独立存储和分时共享设备与线路来实现对不同网络的访问，它仍然存在使用不便、可用性差等问题，有的设计上还存在较大的安全隐患。

第 3 代隔离技术，即数据转播隔离。利用转播系统分时复制文件的途径来实现隔离，切换时间较长，甚至需要手工完成，不仅大大降低了访问速度，更不支持常见的网络应用，只能完成特定的基于文件的数据交换。

第 4 代隔离技术，即空气开关隔离。该技术是通过使用单刀双掷开关，通过内外部网络分时访问临时缓存器来完成数据交换的，但存在支持网络应用少、传输速度慢和硬件故障率高等问题，往往成为网络的瓶颈。

第 5 代隔离技术，即安全通道隔离。此技术通过专用通信硬件和专有交换协议等安全机制，来实现网络间的隔离和数据交换，不仅解决了以往隔离技术存在的问题，并且在网络隔离的同时实现高效的内外网数据的安全交换，它透明地支持多种网络应用，成为当前隔离技术的发展方向。

# 习　题

**一、选择题**

1. 下面哪种网络互连设备和网络层关系最密切（　　）。

A. 中继器　　　　　B. 交换机　　　　　C. 路由器　　　　　D. 网关

2. 下面哪种说法是错误的（　　）。

A. 中继器可以连接一个以太网 UTP 线缆上的设备和一个在以太网同轴电缆上的设备

B. 中继器可以增加网络的带宽

C. 中继器可以扩展网络上两个结点之间的距离

D. 中继器能够再生网络上的电信号

3. 可堆叠式集线器的一个优点是（　　）。

A. 相互连接的集线器使用 SNMP

B. 相互连接的集线器在逻辑上是一个集线器

C. 相互连接的集线器在逻辑上是一个网络

D. 相互连接的集线器在逻辑上是一个单独的广播域

4. 当网桥设备收到一个数据帧，但不知道目的结点在哪个网段时，它必须（　　）。

A. 再将数据帧输出到输入端口　　　　B. 丢弃该帧

C. 将数据帧复制到所有端口　　　　　D. 生成校验和

5. 术语“带宽”是指（　　）。

A. 网络的规模　　　　　　　　　　　B. 连接到网络中的结点数目

C. 网络所能携带的信息数量　　　　　D. 网络的物理线缆连接的类型

6. 当一个网桥处于学习状态时，它在（　　）。

A. 向它的转发数据库中添加数据链路层地址

B. 向它的转发数据库中添加网络层地址

C. 从它的数据库中删除未知的地址

D. 丢弃它不能识别的所有的帧

7. 下面哪种网络设备是用来连接异种网络的（　　）。

A. 集线器　　　　　B. 交换机　　　　　C. 路由器　　　　　D. 网桥

8. 下面有关网桥的说法，错误的是（　　）。

A. 网桥工作在数据链路层，对网络入行分段，并将两个物理网络连接成一个逻辑网络

B. 网桥可以通过对不要传递的数据入行过滤，并有效地阻止广播数据

C. 对于不同类型的网络可以通过特殊的转换网桥入行连接

D. 网桥要处理其接收到的数据，增加了时延

9. 4 个集线器采用叠推技术互连，则任意两个端口之间的延迟为（　　）。

A. 1 个集线器的延迟　　　　　　　　B. 2 个集线器的延迟

C. 3 个集线器的延迟　　　　　　　　D. 4 个集线器的延迟

10. 路由选择协议位于（　　　）。

A. 物理层　　　　　B. 数据链路层　　　　C. 网络层　　　　D. 应用层

11. 具有隔离广播信息能力的网络互连设备是（　　　）。

A. 网桥　　　　　B. 中继器　　　　C. 交换器　　　　D. 路由器

12. 在电缆中屏蔽的好处是（　　　）。

A. 减少信号衰减　　　　　　　　B. 减少电磁干扰辐射

C. 减少物理损坏　　　　　　　　D. 减少电缆的阻抗

13. 不同的网络设备和网络互连设备实现的功能不同，主要取决于该设备工作在 OSI 的第几层，下列哪组设备工作在数据链路层（　　　）。

A. 网桥和路由器　　　　　　　　B. 网桥和集线器

C. 网关和路由器　　　　　　　　D. 网卡和网桥

14. 下列说法正确的是（　　　）。

A. 交换式以太网的基本拓扑结构可以是星形的，也可以是总线型的

B. 集线器相当于多端口中继器，对信号放大并整形再转发，扩充了信号传输距离

C. 路由器价格比网桥高，所以数据处理速度比网桥快

D. 划分子网的目的在于将以太网的冲突域规模减小，减少拥塞，抑制广播风暴

15. 用一个共享式集线器把几台计算机连接成网，这个网是（　　　）。

A. 物理结构是星形连接，而逻辑结构是总线型连接

B. 物理结构是星形连接，而逻辑结构也是星形连接

C. 实质上还是星形结构的连接

D. 实质上变成网状型结构的连接

16. 连接两个 TCP/IP 局域网要求什么硬件（　　　）。

A. 网桥　　　　　B. 路由器　　　　C. 集线器　　　　D. 以上都是

17. 在中继系统中，中继器处于（　　　）。

A. 物理层　　　　　B. 数据链路层　　　　C. 网络层　　　　D. 高层

18. 企业 Intranet 要与 Internet 互连，必需的互连设备是（　　　）

A. 中继器　　　　　B. 调制解调器　　　　C. 交换器　　　　D. 路由器

19. 下面不属于网卡功能的是（　　　）。

A. 实现数据缓存　　　　　　　　B. 实现某些数据链路层的功能

C. 实现物理层的功能　　　　　　D. 实现调制和解调功能

20. 下列哪种说法是正确的（　　　）。

A. 集线器可以对接收到的信号进行放大　　B. 集线器具有信息过滤功能

C. 集线器具有路径检测功能　　　　　　　D. 集线器具有交换功能

21. 将一台计算机接入 Internet，可以选用的价格最低的设备是（　　　）。

A. 中继器　　　　　B. 调制解调器　　　　C. 路由器　　　　D. 网关

22. 利用有线电视网上网，必须使用的设备是（　　　）。

A. Modem　　　　　B. Hub　　　　C. Bridge　　　　D. Cable Modem

23. 一台交换机的（　　　）反映了它能连接的最大结点数。

A. 接口数量　　　　　　　　　　B. 网卡的数量

C. 支持的物理地址数量      D. 机架插槽数

24. 以下哪个不是路由器的功能（　　　）。

A. 安全性与防火墙      B. 路径选择

C. 隔离广播      D. 第 2 层的特殊服务

25. 不属于快速以太网设备的是（　　　）。

A. 收发器    B. 集线器    C. 路由器    D. 交换器

26. 以太网交换器存在（　　　）。

A. 矩阵交换结构      B. 总线交换结构

C. 软件执行交换结构      D. 以上都是

27. 以太网交换机可以堆叠主要是为了（　　　）。

A. 将几台交换机堆叠成一台交换机      B. 增加端口数量

C. 增加交换机的带宽      D. 以上都是

28. 下面不是设备选型原则的是（　　　）。

A. 设备价格低廉      B. 设备技术先进

C. 设备售后服务      D. 生产厂商信誉

29. 路由器必须对 IP 合法性进行验证，如果 IP 数据包不合法，则（　　　）。

A. 要求重发      B. 丢弃

C. 不考虑      D. 接受，但入行错误统计

## 二、简答题

1. 路由器需要配 IP 地址吗？

2. 组建 LAN 时，要为 Hub 配 IP 地址吗？

3. 为何在网络中路由器通常比网桥有更长的时延？

4. 网络设备的分类情况如何？各自的作用又是什么？

5. 网络互连设备主要有哪些？请简要叙述其实现互连的层次及基本原理。

6. 简述网络接口卡的接口类型及所使用的传输介质。

7. 简述路由器的基本功能。

# 第 6 章

# 网络操作系统

**本章主要知识点**

❀ 网络操作系统的概念及特点。
❀ 典型的网络操作系统。

**学习本章应达到的能力目标**

❀ 了解 Windows Server 2003 的新特点和用途。
❀ 安装 Windows Server 2003 操作系统。
❀ 进行服务器的磁盘管理。

网络操作系统（Network Operating System，NOS）是网络的核心，是管理共享资源并提供多种服务及功能的系统软件，它是网络与用户之间的交流平台。本章主要介绍网络操作系统的基本功能和特征，重点介绍 Windows Server 2003 系列操作系统的功能、管理和服务，并对 UNIX 和 Linux 操作系统进行简单介绍。

## 6.1 网络操作系统概述

通过对前面章节的学习，已经了解到：集线器、交换机、路由器等设备是组建局域网的重要网络硬件；同时，这些硬件的工作必须依赖约定好的统一的或兼容的网络协议。如果一个操作系统可以安装或添加各种标准的网络协议，则称这是一个网络操作系统。

### 6.1.1 网络操作系统的概念

网络操作系统（NOS）用于管理网络的软、硬件资源，是向网络计算机提供网络通信和网络资源共享功能的操作系统，是网络的心脏和灵魂。网络操作系统一般被定义为："负责管理整个网络资源和方便网络用户的软件和规程的集合。"由于网络操作系统是运行在服务器之上的，所以有时人们也把它称之为服务器操作系统。

早期的网络系统，是在单机操作系统之上增加具有实现网络管理功能的模块。而随着计算机软、硬件技术的发展，各种不同类型的操作系统相互取长补短，它们之间的差异正逐渐缩小。一般来说，网络操作系统除了具有一般单机系统所具有的运算管理、存储管理、设备管理和文件管理功能外，还要提供对网络资源的管理、提供高效可靠的网络通信环境及为用户提供多种网络服务功能。而个人计算机安装的操作系统（如 Windows XP 系统）虽然不是专业的网络操作系统，但其功能定位不再局限为传统的单机系统，一般也具备接入网络的功能模块，也可以实现简单网络管理和资料共享。

目前常用的网络操作系统有 UNIX、Netware、Windows NT/2000/2003、Linux 等。

### 6.1.2 网络操作系统的功能

早期的网络操作系统，相互之间的互访能力非常有限，用户通常只能进行有限的数据传输，或运行诸如电子邮件之类的专门应用。发展到现在，不同的网络操作系统提供的功能有所不同，但是常用的网络操作系统一般都具有以下功能。

1）网络通信功能

局域网提供的通信服务主要有工作站与工作站之间的对等通信、工作站与网络服务之间的通信服务等功能。

2）网络文件服务和目录服务

文件服务是最重要与最基本的网络服务功能。文件服务器以集中方式管理共享文件，网络工作站根据规定的权限对文件进行读写及其他操作。

3）数据库服务

选择适当的网络数据库软件，依照客户服务器工作模式，开发出客户端与服务器端数据库应用程序，客户端通过 SQL 语言向服务器发送查询请求，服务器查询后将结果传送到客户端，优化了网络协同操作模式。

4）网络安全与访问控制

对用户进行访问权限的控制，保障网络的安全性和提高可靠的保密性服务。

5）网络系统管理和监控服务

网络操作系统可以提供网络性能分析、网络状态监控、存储管理等多种管理服务。

6）Internet 与 Intranet 服务

网络操作系统一般都支持 TCP/IP 协议，提供各种 Internet 服务，支持 Java 应用开发工具，所以局域网服务器很容易成为 Web 服务器。

### 6.1.3 网络操作系统的特征

一个典型的网络操作系统一般具有以下特征，如表 6-1 所示。

表 6-1 网络操作系统的特征

| 序号 | 特 征 | 描 述 |
|---|---|---|
| 1 | 与硬件无关 | 同一网络操作系统可以安装在不用的网络硬件上 |
| 2 | 多客户端、多用户支持 | 可以同时连接多个客户端，能同时支持多个用户对网络的访问 |
| 3 | 安全性与存取控制 | 对用户资源进行控制，并提供控制用户对网络访问的方法 |
| 4 | 网络管理 | 支持网络实用程序及其管理功能，如系统备份、安全管理和性能控制等 |

### 6.1.4 网络操作系统的工作模式

计算机网络中有两种基本的网络结构类型：对等网络和基于服务器的网络。因此，网络操作系统也主要采用以上两种工作模式。

从资源的分配和管理的角度来看，对等网络和基于服务器的网络最大的差异就在于共享网络资源是分散到网络的所有计算机上，还是使用集中的网络服务器。对等网络采用分散管理的结构，基于服务器的网络采用集中管理的结构，如图6-1所示。

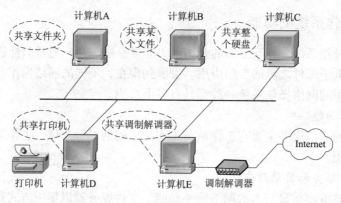

图6-1　对等网络的结构

**1. 对等网模式**

这种模式的主要特点如下所述。

（1）网络上的计算机平等地进行通信。

（2）每一台计算机都负责提供自己的资源（文件、目录、应用程序等，也可以是打印机、调制解调器或传真机等硬件），供网络上的其他计算机使用。

（3）每一台计算机还负责维护自己资源的安全性。

对等网络的优点如下所述。

（1）对等网络的结构简单，网络中对硬件的需求比较低。由于对等网络中的资源被分布到许多计算机中，因此不需要高端服务器，节省了网络成本。

（2）针对网络用户较少的网络，对等网络很容易安装和管理。每一台计算机都可以对本机的资源进行管理，如设置网络上其他用户可以访问的本地资源，以及设置访问密码等。管理网络的工作被分配给每台计算机的用户。

（3）对等网络并不需要使用网络操作系统，只要每台计算机安装有支持对等联网功能的操作系统，就可以实现对等网络。支持对等网络的操作系统有 Windows 95/98、Windows NT Workstation/2000 Professional/XP 等。

对等网络的缺点如下所述。

（1）用户计算机的性能受影响。

（2）网络的安全性无法保证。

（3）备份困难。

**2. 基于服务器的工作模式**

该模式使用一台高性能的计算机（服务器）用于存储共享资源，并向用户计算机分发文件和信息。网络资源由服务器集中管理，服务器控制数据、打印机以及客户机需要访问的其他资源，当客户机或工作站需要使用共享资源时，可以向服务器发出请求，要求服务器提供服务，如图6-2所示。

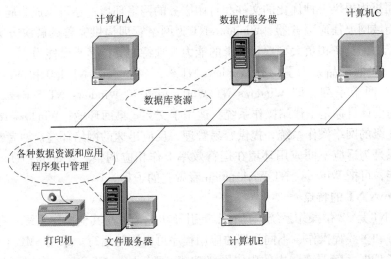

图 6 - 2　基于服务器的工作模式

基于服务器的工作模式的优点如下所述。

（1）易于实现资源的管理和备份。

（2）具有良好的安全性。

（3）具有较好的性能。

（4）可靠性较高。

# 6.2　Windows 系列操作系统

Windows 操作系统是 Microsoft（微软）公司的产品，它是视窗界面的图形操作系统。该类系统易于操作，功能强大，得到广大用户的青睐，成为目前计算机使用的主流操作系统。Windows 系列操作系统主要分为单机版和网络版两大系列，本章主要介绍网络版的 Windows 操作系统。

## 6.2.1　Windows NT 系统

### 1. Windows NT 的发展与功能

Windows NT 是 Microsoft（微软）公司基于 OS/2 NT 基础编制的。1993 年微软首次推出 Windows NT 3.1 系统。1994 年 9 月经过多次改进的 Windows NT 3.5 版推出，这是网络技术较为成熟的版本。Windows NT 4.0 系统于 1996 年 7 月推出，该操作系统具有单机版的操作系统 Windows 95 视窗环境的用户界面，方便灵活的系统与网络管理，备受广大用户欢迎，越来越多的计算机用户转向 Windows NT 4.0 系统，微软次年销售增长率达到了 150%，使得微软成为随后 10 年软件领域的领头羊。

Windows NT 的名称来自于"新技术（New Technology）"的英文缩写，它是一个 32 位的操作系统，是基于客户服务器模式而开发的多用户、多任务网络操作系统，也是一种面向分布式图形应用程序的完整的平台系统。Windows NT 既可作为局域网的网络服务器系统，为局域网上客户提供多种服务，为大型机构提供实时、分时数据处理功能；又可为工作组、商业企业等不同机构提供一种优化的文件和打印服务的网络环境；还可以成为局域网上的客户系统，访问局域网上任何服务器。Windows NT 为网络管理提供完善的解决方案，提供健全的安全保护能力，具备担负大型项目需求的能力和独特的支持多平台能力。

Windows NT 的产品系列主要有 Windows NT 3.5、Windows NT 4.0 和 Windows NT 5.0，每个版本都有两个系列，即 Windows NT Workstation 和 Windows NT Server，Windows NT Workstation 的设计目标是工作站操作系统，适用于交互式桌面环境；Windows NT Server 的设计目标是企业级的网络操作系统，提供容易管理、反应迅速的网络环境。两者在系统结构上完全一样，只是为适应不同应用环境在运行效率上作相应调整。Windows NT Server 具有更多的高级功能，可把 Windows NT Workstation 看做它的子集。

### 2. Windows NT 的特点

Windows NT 是 32 位操作系统，具有多重引导功能，可与其他操作系统共存实现了"抢先式"多任务和多线程操作，不同类型的应用程序可以同时运行。采用 SMP（对称多处理）技术，支持多 CPU 系统具有强大的内置网络功能。Windows NT Server 内置了强大的网络功能，包括所有必需的网络应用程序，增加许多驱动程序和协议组件，可与各种网络及网络操作系统实现互操作，对客户操作系统提供广泛支持。

Windows NT Server 是一个优化的文件、打印和应用程序服务器。具有强大的应用事务管理功能，如域控制管理、域委托、文件管理和打印服务，数据库服务、远程访问服务和系统容错等。

尽管 Windows NT 在兼容性、可靠性、移植性等方面表现突出，但是它的管理比较复杂，开发环境也不能令人满意。总之微软公司的 Windows NT 系统是一种先进的、有极好应用前景的网络操作系统，因而微软公司在其以后推出的各网络操作系统中均保留了 Windows NT 的内核及架构。

### 3. Windows NT 的网络模型

工作组模式：一种分布式资源和管理对等联网方案。多台机器组成一个组，组内各计算机地位平等，都可以做工作站和服务器，都拥有自己的账户。该模式联网容易，资源分散，易于共享，维护简单；该模式的缺点是工作站数目受限，资源管理困难。

域模式是一种资源集中管理和安全方案。域是 Windows NT 中目录服务的管理单元，它可包括多个服务器和工作站。根据 Windows NT 网络组建的规模和要求，域的模式可以包括单域模式、单主域模式、多主域模式及委托域模式等。

### 4. Windows NT 服务

Windows NT 的服务包含了目录服务、文件服务、共享打印服务、网络互连服务、远程通信服务和 Internet 服务等多种服务。

1）Windows NT 目录服务

Windows NT 目录服务是 Windows NTDS 提供的服务之一，即 Windows NT Directory Service（简写为 NTDS）。采用一个称为 Directory（目录）的数据库来保存用户、组及安全设置等方面的信息，实现网络集中化的管理。

2）共享打印服务

共享打印服务是指在网络中，客户端不需要安装打印机及驱动程序，只使用打印服务器上的驱动程序即可进行打印，从而提高硬件资源的利用率和减少办公网络费用的支出。

3）Internet 服务

Internet 服务主要包括 Web 服务、FTP 服务、E-mail 服务等，这些服务通常采用功能组件的形式来实现。Internet 服务是 Windows NT 提供的增值功能。

## 6.2.2 Windows 2000 Server 系统

1999 年微软公司推出基于 NT 核心架构的新一代操作系统——Windows 2000。Windows 2000 与 Windows NT 系统相比在许多方面都作了较大的改进，在功能、安全及可操作性等方面都有不俗的表现。目前该操作系统有许多版本，分别应用于不同的场合，它们是 Windows 2000 Datacenter Server、Windows 2000 Advanced Server、Windows 2000 Server 和 Windows 2000 Professional。

Windows 2000 系列操作系统继承了 Windows NT 的高性能，并融入了 Windows 98 易操作的特点，同时又增加许多新的特性，如 Windows 2000 使用了活动目录、分布式文件系统、磁盘管理与智能镜像技术、管理咨询等新技术，Windows 2000 具备了强大的网络功能。

### 1. 活动目录

活动目录服务是 Windows 2000 中新增的功能之一，是一种安全可扩展的层次型目录服务，它将网络中各种对象组织起来进行管理，加强了网络的安全性，同时便于用户对网络的管理、查找和使用网络信息。通过活动目录，用户可以对用户和计算机、域和信任关系以及站点和服务进行管理。活动目录采用 DNS 域名作为定位服务，将目录信息采用逻辑分层的组织结构，形如树和森林一样。

域（Domain）是 Windows 2000 目录服务的基本管理单位，但增加了许多新的功能。域模式提供单一的网络登录能力，任何用户只要在域中有一个账户，就可以登录、漫游网络。在 Windows 2000 中，域中所有域控制器都是平等的，不再区分主域控制器和备份域控制器，这主要是因为 Windows 2000 采用了动态活动目录服务，在进行目录复制时不是沿用一般目录服务的主从方式，而是采用多主复制方式。另外，Windows 2000 也不再划分全局组和本地组，组内可以包含任何用户和其他组账户，而不管它们在域目录树的什么位置，这样就有利于用户对组进行管理。

Windows 2000 动态目录服务的另一大特点是把 DNS 作为其定位服务，增强其与 Internet 的融合。为了克服 DNS 管理难度大的缺点，Windows 2000 将 DNS 与其特有的 DHCP 和 WINS 紧密配合，同时支持动态 DNS，从而使 DNS 管理变得更加方便。另外，Windows 2000 广泛地支持标准的命名规则。

为了扩展的需要，Windows 2000 动态目录服务内置了目录访问 C 语言、动态目录组件、开放服务信息处理等 API 接口，为目录服务的应用和开发提供了强大的工具。在向上发展的同时，Windows 2000 也向下兼容，Windows NT 和旧的 BackOffice 系统可以很容易融进 Windows 2000 动态活动目录，或者直接升级到 Windows 2000 系统。

### 2. 分布式文件系统

分布式文件系统（DFS）是 Windows 2000 中使用的新技术，它可以实现多台服务器上的不同逻辑磁盘分区或卷标组合在一起使用，像一个完整的逻辑驱动器，在服务器或共享区上实现文件系统对磁盘所做的各种操作，能对基本相同的存储区进行一致性存取。

DFS 解决了一个磁盘分区总是以一个逻辑驱动器方式存在的结构，在复杂的环境中，解决了驱动器命名的限制问题。

分布式文件系统具有如下特点。

（1）文件系统的内容可遍布单位的所有服务器。

（2）增加了灵活性和可伸缩性。

（3）只包括只读文件的目录，可获得较好的容错性。

（4）允许在文件结构内平等合并非 Windows NT 服务器的共享区。

### 3. 管理咨询

Windows 2000 中采用 Microsoft 管理控制台（Microsoft Management Console，MMC）来对服务器和用户进行管理，这种新的管理方式更加方便和便于一般管理人员的操作管理控制台，是一个框架系统，它是以前所有管理系统的集合。任何一种管理操作都在控制台中显示与完成，各种功能的插件以树状结构进行组织，它包括管理员执行特定任务所需要的工具与信息。MMC 中各模块都可以树状结构显示在窗口中，便于管理员的操作和执行。

MMC 的兼容性好，可以启用其他管理系统，也可被调用创建指向可执行文件、脚本或URL 的快捷方式，同时还能融于 HP Open View（HP 公司开发的开放型网络管理系统）管理工具中。MMC 不依赖任何协议和底层资源，管理员可以根据自行需要或不同的任务进行安装或加载不同的管理平台。

### 4. 智能镜像技术

智能镜像是 Windows 2000 中易用性能中的重要组成部分，它实际上是一组为桌面更改和配置管理设置的 Windows 2000 特有的强大特性，它包括远程安装、用户数据管理、应用软件管理和用户设置管理 4 个方面。通过 Windows 2000 中彻底分离用户数据和机器数据的技术手段，智能镜像使管理员把精力集中在管理使用计算机的用户，使得用户的数据管理和用户的计算机设置管理，可以紧随该用户。例如，在网络环境中，一个用户在办公室中的计算机上登录网络，并设置了自己的桌面及其他个人配置，此用户在其他计算机上登录网络后就可以看到自己熟悉的桌面，而不需要用户重新设置。

## 6. 2. 3　Windows Server 2003 系统

Windows Server 2003 是继 Windows XP 后微软发布的一个最新版本，起初名称为 Windows Net Server 2003，2003 年 1 月 9 日正式改名为 Windows Server 2003。虽然名称沿袭了 Windows 家族的习惯用法，但是 Windows Server 2003 内核程序和它提供的内核服务与 Windows 2000/XP 相比有本质的区别。与 Windows 2000 相比，Windows 2003 的整体性能提高了 10% ～ 20%。Windows Server 2003 继承了 Windows 2000 的所有版本，并增加了针对 Web 服务优化的 Windows 2003 Web 版。

Windows Server 2003 更优于 Windows 2000 Sever 的方面主要有如下几项。

1）支持 . NET

相对于 Windows 2000 Server 而言，Windows Server 2003 不但在安全性、可靠性、可用性及可伸缩性上加以改进，而且还支持连接 Windows NET 的核心功能。因此，Windows Server 2003 也被称做 Windows NET Sever 2003。

2）更高的稳定性和安全性

Windows Sever 2003 可支持多达 8 个服务器集群结点，提高了文件系统使用和终端服务的性能；提供了维护内部数据和应用程序的安全机制；还提供注册加密密钥功能，通过身份识别来加强安全性；通过活动目录可以有条理地管理和保护企业各种资源和信息。

3）更方便管理并降低了维护成本

Windows Server 2003 内置的各种管理工具不但在一定程度上降低了企业的维护成本，而且使得使用和管理更加和谐统一，为系统管理员提供了友好的界面，其自动管理功能更减轻了系统维护的工作压力。

4）更多技术更新和创新

Windows Server 2003 在以往 Windows 操作系统的基础上在活动目录、文件服务、网络服务、打印服务、应用程序服务、IIS 服务、终端服务以及多媒体服务等各方面都作了不同程度的改进，新增的域更名工具、跨机信任关系和验证机制、卷影服务、网络负载平衡等更使 Windows Server 2003 优于以往的 Windows 产品。

Windows Server 2003 为适应不同用户的需求推出了 4 个版本，其特点分别介绍如下。

**1. Windows Server 2003 标准版**

标准版是为小型企业和部门使用而设计的，在打印共享、Internet 的安全连接、集中式安装部署等方面有突出表现。该版本提供的主要高级功能包括以下几项。

（1）Internet 连接共享和验证服务（IAS）。

（2）支持 4 路的对称多处理器（Symmetrical Multi-Processing，SMP）。

（3）支持 4 GB 的最大内存。

**2. Windows Server 2003 企业版**

该版本有 32 位和 64 位两个版本，是大中型企业的首选，非常适合作为数据库服务器、电子商务网站服务器、文件和打印服务器以及客户/服务器（Client/Server）架构。该版本提供的高级功能主要包括如下几项。

（1）支持 8 结点的服务器集群。

（2）支持 8 路的对称多处理器（SMP）。

（3）32 位版本支持 32 GB 内存，64 位版本支持 64 GB 内存。

**3. Windows Server 2003 数据中心版**

该版本是功能最强大的版本，是应企业运行大负载、关键性应用需要而设计的，具有非常强的可伸缩性、可用性和高度的可靠性，也有 32 位和 64 位两个版本，它在硬件、软件和服务等方面提供更统一的支持。其主要高级功能包括如下几项。

（1）支持 8 结点的服务器集群。

（2）支持 32 路的对称多处理器（SMP）。

（3）32 位版本支持 64 GB 内存，64 位版本支持 512 GB 内存。

**4. Windows Server 2003 Web 版**

Web 版是专用作 Web 服务器而设计的操作系统，主要是作为 IIS6 的服务器使用，用于生成并承载 Web 应用程序、Web 页和 XML Web 服务。在 Web 版服务器上无法进行集群，无法运行活动目录（Active Directory），但可以把它作为 Active Directory 域的成员服务器。该版本提供的高级功能主要包括以下几项。

（1）网络基本构架功能。

（2）支持 2 路的对称多处理器（SMP）。

（3）支持 2 GB 最大内存（64 位）。

Windows Server 2003 不同版本的主要性能的比较，如表 6－2 所示。

表 6－2　Windows Server 2003 不同版本的主要性能的比较

| 性能 | 标准版 | 企业版 | 数据中心版 | Web 版 |
| --- | --- | --- | --- | --- |
| 支持 64 位 CPU | 否 | 是 | 是 | 否 |
| 技能内存量 | 4 GB | 32 GB/32 位 64 GB/64 位 | 64 GB/32 位 512 GB/64 位 | 2 GB |
| SMP CPU 数 | 4 | 8 | 32 | 2 |
| 集群服务 | 否 | 是（8 结点） | 是（8 结点） | 否 |
| 网络负载平衡 | 是 | 是 | 是 | 是 |
| Internet 共享 | 是 | 是 | 是 | 否 |
| 活动目录 | 是 | 是 | 是 | 否 |
| IIS 6.0 | 是 | 是 | 是 | 是 |
| ASP. NET | 是 | 是 | 是 | 是 |

## 6.2.4　Windows Server 2008 系统

2008 年 2 月，微软正式发布了新一代服务器操作系统 Windows Server 2008。作为 Windows Server 2003 的换代产品，Windows Server 2008 的改变很大，它对构成 Windows Server 产品的内核代码库进行了根本性的修订。

使用 Windows Server 2008，IT（Information Technology，信息技术）专业人员能够更好地控制服务器和网络基础结构，从而可以将精力集中在处理关键业务需求上。增强的脚本编写功能和任务自动化功能（例如，Windows Power Shell）可帮助 IT 专业人员自动执行常见 IT 任务。通过服务器管理器进行的基于角色的安装和管理简化了在企业中管理与保护多个服务器角色的任务。服务器的配置和系统信息是从新的服务器管理器控制台这一集中位置来管理的。IT 人员仅安装需要的角色和功能，向导就会自动完成许多费时的系统部署任务。增强的系统管理工具（例如，性能和可靠性监视器）提供有关系统的信息，在潜在问题发生之前向 IT 人员发出警告。

Windows Server 2008 提供了一系列新的、改进的安全技术，这些技术增强了对操作系统的保护，为企业的运营和发展奠定了坚实的基础。Windows Server 2008 提供了减小内核攻击面的安全创新（例如，PatchGuard），因而使服务器环境更安全、更稳定。通过保护关键服务器服务使之免受文件系统、注册表或网络中异常活动的影响，Windows 服务强化有助于提高系统的安全性。借助网络访问保护（NAP）、只读域控制器（RODC）、公钥基础结构（PKI）增强功能，Windows 服务强化、新的双向 Windows 防火墙和新一代加密支持，Windows Server 2008 操作系统的安全性也得到了增强。

Windows Server 2008 的设计允许管理员修改其基础结构来适应不断变化的业务需求，同时保持了此操作的灵活性。它允许用户从远程位置（如远程应用程序和终端服务网关）执行程序，这一技术为移动工作人员增强了灵活性。Windows Server 2008 使用 Windows 部署服务（WDS）加速对 IT 系统的部署和维护，使用 Windows Server 虚拟化（WSV）帮助合并服务器。对于需要在分支机构中使用域控制器的组织，Windows Server 2008 提供了一个新配置选项——只读域控制器（RODC），它可以防止在域控制器出现安全问题时暴露用户账户。

从 Windows 被研发出来以来，安全问题就一直困扰着微软公司，尤其近几年，随着越来越多的人联网，越来越多的漏洞被发现。事实上，每月的系统补丁发布就是针对设计不够严密的结果。这些类型的缺陷是微软公司希望在 Windows Server 2008 系统中能够避免的。

Windows Server 2008 进行了很多更新，包括提高了进入内核的层级数目，分开服务以降低缓冲器超载的可能，同时减少高风险特权层以减少受攻击层面的规模。

Windows Server 2008 与 Windows Server 2003 相比，总体来说是一款功能更强大并且可靠性更好的产品。其易管理性、安全性能、可靠性和效率都是开发组关注的，他们努力的结果是开发出了一款连接紧密、标准统一的操作系统。这一操作系统建立在坚实的基础之上，又着眼于未来技术，并且运行安全可靠，因此对企业来说是一个好的选择。

# 6.3 Windows 2003 服务器安装

## 6.3.1 安装 Windows Server 2003 前的准备工作

### 1. 安装 Windows Server 2003 的系统需求

安装 Windows Server 2003 前除了要选择正确的版本外，还需要确认计算机是否满足安装的最低要求，表 6 - 3 列出了不同版本的最低系统要求。

表 6 - 3 Windows Server 2003 各版本的最低要求

| 最低的系统要求 | 标准版 | 企业版 | 数据中心版 | Web 版 |
| --- | --- | --- | --- | --- |
| CPU 速度 | 133 MHz<br>推荐 550 MHz 以上 | 133 MHz/x86<br>733 MHz/Itanium<br>推荐 733 MHz 以上 | 400 MHz/x86<br>733 MHz/Itanium<br>推荐 733 MHz 以上 | 133 MHz<br>推荐 550 MHz 以上 |
| RAM | 128 MB<br>推荐 256 MB 以上 | 128 MB<br>推荐 256 MB 以上 | 128 MB<br>推荐 256 MB 以上 | 128 MB<br>推荐 256 MB 以上 |
| 磁盘空间 | 1.5 GB | 1.5 GB | 2.0 GB | 2.0 GB |
| 其他要求 | CD - ROM、键盘、鼠标、800×600 像素显示器、网卡 | | | |

### 2. 检查硬件的兼容性

硬件需求是指对硬件性能的要求，硬件兼容性测试则是硬件对于将要安装的 Windows Server 2003 而言的可用性测试。在安装 Windows Server 2003 之前，应该查看硬件兼容性列表（Hardware Compatibility List，HCL）。

Windows Server 2003 支持大多数的最新硬件设备，安装过程中会自动监测硬件兼容性，并报告潜在的冲突。自动运行 Windows Server 2003 安装光盘，选择【检查系统兼容性】选项，在如图 6 - 3 所示的 Windows Server 2003 初始安装界面上选择【自动检查我的系统】选项或者访问有关 Windows Server 2003 支持的硬件列表的网站。如果有不在列表中的硬件设备，可在网上获取驱动程序。

图 6 – 3　Windows Server 2003 初始安装界面

**3. 选择安装方法**

Windows Server 2003 可以有几种不同的安装方法，主要是根据安装程序所在的位置、原有的操作系统等进行分类的。

1）从 CD – ROM 启动开始全新安装

这种安装方式是最常见的。如果计算机上没有安装有 Windows Server 2003 以前版本的 Windows 操作系统（例如，Windows 2000 Server 等），或者需要把原有的操作系统删除时，这种方式很合适。

2）在运行 Windows 98/NT/2000/XP 的计算机上安装

如果计算机上已经安装了 Windows Server 2003 以前版本的 Windows 操作系统，再安装 Windows Server 2003 可以实现双系统。通常用于需要 Windows Server 2003 和原有的系统并存的情形。

3）从网络进行安装

这种安装方式是安装程序不在本地的计算机上，事先在网络服务器上把 CD – ROM 共享出来或者把 CD – ROM 的 I 386 目录复制到服务器上再共享出来，然后使用共享文件夹下的 Winnt 32. exe 开始安装。这种方式适合于需要在网络中安装多台 Windows Server 2003 的场合。

4）通过远程安装服务器进行安装

要实现远程安装则需要一台远程安装服务器，可以把一台已经安装好 Windows Server 2003 和各种应用程序并且做好了各种配置的服务器上的系统做成一个映像文件，把该文件放在远程安装服务器（RIS）上。客户机通过网卡和软盘启动，从 RIS 上开始安装。

5）无人值守安装

在安装 Windows Server 2003 的过程中，通常要回答 Windows Server 2003 的各种信息，例如，计算机名、文件系统分区类型等，管理员不得不在计算机前等待。无人值守安装是事先配置一个应答文件（unattend. txt），在文件中保存了安装过程中需要输入的信息，让安装程序从应答文件中读取所需的信息，这样管理员就无须在计算机前等待着输入各种信息。

6）升级安装

如果原来的计算机已经安装了 Windows Server 2003 以前版本 Windows Server 软件，可以在不破坏以前的各种设置和已经安装的各种应用程序的前提下对系统进行升级。这样可以大大减少重新配置系统的工作量，同时可保证系统过渡的连续性。

## 6.3.2　安装 Windows Server 2003

本节将介绍常用的从光盘启动计算机开始全新安装和升级安装 Windows Server 2003 的方法和步骤。

### 1. 从光盘启动计算机开始全新安装 Windows Server 2003

1）蓝屏安装阶段

（1）将计算机的 BIOS 设置为从 CD - ROM 启动，将 Windows Server 2003 安装光盘放入光驱，重新启动计算机，并单击【Enter】键从 CD - ROM 启动，弹出【Windows Setup】初始安装界面，并将 Windows Server 2003 核心程序、安装时所需要的文件等加载到内存中，加载完成后，出现如图 6 - 4 所示的安装选择界面。

（2）在如图 6 - 4 所示的界面中，选择【要现在安装 Windows，请单击 Enter 键】选项，在【Windows 授权协议】窗口中单击【F8】键，进入选择安装磁盘分区窗口，如图 6 - 5 所示。在该界面中可以对磁盘进行重新分区或者创建新的分区。要创建新的分区，选择【未划分的空间】选项后单击【C】键，在弹出的窗口中，输入分区的大小后单击【Enter】键，可依次创建多个分区。

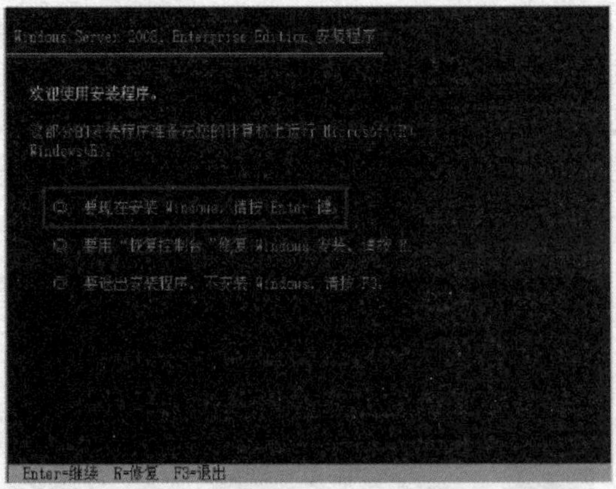

图 6 - 4　Windows Server 2003 初始安装选择界面 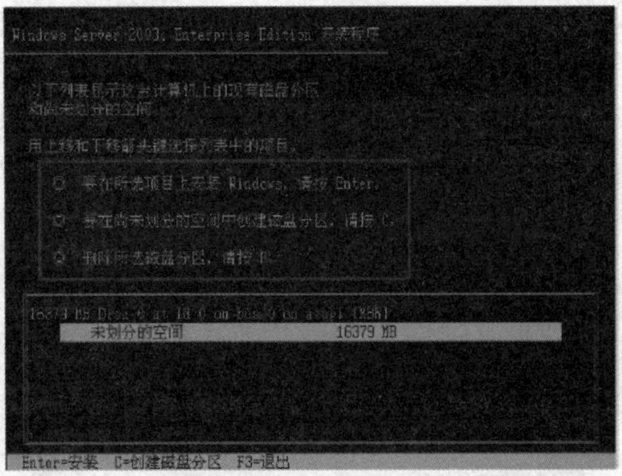　　图 6 - 5　选择磁盘分区界面

（3）划分分区后，选择 Windows 要安装的分区，单击【Enter】键，弹出如图 6 - 6 所示的界面。选择分区的类型，即文件系统的格式。该步骤是非常重要的一个步骤。所谓文件系统格式是操作系统用来存放文件的一种组织形式，常用的有 FAT、NTFS 两种格式，不同的文件系统具有不同的性能和结构，这里选择 NTFS 文件系统格式。

（4）格式化完分区后，安装程序开始复制文件到磁盘上，并自动重新启动计算机。

2）图形化安装阶段

（1）计算机重新启动后，安装程序开始检测计算机硬件配置，依次完成收集信息、动态更新、准备安装、安装 Windows Server 2003 等步骤。在弹出的【您的产品密钥】对话框中，输入产品序列号，如图 6 - 7 所示。单击【下一步】按钮。

图 6 - 6　选择分区文件系统为 NTFS 格式

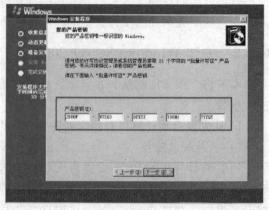

图 6 - 7　【您的产品密钥】对话框

（2）在【授权模式】对话框中，选择授权模式。Windows Server 2003 有两种不同的授权模式，"每服务器" 和 "每设备或每用户"。选择【每服务器，同时连接数】选项，表示许可证的数量决定了可以同时连接到服务器的客户数量。选择【每设备或每用户】选项，表示许可是为每一用户购买的，有许可的用户可以合法访问企业中的任何一台服务器，不需要考虑用户同时访问多少台服务器，该模式适用于企业中有多台 Windows Server 2003 服务器，并且用户机同时访问服务器的情况。如图 6 - 8 所示，例如，200 个用户都同时要访问 Server1 和 Server2，如果采用 "每服务器" 模式，Server1 和 Server2 都需有 200 个许可，共 400 个；采用 "每设备或每用户模式" 时，只要为 200 个用户购买许可，共 200 个用户在这里选择 "每服务器" 授权模式，可将同时连接数改为100，如图 6 - 9 所示。单击【下一步】按钮。

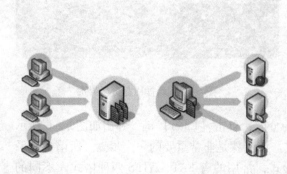

图 6 - 8　授权模式示意图

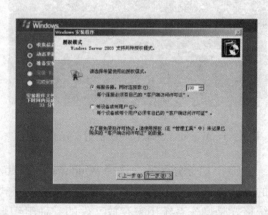

图 6 - 9　【授权模式】对话框

**注意：**如果在这里选择【每服务器，同时连接数】单选项，今后还可以进行模式的转换，如果选择了【每设备或每用户】单选项，则无法转换。

（3）在接下来的一系列窗口中，分别输入计算机名称和系统管理员密码、系统的日期和时间，并安装 Windows 的一些服务组件。

（4）在【网络设置】对话框中，可以选择【自定义设置】和【典型设置】单选项，选择【自定义设置】单选项可以设置 IP 属性等信息，这里先选择【典型设置】单选项，如图 6 - 10 所示。单击【下一步】按钮，弹出如图 6 - 11 所示对话框，选择该服务器所在工作组或域，这里选择第一项，则该服务器是工作组 WORKGROUP 中的一员，即组成对等网。如果选择第二项，该机将成为域中的一员，即组成集中式网络（域模式）。

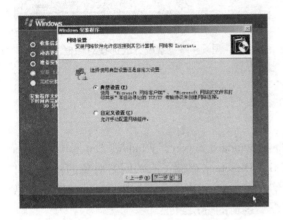　　　　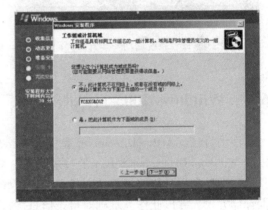

图 6 - 10　【网络设置】对话框　　　　图 6 - 11　【工作组或计算机域】对话框

（5）安装程序开始进行安装，通常需要十几分钟，安装完成后，计算机将自动重新启动。至此 Windows Server 2003 的安装基本完成。

**2. 升级安装**

升级到 Windows Server 2003 可以保留原有系统的各种配置，如用户名和密码、文件权限、原有的应用程序等，因此通常升级安装会比安装全新的 Windows Server 2003 后再重新设置的工作量要少得多。但升级时有可能一些硬件和软件无法在 Windows Server 2003 下使用，所以在升级之前要作兼容性检查。由于升级是一个可能对系统造成破坏的过程，所以强烈建议在升级之前对原有系统作完整的备份，备份应包括各种配置文件、系统分区和启动分区等。

要升级到 Windows Server 2003，首先启动原有的系统（Windows NT 4.0 Server 或 Windows 2000 Server），将 Windows Server 2003 安装光盘放入光驱，系统会启动安装选择界面，如图 6 - 12 所示，选择【安装 Windows Server 2003，Enterprise Edition（I）】选项，弹出如图 6 - 13 所示对话框，然后选择【升级（推荐）】选项，单击【下一步】按钮开始安装，其余步骤和从光盘全新安装的步骤类似。

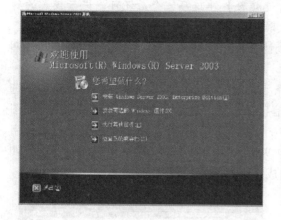

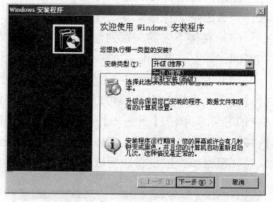

图 6 - 12　系统启动安装升级界面　　　　　　　图 6 - 13　系统升级选择对话框

# 6.4　Windows 2003 目录服务

活动目录（Active Directory）是面向 Windows Standard Server、Windows Enterprise Server 以及 Windows Datacenter Server 的目录服务。Active Directory 存储了有关网络对象的信息，并且让管理员和用户能够轻松地查找和使用这些信息。Active Directory 使用了一种结构化的数据存储方式，并以此作为基础对目录信息进行合乎逻辑的分层组织。

Microsoft Active Directory 服务是 Windows 平台的核心组件，它为用户管理网络环境各个组成要素的标识和关系提供了一种有力的手段。

## 6.4.1　活动目录的基本概念

**1. 域**

域是一组相互之间有逻辑关系（工作关系）的计算机、用户和组对象的集合。这些对象共享共用目录数据库、安全策略以及与其他域之间的安全关系。

域中的计算机与它的物理位置无关，只要它们是互连的就行。

一个域中必须有一台域控制器或和若干台客户机。为了提高性能并加强容错，一个域中也可有多台域控制器，如图 6 - 14 所示。一个域中的多台域控制器之间会自动复制活动目录信息，即一个域中多台域控制器内的活动目录信息是相同的。

**2. 域树**

域树由多个域组成层次结构，这些域共享同一表结构和配置，形成一个连续的名称空间。树中的域通过信任关系连接起来，活动目录包含一个或多个域树。

域树中的第一个域称为根域。相同域树中的其他域称为子域。相同域树中直接在另一个域上层的域称为子域的父域。域树中的域层次越深级别越低，一个“.”代表一个层次，如域 xxxy. GDCP. net 就比 GDCP. net 这个域级别低，因为它有两个层次关系，而 GDCP. net 只有一个层次。而域计算机 jsj. xxxy. GDCP. net 又比 xxxy. GDCP. net 级别低，道理一样。它们都属于同一个域树。xxxy. GDCP. net 就属于 GDCP. net 的子域。如图 6 - 15 所示。

图 6 – 14 一个域中的域控制器与客户机

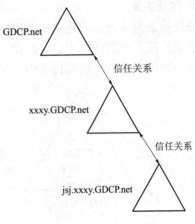

图 6 – 15 域树

### 3. 域林

域林是双向可靠传递信任连接的一个或多个 Windows Server 2003 的域树的集合，如图 6 – 16 所示。

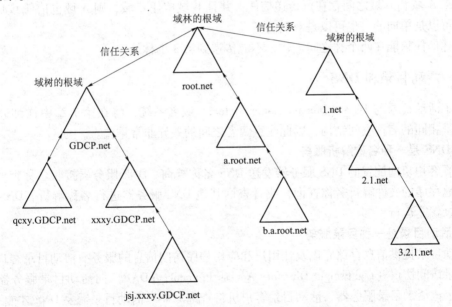

图 6 – 16 域林

域林中的域树间不形成连续的名称空间。构建域林主要用于两个不同单位的合并，这样既可以使两个单位原有的资源不改变，又可以使两个单位的资源进行整合。

域林都有根域，它是域林中创建的第一个域。域林根域的名字不能改变，因为它与域树根域有信任关系。

域林中的所有域共用一个公共配置、架构（Schema）和全局编录（Global Catalog，GC）。

**4. 信任关系**

信任关系是在域之间建立的逻辑关系，以便允许通过身份验证。其中信任域负责受信任域的登录验证。受信任域中定义的用户账户和全局组可以获得信任域的权利和权限，即使该用户账户或组不在信任域的目录中。如图 6 – 17 所示。

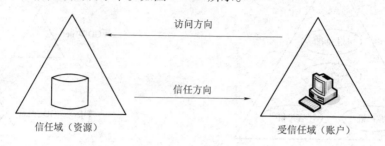

图 6 – 17　域信任关系

双向信任是两个域之间的信任关系，在该关系中，两个域互相信任。所有父子信任都是双向信任。

可传递信任是在整个组域间流通，并在域和信任该域的所有域之间形成的信任关系。例如，如果 A 域和 B 域之间存在可传递信任，并且 B 域信任 C 域，则 A 域也信任 C 域。可传递信任可以是单向的，也可以是双向的。

域林信任只能在两个林之间创建，不能传递到第 3 个林。

## 6.4.2　活动目录和 DNS

由于活动目录与 DNS（Domain Name System，域名系统，将在第 7 章中详细介绍）集成，共享相同的名称空间结构，因此注意两者之间的差异非常重要。

**1. DNS 是一种名称解析服务**

DNS 客户机向配置的 DNS 服务器发送 DNS 名称查询。DNS 服务器接收名称查询，然后通过本地存储的文件解析名称查询，或者查询其他 DNS 服务器进行名称解析。DNS 不需要活动目录就能运行。

**2. 活动目录是一种目录服务**

活动目录提供信息存储库以及让用户和应用程序访问信息的服务。活动目录客户使用轻量级目录访问协议（Lightweight Directory Access Protocol，LDAP）向活动目录服务器发送查询。要定位活动目录服务器，活动目录客户机将查询 DNS。活动目录需要 DNS 才能工作。

即活动目录用于组织资源，而 DNS 用于查找资源；只有它们共同工作才能为用户或其他请求类似信息的过程返回信息。DNS 是活动目录的关键组件，如果没有 DNS，活动目录就无法将用户的请求解析成资源的 IP 地址。

## 6.4.3　活动目录中的组织单位

域中的对象组织单位（Organizational Unit，OU）是某种特定对象类型的资源的集合，它是基于资源的角度来考虑问题，和目录服务的宗旨吻合，是 Windows Server 2003 所提倡的。活动目录中的组织单位以域为边界。

组织单位是活动目录容器，可以将用户、组、计算机和其他组织单位放入其中。

可以创建组织单位以反映单位的职能机构和业务机构。每个域都可以实现其自己的组织单位层次结构。如果某单位有几个域，在每个域中创建的组织单位结构可以与其他域中的结构相互独立。

## 6.4.4　活动目录用户和计算机

用户账户是指由定义 Windows Server 2003 用户的所有信息组成的记录，它包括用户登录所需要的用户名、密码、用户账户具有成员关系的组，以及用户使用计算机和网络及访问它们的资源的权利和权限。对于 Windows Server 2003 域控制器，用户账户即域用户账户，受 Active Directory 用户和计算机管理。

## 6.4.5　Windows 2003 活动目录安装

### 1. 安装 DNS

首先要安装 DNS，在控制面板中选择【添加/删除程序】→【Windows 组件】选项。安装后，不要建立新的域名，因为活动目录需要在域中建立 SRV 资源记录。如果手动建立，非常麻烦，所以建议在安装 AD 时自动建立。

### 2. 安装 AD

单击【开始】→【运行】选项，输入 dcpromo。单击【确定】按钮，然后就会弹出活动目录安装向导，如图 6－18 所示。

单击【下一步】按钮，进行 AD 安装向导的第 2 步，如图 6－19 所示。

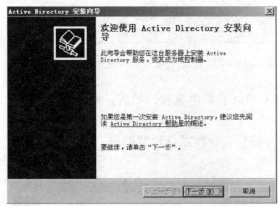

图 6－18　活动目录安装向导之第 1 步

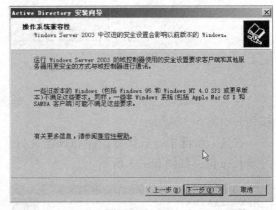

图 6－19　活动目录安装向导之系统兼容性

这一步，提示用户操作系统兼容性。单击【下一步】按钮，进行 AD 安装的第 3 步，如图 6－20 所示。

在这一步骤中，让用户选择域控制器的类型，新建一个域，选择【新域的域控制器】单选项，然后单击【下一步】按钮，进行 AD 安装的第 4 步，如图 6－21 所示。

在这一步骤中，要选择新域的类型，默认选择【在新林中的域】单选项，如果是新安装，当然应该选择该项，然后单击【下一步】按钮，如图 6－22 所示。

在这一步骤中，填写新域的名称。然后，单击【下一步】按钮，如图 6－23 所示。

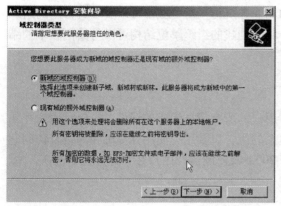

图 6-20　活动目录安装向导之域控制器类型

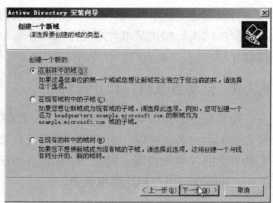

图 6-21　活动目录安装向导之创建一个新域

图 6-22　活动目录安装向导之新的域名

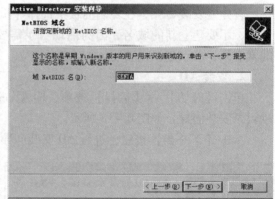

图 6-23　活动目录安装向导之 NetBIOS 域名

　　在这一步骤中，填写 NetBIOS 域名，是为了和以前版本兼容，然后，单击【下一步】按钮，如图 6-24 所示。

　　在这一步骤中，选择数据库和日志文件保存的位置，按默认设置即可。然后单击【下一步】按钮，如图 6-25 所示。

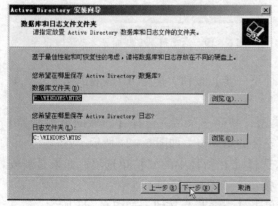

图 6-24　活动目录安装向导之文件夹选择

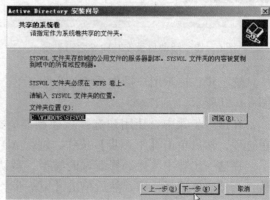

图 6-25　活动目录安装向导之共享的系统卷

选默认文件夹，单击【下一步】按钮，如图 6－26 所示。

在这一步骤中，是对 DNS 诊断，由于尚未配置 DNS，所以说诊断有误，不用担心，AD 安装向导会自动配置好，然后单击【下一步】按钮，如图 6－27 所示。

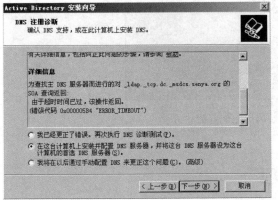

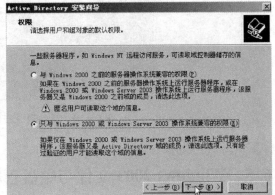

图 6－26　活动目录安装向导之 DNS 注册诊断　　　　图 6－27　活动目录安装向导之权限

在这一步骤中，对权限按默认即可。然后，单击【下一步】按钮，如图 6－28 所示。

在这个步骤中，输入目录服务还原模式密码，然后，单击【下一步】按钮，如图 6－29 所示。

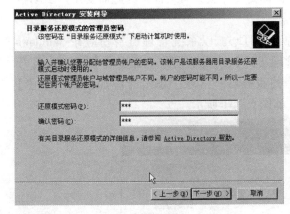

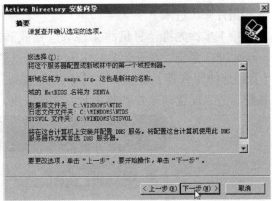

图 6－28　活动目录安装向导之目录　　　　　　图 6－29　活动目录安装向导之摘要
　　　　服务还原模式的管理员密码

在这个步骤中，显示刚才的配置摘要。单击【下一步】按钮，系统就开始布置活动目录了。如图 6－30 所示。

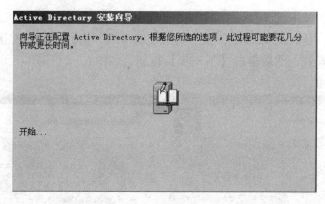

图 6 – 30　活动目录安装向导之配置活动目录

# 6.5　Windows 2003 文件与磁盘管理

## 6.5.1　Windows 2003 文件服务

文件服务是局域网中最常用的服务之一，从 Windows NT 系统开始，随着 Windows Server 系统家族的不断升级换代而保留至今。在局域网中搭建文件服务器以后，可以通过设置用户对共享资源的访问权限来保证共享资源的安全。

**1. 安装 Windows Server 2003 文件服务器组件**

默认情况下 Windows Server 2003 系统并没有安装文件服务器组件，因此需要用户手动将这些组件添加进来。

第 1 步，先将计算机的文件分区格式转换成 NTFS。以系统管理员身份登录 Windows Server 2003 系统，在开始菜单中依次选择【管理工具】→【管理您的服务器】选项，打开【管理您的服务器】窗口。在【添加角色到您的服务器】区域中单击【添加或删除角色】按钮，进入配置向导并单击【下一步】按钮，如图 6 – 31 所示。

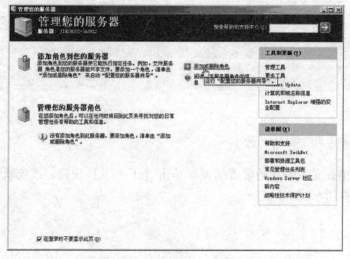

图 6 – 31　"管理您的服务器"窗口

第 2 步，配置向导完成网络设置的检测后，如果是第一次使用该向导，则会进入服务【配置选项】对话框。选中【自定义配置】单选项，并单击【下一步】按钮，如图 6－32 所示。

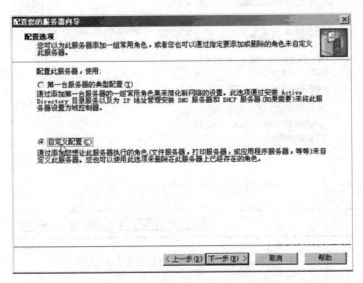

图 6－32　服务【配置选项】对话框

第 3 步，打开【服务器角色】对话框，在【服务器角色】列表中选中【文件服务器】选项，并单击【下一步】按钮，如图 6－33 所示。

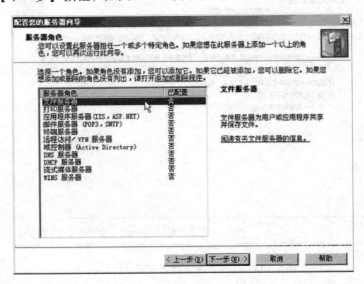

图 6－33　【服务器角色】对话框

第 4 步，在打开的【文件服务器磁盘配额】对话框中选中【为此服务器的新用户设置默认磁盘空间配额】复选项，并根据磁盘存储空间及用户实际需要在【将磁盘空间限制为】和【将警告级别设置为】文本框中输入合适的数值（如 500）。另外，选中【拒绝将磁盘空间给超过配额限制的用户】复选项，可以禁止用户在其已用磁盘空间达到限额后向服务器写入数据。单击【下一步】按钮，如图6－34所示。

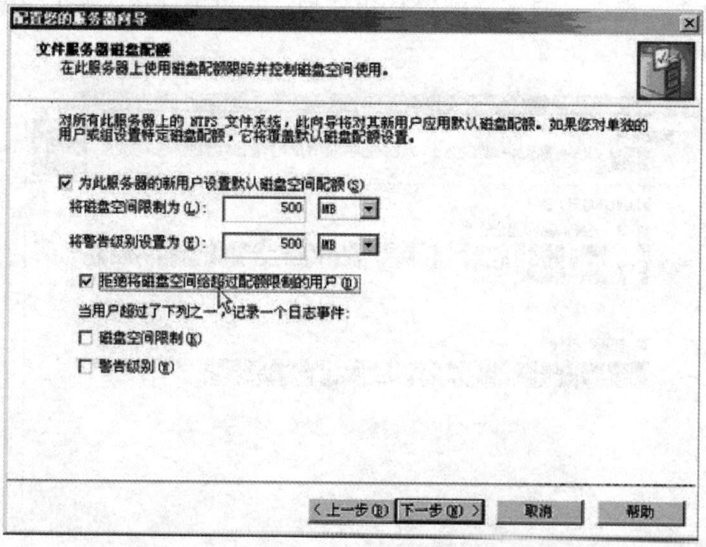

![图6-34 文件服务器磁盘配额对话框]

图6－34    【文件服务器磁盘配额】对话框

第5步，在【文件服务器索引服务】对话框中，选中【是，启用索引服务】单选项，启用对共享文件夹的索引服务。单击【下一步】按钮，如图6－35所示。

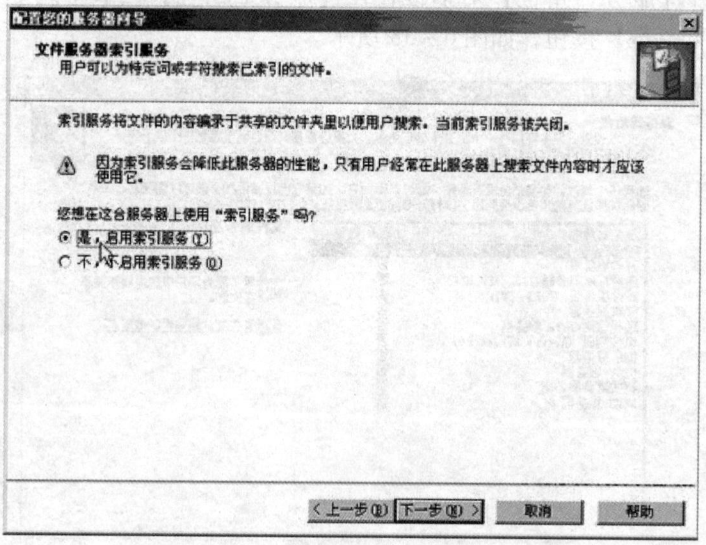

![图6-35 文件服务器索引服务对话框]

图6－35    【文件服务器索引服务】对话框

第6步，打开【选择总结】对话框，确认设置准确无误后单击【下一步】按钮。

第7步，添加向导开始启用所选服务，完成后会自动打开【共享文件夹向导】对话框。单击【下一步】按钮，如图6－36所示。

第8步，在打开的【文件夹路径】对话框中单击【浏览】按钮，打开【浏览文件夹】对话框。在本地磁盘中找到准备设置为公共资源的文件夹，单击【确定】按钮，再单击

【下一步】按钮，如图 6 - 37 所示。

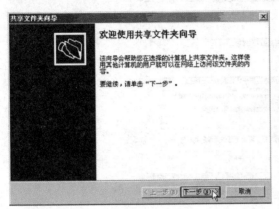

图 6 - 36 【共享文件夹向导】对话框

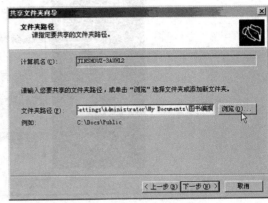

图 6 - 37 【文件夹路径】对话框

第 9 步，打开【名称、描述和设置】对话框，在这里可以设置共享名和描述该共享文件夹的语言。设置完毕后单击【下一步】按钮，如图 6 - 38 所示。

第 10 步，在打开的【权限】对话框中，选中【管理员有完全访问权限；其他用户有只读访问权限】单选项，单击【完成】按钮，如图 6 - 39 所示。

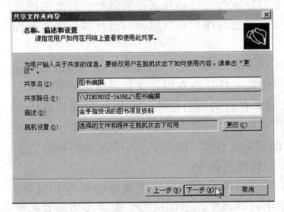

图 6 - 38 【名称、描述和设置】对话框

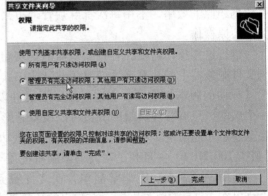

图 6 - 39 【权限】对话框

第 11 步，打开【共享成功】对话框，在【摘要】文本框中显示出了共享文件夹路径、共享名和共享路径。其中共享名和共享路径用来向网络用户公布。单击【关闭】按钮即可，如图 6 - 40 所示。

**2. 文件的备份与还原**

由于数据的安全性和可用性对于文件服务器来说也是非常重要的，所以在设置完文件服务器的权限和配额等参数之后，需要对文件进行备份和还原工作。Windows Server 2003 的备份功能使用了称为卷影副本（Volume Shadow Copy）的技术。在文件服务器管理界面可以找到【备份文件服务器】链接，在命令行执行 ntbackup 命令可以获得与单击该链接相同的效果，即执行备份向导。

不选【总是以向导模式启动】的复选项，在下次执行该命令的时候即可直接进入【备

图 6 - 40　【共享成功】对话框

份工具】界面。在该界面中可以看到，Windows Server 2003 除了备份和还原功能之外还包括了一项称为自动系统恢复向导（AMR）的功能，该功能主要用于对系统分区进行备份，这里主要讲解以卷影副本技术为基础的标准备份功能，用户可以根据系统指示进行操作。

卷影副本功能以事先计划的时间间隔为存储在共享文件夹中的文件创建备份，并且可以将文件恢复成任意一次备份时的版本。卷影副本的恢复行为可以在客户端进行，有效地提高了数据还原的效率，不用每次都麻烦管理员来进行操作，用户也可以随时进行和自己数据相关的还原操作。

进行这些操作需要在客户端机器上安装卷影副本客户端程序，通过这台客户端机器浏览到文件服务器上的共享之后，对该共享或该共享中的文件单击右键，在其属性对话框中有一个【以前的版本】选项。在这里显示了文件以前保存过的所有版本，可以将其恢复成任意一个版本。只有管理员组的成员可以设置卷影副本功能，并且卷影副本必须在 NTFS 格式的磁盘卷上才能实现。卷影副本默认在启用该功能的卷上保留 10% 的空间用以保存备份数据（最少 100 MB），一旦超过空间的限制将覆盖早先创建的副本。

启用卷影副本功能非常简单，在文件服务器管理界面中找到【配置卷影副本】链接，也可以在 NTFS 卷单击右键，在弹出的快捷菜单中找到卷影副本的选项，通过这两种方式可以进入同样的管理界面，实现对卷影副本的启用、禁用以及容量和时间计划等设置。

在【备份工具】管理界面中，用户可以指定哪些文件（包括系统注册表数据及引导文件等）需要参与到备份计划中来，也可以指定执行这些备份操作的时间计划。这些备份操作都是基于卷影副本技术的，备份的结果文件要稍大于备份的内容。

建议用户维护一个按周进行的备份操作，将所有数据重新备份一次，备份过的文件将被标记为【已备份过】；在此同时维护一个按日进行的差异备份计划，备份那些每天修改过的文件。应用这种组合计划进行数据备份更加便于管理，而且能够有效保证数据的可恢复性。

需要注意的是：卷影副本备份占用空间的数量不仅仅取决于备份文件的大小，更决定于文件修改的频率，对于系统分区这样有很多交换文件操作的分区来说，不要进行整个磁盘卷的备份操作。

**3. 分布式文件系统**

分布式文件系统是 Windows 系统网络存储构架的核心技术之一，可以实现将网络上位于不同位置的文件挂接在统一命名空间之下。在管理工具中启动【分布式文件系统】工具，首先要建立一个根目录。用右击管理界面左侧的【分布式文件系统】选项，在弹出的快捷菜单中，选择【新建根目录】选项，按照向导填写所需要的信息就可以完成操作。继续用右击刚刚建立的根目录，在弹出的快捷菜单中，选择【新建链接】选项，可以将位于网络中其他计算机上的共享目录链接到刚才建立的根目录上。将所有要汇集到这个根目录上的共享目录都链接过来之后，就可以通过浏览这个根目录下的目录树访问这些文件，而不再需要通过访问多个实际的网络位置使用这些文件。

## 6.5.2　Windows 2003 磁盘管理

磁盘管理程序是用于管理硬盘、卷和分区的系统实用工具。Windows Server 2003 操作系统提供了一些磁盘管理程序，可以用来创建分区和卷，使用 FAT、FAT32、NTFS 文件系统格式化分区和卷，以及分配驱动器号等。Windows Server 2003 的磁盘管理通常可以在不需要重新启动系统或中断用户应用程序的情况下，执行磁盘的相关操作。

**1. 磁盘管理的基本概念**

1）基本磁盘和动态磁盘

（1）基本磁盘。基本磁盘是指包含主磁盘分区、扩展分区，以及在扩展分区中包含逻辑驱动器的物理磁盘。基本磁盘上的分区和逻辑驱动器称为基本卷。对于基本磁盘最多可以创建 4 个主磁盘分区，或最多 3 个主磁盘分区加上一个扩展分区，在扩展分区内可以创建多个逻辑驱动器。

（2）动态磁盘。动态磁盘的分区称为动态卷。动态磁盘可以创建跨越多个磁盘的卷，如跨区卷、带区卷等，也可以创建具有容错功能的镜像卷和 RAID - 5 卷。一台计算机上的动态磁盘最多可以创建 2000 个动态卷，推荐创建 32 个或更少的卷。

（3）远程磁盘管理。在 Windows Server 2003 上，管理员还可以使用【磁盘管理】工具来管理网络上其他运行 Windows 2000 或 Windows NT 4.0 以上操作系统的计算机上的磁盘。

（4）装入点。使用"磁盘管理"可以在本地 NTFS 卷上的任何空文件夹中连接或装入本地驱动器。装入的驱动器使数据访问变得更加容易，而且不占用驱动器号，可以根据用户的网络环境和系统使用情况，为用户提供灵活性的数据存储。

2）磁盘管理控制台

在 Windows Server 2003 中，几乎所有的磁盘管理操作都可以通过【磁盘管理】控制台来完成。【磁盘管理】控制台如图 6 - 41 所示。

**2. 基本磁盘管理**

基本磁盘是 Windows Server 2003 的默认存储介质格式。在一块基本磁盘中可以创建主磁盘分区和扩展磁盘分区，在扩展磁盘分区中可以创建逻辑磁盘驱动器。对于基本磁盘的操作主要有：磁盘分区、格式化、指派驱动器号、转换文件系统、设置装入点等。

在 Windows Server 2003 的网络环境中，为了防止用户过量占用服务器的磁盘空间，管理员可以使用磁盘配额，根据用户需要和管理的要求来为他们分配磁盘空间，控制用户可以用来存储文件的磁盘容量。

Windows Server 2003 磁盘配额是基于每个用户和每个分区来跟踪并控制磁盘空间的使用。这样，无论用户把文件存储在哪个文件夹中，系统都能跟踪每个用户的磁盘空间使用

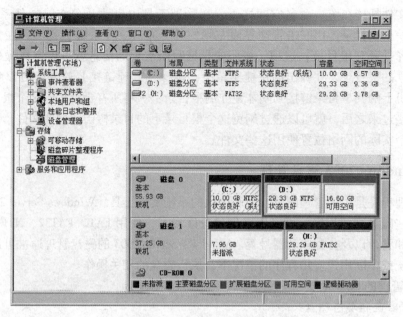

图 6-41 【磁盘管理】控制台

情况。

要启用磁盘配额，先打开想要配置磁盘配额的卷的【属性】对话框。然后选择【配额】选项卡，如图 6-42 所示。选择【启用配额管理】复选项，即启用了磁盘配额功能。

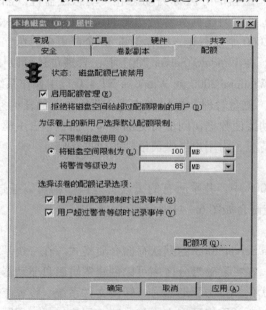

图 6-42 【属性】对话框中的【配额】选项卡

**注意**：磁盘配额只适用于 NTFS 文件系统的分区。对于用 FAT、FAT32 文件系统格式的分区不能设置磁盘配额，需要先将 FAT32 格式转换为 NTFS 格式，转换时可以使用命令 CONVERT。如将 D 盘转换为 NTFS 格式用 CONVERT D：/FS：NTFS。

通过检查磁盘【属性】对话框上的交通灯图标和阅读其右侧的状态消息，可以确定磁盘配额的状态，如图 6－42 所示。其所表示的状态如下所述。

（1）红色交通灯，表明磁盘配额已被禁用。

（2）黄色交通灯，表明系统正在重建磁盘配额信息。

（3）绿色交通灯，表明磁盘配额系统已被激活。

**3. 动态磁盘管理**

动态卷可以提供基本磁盘所不具备的特色。可以通过升级基本磁盘来创建动态磁盘。在动态磁盘上创建的卷被称为动态卷。

1）动态卷的类型

动态卷是 Windows 2000 以上操作系统才有的新特色，只能在动态磁盘上创建。管理员可以在动态磁盘上创建的卷有：简单卷、跨区卷、带区卷、镜像卷和 RAID－5 卷（独立磁盘冗余阵列），其中镜像卷和 RAID－5 卷是容错卷。

（1）简单卷。由单个物理磁盘上的磁盘空间组成。简单卷可以被扩展到同一磁盘的多个区域（最多 32 个区域）。简单卷不能提供容错功能。简单卷支持 FAT、FAT32、NTFS 文件系统。

（2）跨区卷。跨区卷是由多个物理磁盘上的磁盘空间组成的卷，因此至少需要两个动态磁盘才能创建跨区卷。当将数据写到一个跨区卷时，系统将首先填满第一个磁盘上的扩展卷部分，然后将剩余部分数据写到该卷上的下一个磁盘。如果跨区卷中的某个磁盘发生故障，则存储在该磁盘上的所有数据都将丢失。跨区卷只能在使用 NTFS 文件系统的动态磁盘中创建。

（3）带区卷。带区卷可以将两个或多个物理磁盘上的可用空间区域合并到一个卷上。当数据写入到带区卷时，它们被分割为 64 KB 的块并相等地传输到阵列中的所有磁盘。带区卷可以同时对构成带区卷的所有磁盘进行读、写数据的操作。使用带区卷可充分改善访问硬盘的速度。但带区卷不提供容错功能，如果包含带区卷的其中一块硬盘出现故障，则整个卷将无法工作。

（4）镜像卷。镜像卷是一个简单卷的两个相同复制件，存储在不同的硬盘上。镜像卷提供了在硬盘发生故障时的容错功能。容错就是在硬件出现故障时，计算机或操作系统确保数据完整性的能力。通常为了防止数据丢失，管理员可以创建一个镜像卷。

（5）RAID－5 卷。RAID－5 卷是包含数据和奇偶校验跨越 3 个或更多物理磁盘的容错卷。在每个磁盘上添加一个奇偶校验带区。奇偶校验是指在向包含冗余信息的数据流中添加位的数学技术，允许在数据流的一部分已损坏或丢失时重建该数据流。RAID－5 卷至少需要 3 块硬盘。

2）基本磁盘与动态磁盘间的转换

（1）基本磁盘转换为动态磁盘。任何时候都可以在不丢失数据的情况下将一个基本磁盘升级到动态磁盘。在【计算机管理】窗口中，用鼠标右击需要转换的基本磁盘，在弹出的快捷菜单中选择【转换到动态磁盘】命令，如图 6－43 所示。

然后按照提示操作即可将基本磁盘转换为动态磁盘。如果要转换的磁盘中包含引导分区、系统分区、活动页面文件，必须重新启动系统来完成转换过程。

将基本磁盘转换为动态磁盘后，可以在此磁盘上创建具有增强功能的卷，但不能创建主

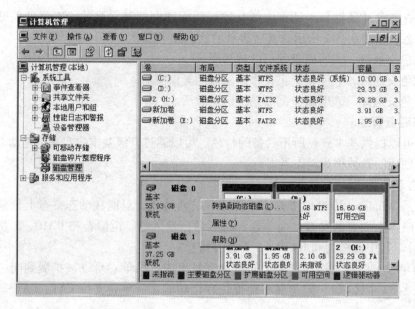

图 6-43　执行【转换到动态磁盘】命令

磁盘分区或扩展分区，并且只有 Windows 2000 以上的系统才可以访问动态磁盘。

（2）还原成基本磁盘。在将动态磁盘还原成基本磁盘时，无法保留该动态磁盘上的磁盘结构和数据。还原后，所得到的是一个空的基本磁盘，其中不再包含原动态磁盘上的任何数据。用户必须删除动态磁盘上的数据和卷，然后重新创建基本分区。

3）创建卷

（1）创建简单卷。一个简单卷包含单个磁盘上的磁盘空间，它是在动态磁盘上的未分配空间中创建的。简单卷看上去与基本磁盘上的分区很相似，但简单卷并没有分区所具有的大小限制，在一个磁盘上能够创建的卷数也没有限制。此外，创建一个简单卷后，还可以在简单卷上添加附加空间或者对其进行扩展。

简单卷支持 FAT、FAT32、NTFS 等文件系统。然而，只有当简单卷以 NTFS 格式化时，才能对其扩展。简单卷不提供容错功能，但可以通过创建简单卷的镜像来提供容错功能。可以使用以下方式创建简单卷。

（2）扩展简单卷。可以扩展任何以 NTFS 格式化的简单卷，使其包含任何动态磁盘上的连续和非连续的未分配的空间。即可以将附加的硬盘空间添加到一个现有的卷上。但是，任何包含系统、启动文件和活动页面文件的卷，都不能进行卷的扩展操作。

要扩展简单卷，可以在【磁盘管理】中，右击需要扩展的简单卷，在弹出的快捷菜单中，选择【扩展卷】选项，然后按照屏幕上的提示就可以完成卷的扩展操作。

**4. 远程管理磁盘**

在 Windows Server 2003 网络环境中，如果用户需要管理其他客户端计算机的磁盘，可以在自己的计算机上使用远程管理来实现此功能。要实现远程管理，请求连接的计算机和接受连接的计算机都必须是相同的域或相同的工作组中的成员，或在同一信任域中。此外，用户必须是管理员（Administrators）或服务器操作员（Server Operators）组中的成员。

## 6.6　其他典型的操作系统

由于 Windows 系列操作系统在用户界面上的直观性和配置的简易性上具有良好的操作性，被许多用户所接受，使得它在许多局域网及各大、中、小规模的企事业单位搭建网络服务器上采用。目前常用的网络操作系统除了 Microsoft（微软）公司开发的 Windows NT/2000/2003 Server 的网络操作系统外，还有 Novell 公司的 NetWare、SCO 公司的 UNIX 和 Red Hat 公司的 Linux。

对于高端用户及对可靠性和安全性要求较高的用户一般采用 UNIX、Linux。Linux 操作系统具有开放核心源代码的特点，许多网络管理员可以通过提供的源代码，添加满足自身要求的功能与程序。随着各行各业对计算机及网络技术依赖的提升，以及 Internet 的广泛应用，各种网络操作系统也将得到空前的发展。

### 6.6.1　UNIX 操作系统

UNIX 是为多用户环境设计的，即所谓的多用户操作系统，其内建 TCP/IP 协议支持，该协议已经成为互联网中通信的事实标准。由于 UNIX 发展历史悠久，具有分时操作，良好的稳定性、健壮性、安全性等优秀的特性，适用于几乎所有的大型机、中型机、小型机，也有用于工作组级服务器的 UNIX 操作系统。在中国的一些特殊行业，尤其是拥有大型机、小型机的企业一直沿用 UNIX 操作系统。

UNIX 是用 C 语言编写的，有两个基本版本：系统 V，由 AT&T 的贝尔实验室研制开发并发展的版本；伯克利 BSD UNIX，由美国加州大学伯克利分校研制的，它的体系结构和源代码是公开的。在这两个版本的基础上发展了许多不同的版本，如 SUN 公司销售的 UNIX 版本 SUN OS 和 Salaris，就是从 BSD UNIX 发展起来的。

UNIX 主要特性如下所述。

1）模块化的系统设计

系统设计分为核心模块和外部模块。核心程序尽量简化、缩小；外部模块提供操作系统所应具备的各种功能。

2）逻辑化文件系统

UNIX 文件系统完全摆脱了实体设备的局限，它允许有限个硬盘合成单一的文件系统，也可以将一个硬盘分为多个文件系统。

3）开放式系统

遵循国际标准，UNIX 以正规且完整的界面标准为基础，提供计算机及通信综合应用环境。在这个环境下开发的软件具有高度的兼容性、系统与系统间的互通性以及在系统需要升级时有多重的选择性。系统界面涵盖用户界面、通信程序界面、通信界面、总线界面和外部界面。

4）优秀的网络功能

其定义的 TCP/IP 协议已成为 Internet 的网络协议标准。

5）优秀的安全性

其设计有多级别、完整的安全性能，UNIX 很少被病毒侵扰。

6）良好的移植性

UNIX 操作系统和核心程序基本上是用 C 语言编写的，它使系统易于理解、修改和扩充，并使系统具有良好的可移植性。

7）可以在任何档次的计算机上使用

UNIX 可以运行在笔记本式计算机到超级计算机上。

### 6.6.2　Linux 操作系统

Linux 是一种自由（Free）软件，在遵守自由软件联盟协议下，用户可以自由地获取程序及其源代码，并能自由地使用它们，包括修改和复制等。Linux 是网络时代的产物，在互联网上经过众多技术人员的测试和除错，并不断被扩充。Linux 具有如下的特点。

（1）完全遵循 POSIX 标准。是扩展支持所有 AI&T 和 BSD UNIX 特性的网络操作系统。由于继承了 UNIX 优秀的设计思想，且拥有干净、健壮、高效且稳定的内核，没有 AT&T 或伯克利的任何 UNIX 代码，所以 Linux 不是 UNIX，但与 UNIX 完全兼容。

（2）真正的多任务、多用户系统，内置网络支持。能与 NetWare、Windows Server、OS/2、UNIX 等无缝连接。网络效能在各种 UNIX 测试评比中速度最快。同时支持 FAT16、FAT32、NTFS、Ext2FS、ISO 9600 等多种文件系统。

（3）可运行多种硬件平台。包括 Alpha、SunSparc、PowerPC、MIPS 等处理器，对各种新型外围硬件，可以从分布于全球的众多程序员那里迅速得到支持。

（4）对硬件要求较低。可在较低档的机器上获得很好的性能，特别值得一提的是 Linux 出色的稳定性，其运行时间往往可以“年”计。

（5）有广泛的应用程序支持。已经有越来越多的应用程序移植到 Linux 上，包括一些大型厂商的关键应用。

（6）设备独立性。这是指操作系统把所有外部设备统一当做文件来看待，只要安装它们的驱动程序，任何用户都可以像使用文件一样，操纵和使用这些设备，而不必知道它们的具体存在形式。Linux 是具有设备独立性的操作系统，由于用户可以免费得到 Linux 的内核源代码，因此，可以修改内核源代码，以适应新增加的外部设备。

（7）安全性。Linux 采取了许多安全技术措施，包括对读、写进行权限控制，带保护的子系统，审计跟踪，核心授权等，这为网络多用户环境中的用户提供了必要的安全保障。

（8）良好的可移植性。Linux 是一种可移植的操作系统，能够在从微型计算机到大型计算机的任何环境和任何平台上运行。

（9）具有庞大且素质较高的用户群，其中不乏优秀的编程人员和发烧友级的黑客（hacker），他们提供了商业支持之外的广泛的技术支持。

正是因为以上这些特点，Linux 在个人和商业应用领域中的应用都获得了飞速的发展。

### 6.6.3　NetWare 操作系统

Novell 自 1983 年推出第一个 NetWare 版本后，在 20 世纪 90 年代初，相继推出了 NetWare 3.12 和 NetWare 4.n 两个成功的版本。在与 1993 年问世的微软 Windows NT Server 及后续版本的竞争中，NetWare 在用于数据库等应用服务器的性能上作了较大提升。而 Novell 的 NDS 目录服务及后来的基于 Internet 的 e-Directory 目录服务，成了 NetWare 中最有特色的功能。与之相应，Novell 对 NetWare 的认识也由最早的 NOS（局域网操作系统）变为客户机/服务器架构，再到 Internet 应用服务器。1998 年，NetWare 5.0 发布，把 TCP/IP 协议作为基础协议，且将 NDS 目录服务从操作系统中分离出来，更好地支持跨平台。最新版本 NetWare 具备对整个企业异构网络的卓越管理和控制能力。

下面通过对 Novell 的 NetWare 6 性能的介绍，可了解该操作系统的特性。

（1）NetWare 6 提供简化的资源访问和管理。用户可以在任意位置，利用各种设备，实现对全部信息和打印机的访问和连接，可以跨越各种网络、存储平台和操作环境，综合使用文件、打印机和其他资源（电子目录、电子邮件、数据库等）。

（2）NetWare 6 确保了企业数据资源的完整性和可用性。以安全策略为基础，通过高度精确方式，采用单步登录和访问控制手段进行用户身份验证，防止了恶意攻击行为。

（3）NetWare 6 以实时方式支持在中心位置进行关键性商业信息的备份与恢复。

（4）NetWare 6 支持企业网络的高可扩展性，可以配置使用 2～32 台规模的集群服务器和负载均衡服务器，每台服务器最多可支持 32 个处理器，利用多处理器硬件的工作能力提高可扩展性和数据吞吐率。可以方便地添加卷以满足日益增加的需求，能够跨越多个服务器配置，最高可支持 8 TB 的存储空间，在企业网络环境中支持上百万数量的用户。

（5）NetWare 6 包括 iFolder 功能，用户可以在多台计算机上建立文件夹；该文件夹可以使用任何种类的网络浏览器进行访问，并可以在一个 iFolder 服务器上完成同步，从而保证用户信息内容永远处于最新状态，并可从任何位置（办公室、家庭或移动之中）进行访问。

（6）NetWare 6 包含开放标准及文件协议，无须复杂的客户端软件就可以在混合型客户端环境中访问存储资源。

（7）NetWare 6 使用了名为 IPP 的开放标准协议，具有通过互联网安全完成文件打印工作的能力。用户在某个网站中寻找到一台打印机下载所需的驱动程序后，即可向世界上几乎任何一台打印机发出打印工作要求。

# 习　题

**一、名词解释**

1. 网络操作系统　　　2. 对等网络　　　3. 基于服务器的工作模式

4. 活动目录　　　　　5. 域　　　　　　6. 组织单位

**二、填空题**

1. 计算机网络的工作模式分为_____和_____两大类。

2. 独立服务器上安装了_____就升级为域控制器。

**三、选择题**

1. 下列（　　）不是网络操作系统软件。

A. Windows NT Server　　　　　　　B. NetWare

C. UNIX　　　　　　　　　　　　　D. SQL Server

2. 要启用磁盘配额管理，Windows Server 2003 驱动器必须使用（　　）文件系统。

A. FAT16 或 FAT32　　　　　　　　B. 只使用 NTFS

C. NTFS 或 FAT32　　　　　　　　　D. 只使用 FTA32

**四、简答题**

1. 什么是网络操作系统？它提供的服务功能有哪些？

2. 简述基本磁盘与动态磁盘的区别。

3. 活动目录中存放了什么信息？

**五、实训题**

在一块基本磁盘上创建主分区"D:"，创建扩展分区，在扩展分区中创建逻辑分区"E:"和"F:"，最后将这块磁盘升级为动态磁盘。

# 第 7 章

# 网络服务技术

## 本章主要知识点

❖ 网络服务技术的功能和特点。
❖ 网络服务的安装和管理。

## 学习本章应达到的能力目标

❖ 掌握 Windows Server 2003 网络服务技术的安装。
❖ 掌握 Windows Server 2003 网络服务技术的管理。

## 7.1 DNS 服务

### 7.1.1 域名及域名系统

**1. 域名**

在 Internet 中，由于采用了统一的 IP 编码，使得网络上的任意两台计算机可以方便地进行通信。然而，IP 地址（对 IPv4，为 32 比特二进制数转换成的 4 组十进制数）记忆相当困难，也没有什么联想的意义，所以在早期就有人提出了通过一种名字来访问某台主机。

对 Internet 上的服务器取一个有意义又容易记忆的名字，这个名字就称为域名（Domain Name，DN）。例如，人们很容易记住代表新浪网的域名 www.sina.com，但是恐怕极少有人知道或者记得新浪网站的 IP 地址。实际上，域名采用了层次树状结构的命名方法，服务器的域名是一个唯一的层次结构的名字。

使用域名访问主机虽然方便，但却带来了一个新的问题，即所有的应用程序在使用这种方式访问网络时，首先需要将域名转换为 IP 地址，因为网络本身只识别 IP 地址。

**2. 域名系统**

在为主机标识域名时要解决 3 个问题。

（1）首先，是全局唯一性，即一个特定的域名在整个 Internet 上是唯一的，它能在整个 Internet 中通用，不管用户在哪里，只要指定这个名字，就可以唯一地找到这台主机。

（2）其次，是域名要便于管理，即能够方便地分配域名、确认域名以及回收域名。

（3）再次，是高效地完成 IP 地址和域名之间的映射。

域名与 IP 地址的映射在 20 世纪 70 年代由网络信息中心（NIC）负责完成，NIC 记录所有的域名地址和 IP 地址的映射关系，并负责将记录的地址映射信息分发给接入 Internet 的所有最低级域名服务器。每台服务器上维护一个称之为 hosts. txt 的文件，记录其他各域的域名服务器及其对应的 IP 地址。NIC 负责所有域名服务器上 hosts. txt 文件的一致性。主机之间的通信直接查阅域名服务器上的 hosts. txt 文件。但是，随着网络规模的扩大，接入网络的主机也不断增加，从而要求每台域名服务器都可以容纳所有的域名地址信息就变得极不现实，同时对不断增大的 hosts. txt 文件一致性的维护也浪费了大量的网络系统资源。

为了解决这些问题，1983 年，Internet 开始采用层次结构的命名树作为主机的名字，并使用分布式的域名系统（Domain Name System，DNS）。Internet 的域名系统 DNS 被设计成一个联机分布式数据库系统，并采用客户/服务器模式，主要用来实现名称解析功能——将主机名解析为 IP 地址或者反之，它反映了主机域名和主机 IP 之间的映射关系。

DNS 使大多数名字都在本地解析，仅少量解析需要在 Internet 上通信，因此系统效率很高。由于 DNS 是分布式系统，即使单个计算机出了故障，也不会妨碍整个系统的正常运行。人们常把运行主机域名解析为 IP 地址程序的机器称为域名服务器。

## 7.1.2　域名结构

DNS 是一种组织成层次结构的分布式数据库，里面包含从 DNS 域名到各种数据类型（如 IP 地址）的映射。通过 DNS，用户可以使用名称查找计算机和服务器在网络上的位置。DNS 名称分为多个部分，各部分之间用点分隔。最左边的是主机名，其余部分是该主机所属的 DNS 域。因此一个 DNS 名称应该表示为"主机名 + DNS 域"的形式。

域名的结构由若干个分量组成，各分量之间用点隔开，其格式为：

…. 三级域名 . 二级域名 . 顶级域名

各分量分别代表不同级别的域名。每一级的域名都由英文字母和数字组成（不超过 63 个字符，并且不区分大小写字母），级别最低的域名写在最左边，而级别最高的顶级域名则写在最右边。完整的域名不超过 255 个字符。域名系统既不规定一个域名需要包含多少个下级域名，也不规定每一级的域名代表什么意思。各级域名由其上一级的域名管理机构管理，而最高的顶级域名则由 Internet 的有关机构管理。用这种方法可使每一个名字都是唯一的，并且也容易设计出一种查找域名的机制。需要注意，域名只是个逻辑概念，并不代表计算机所在的物理结点。

图 7-1 所示为 Internet 名字空间的结构，它实际上是一个倒过来的树，树根在最上面而没有名字，树根下面一级的结点就是最高一级的顶级域结点，在顶级域结点下面的是二级域结点，最下面的叶结点就是单台计算机（主机）。如图 7-1 所示列举了一些域名作为例子。凡是在顶级域名 . cn 下注册的单位都获得了一个二级域名，凡在其中的某一个二级域名下注册的单位就可以获得一个三级域名。图 7-1 中给出的 . edu 下面的三级域名有：gdcp（广东交通职业技术学院）等。一旦某个单位拥有了一个域名，它就可以自己决定是否要进一步划分其下属的子域，并且不必将这些子域的划分情况报告给上级机构。

在 1998 年以后，非营利组织 ICANN 成为 Internet 的域名管理机构。现在顶级域名 TLD（Top Level Domain）有 3 大类，如表 7-1 所示。

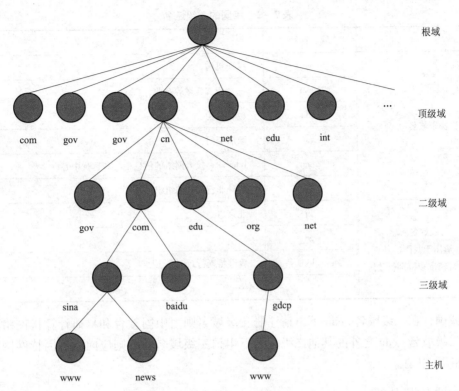

图 7 – 1  域名的层次结构结构

**表 7 – 1  三类顶级域名**

| 顶级域名 | 说　　明 |
| --- | --- |
| 国家（地区）<br>顶级域名 nTLD | 国家（地区）顶级域名又常记为 ccTLD（cc 表示国家代码 country-code），现在使用的国家（地区）顶级域名约有 200 个采用 ISO 3166 的规定。如 . cn 表示中国，. us 表示美国，. uk 表示英国等 |
| 国际顶级域名<br>iTLD | 采用 . int。国际性的组织可在 . int 下注册 |
| 国际通用顶级域名<br>gTLD | 最早的顶级域名共有六个，即 . com 表示公司企业，. net 表示网络服务机构，. org 表示非营利性组织，. edu 表示教育机构（美国专用），. gov 表示政府部门（美国专用），. mil 表示军事部门（美国专用）。随着 Internet 用户的激增，域名资源越发紧张，为了缓解这种状况，加强域名管理，Internet 国际特别委员会在原来基础上增加以下国际通用顶级域名。即 . aero 用于航空运输企业，. biz 用于公司和企业，. coop 用于合作团体，. info 适用于各种情况，. museum 用于博物馆，. name 用于个人，. pro 用于会计、律师和医师等自由职业者，. firm 适用于公司、企业，. store 适用于商店、销售公司和企业，. web 适用于突出 WWW 活动的单位，. art 适用于突出文化、娱乐活动的单位，. rec 适用于突出消遣、娱乐活动的单位等 |

　　在国家（地区）顶级域名下注册的二级域名均由该国家（地区）自行确定。例如，荷兰就不再设二级域名，其所有机构均注册在顶级域名 . nl 之下。又如日本，将其教育和企业机构的二级域名定为 . ac 和 . co（而不用 . edu 和 . com）。

　　在我国将二级域名划分为"类别域名"和"行政区域名"两大类。具体情况如表 7 – 2所示。

表 7 - 2　我国的二级域名

| 大　　类 | 域名符号 | 域 名 含 义 |
|---|---|---|
| 类别域名 | . ac | 科研机构 |
| | . com | 工、商、金融等企业 |
| | . edu | 教育机构 |
| | . gov | 政府部门 |
| | . net | Internet、接入网络的信息中心和运行中心 |
| | . org | 各种非营利性的组织 |
| 行政域名<br>（34 个，适用于我国的各省、自治区、直辖市和特别行政区） | . bj | 北京市 |
| | . gd | 广东省 |
| | . hk | 香港特别行政区 |
| | … | …… |

在我国，在二级域名 . edu 下申请注册三级域名则由中国教育和科研计算机网络中心负责。在二级域名 . edu 之外的其他二级域名下申请三级域名的，则应向中国因特网网络信息中心 CNNIC 申请。

## 7.1.3　域名服务器

域名服务器是整个域名系统的核心。域名服务器，严格地讲应该是域名名称服务器（DNS Name Server），它保存着域名称空间中部分区域的数据。

Internet 上的域名服务器按照域名的层次来安排的，每一个域名服务器都只对域名体系中的一部分进行管辖。域名服务器有 3 种类型。

### 1. 本地域名服务器

本地域名服务器也称默认域名服务器，当一个主机发出 DNS 查询报文时，这个报文就首先被送往该主机的本地域名服务器。

在用户的计算机中设置网卡的【Internet 协议（TCP/IP）属性】对话框中设置的首选 DNS 服务器即为本地域名服务器，如图 7 - 2 所示。本地域名服务器离用户较近，一般不超过几个路由器的距离。当所要查询的主机也属于同一本地 ISP 时，该本地域名服务器立即就将所能查询的主机名转换为它的 IP 地址，而不需要再去询问其他的域名服务器。

### 2. 根域名服务器

目前 Internet 上有十几个根域名服务器，大部分在北美。当一个本地域名服务器不能立即回答某个主机的查询时，该本地域名服务器就以 DNS 客户的身份向某一根域名服务器查询。

若根域名服务器有被查询主机的信息，就发送 DNS 回答报文给本地域名服务器，然后本地域名服务器再回答给发起查询的主机。但当根域名服务器没有被查询主机的信息时，它一定知道某个保存有被查询主机名字映射的授权域名服务器的 IP 地址。通常根域名服务器用来管辖顶级域（如 . com）。根域名服务器并不直接对顶级域下面所属的域名进行转换，但

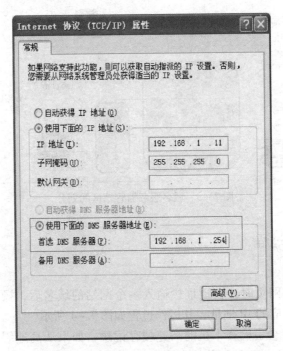

图 7 - 2　【Internet 协议（TCP/IP）属性】对话框

它一定能够找到下面的所有二级域名的域名服务器。

**3. 授权域名服务器**

每一个主机都必须在授权域名服务器处注册登记。通常，一个主机的授权域名服务器就是它的本地 ISP 的一个域名服务器。实际上，为了更加可靠地工作，一个主机最好有至少两个授权域名服务器。许多域名服务器同时充当本地域名服务器和授权域名服务器。授权域名服务器总是能够将其管辖的主机名转换为该主机的 IP 地址。

每个域名服务器都维护一个高速缓存，存放最近用过的名字以及从何处获得名字映射信息的记录。当客户请求域名服务器转换名字时，服务器首先按标准过程检查它是否被授权管理该名字。若未被授权，则查看自己的高速缓存，检查该名字是否最近被转换过。域名服务器向客户报告缓存中有关名字和地址的绑定（Binding）信息，并标志为非授权绑定，以及给出获得此绑定的服务器 S 的域名。本地服务器同时也将服务器 S 与 IP 地址的绑定告知客户。因此，客户可很快收到回答，但有可能信息已是过时的了。如果强调高效，客户可选择接受非授权的回答信息并继续进行查询。如果强调准确性，客户可与授权服务器联系，并检验名字与地址间的绑定是否仍有效。

Internet 允许各个单位根据本单位的具体情况将本单位的域名划分为若干个域名服务器管辖区（Zone），一般就在各管辖区中设置相应的授权域名服务器。如图 7 - 3 所示，abc 公司有下属部门 x 和 y，而部门 x 下面又分为 3 个分部门 u、v 和 w，而 y 下面还有其下属的部门 t。

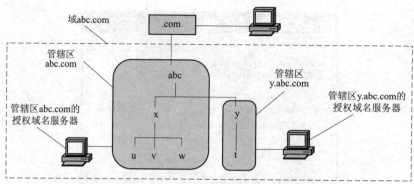

图 7-3    域名服务器管辖区的划分

## 7.1.4 域名的解析过程

### 1. DNS 解析流程

当使用浏览器阅读网页时，在地址栏输入一个网站的域名后，操作系统会呼叫解析程序，开始解析此域名对应的 IP 地址，其运作过程如图 7-4 所示。

（1）首先解析程序会去检查本机的高速缓存记录，如果从高速缓存内即可得知该域名所对应的 IP 地址，就将此 IP 地址传给应用程序。

（2）若在本机高速缓存中找不到答案，接着解析程序会去检查本机文件 hosts. txt，看是否能找到相对应的数据。

（3）若还是无法找到对应的 IP 地址，则向本机指定的域名服务器请求查询。域名服务器在收到请求后，会先去检查此域名是否为管辖区域内的域名。当然会检查区域文件，看是否有相符的数据，反之则进行下一步。

（4）如果在区域文件内若找不到对应的 IP 地址，则域名服务器会去检查本身所存放的高速缓存，看是否能找到相符合的数据。

（5）如果还是无法找到相对应的数据，就需要借助外部的域名服务器，这时就会开始进行域名服务器与域名服务器之间的查询操作。

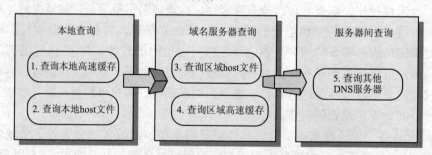

图 7-4    DNS 解析程序的查询流程

上述 5 个步骤，可分为两种查询模式，即客户端对域名服务器的查询（第（3）、第（4）步）及域名服务器和域名服务器之间的查询（第（5）步）。

### 2. 域名解析的效率

为了提高解析速度，域名解析服务提供了两方面的优化：复制和高速缓存。

复制是指在每个主机上保留一个本地域名服务器数据库的副本。由于不需要任何网络交互就能进行转换，复制使得本地主机上的域名转换非常快。同时，它也减轻了域名服务器的计算机负担，使服务器能为更多的计算机提供域名服务。

高速缓存是比复制更重要的优化技术，它可使非本地域名解析的开销大大降低。网络中每个域名服务器都维护一个高速缓存器，由高速缓存器来存放用过的域名和从何处获得域名映射信息的记录。当客户机请求服务器转换一个域名时，服务器首先查找本地域名到 IP 地址映射数据库，若无匹配地址则检查高速缓存中是否有该域名最近被解析过的记录，如果有就返回给客户机，如果没有才应用某种解析方式或算法解析该域名。为保证解析的有效性和正确性，高速缓存中保存的域名信息记录设置有生存时间，这个时间由响应域名询问的服务器给出，超时的记录就将从缓存区中删除。

# 7.2 DHCP 服务

## 7.2.1 DHCP 的概念

### 1. IP 地址的分配方法

在使用 TCP/IP 协议的网络上，每一台计算机都拥有唯一的计算机名和 IP 地址。IP 地址有两种配置方法。

（1）静态分配。即通过手工添加 IP 地址，设置的 IP 地址固定不变，称为静态 IP 地址。

（2）动态分配。通过 DHCP 服务器自动分配，即动态 IP 地址。

### 2. DHCP 的概念

DHCP（Dynamic Host Configuration Protocol，动态主机分配协议）是一个简化主机 IP 地址分配管理的 TCP/IP 标准协议。

使用 DHCP 服务时，整个网络至少有一台服务器上安装了 DHCP 服务，其他要使用 DHCP 功能的客户机则必须设置为利用 DHCP 获得 IP 地址。客户机在向服务器请求一个 IP 地址时，如果还有 IP 地址没有使用，则在数据库中登记该 IP 地址已被该客户机使用，然后回应这个 IP 地址以及相关的选项给客户机。图 7-5 所示的是一个支持 DHCP 的网络实例。

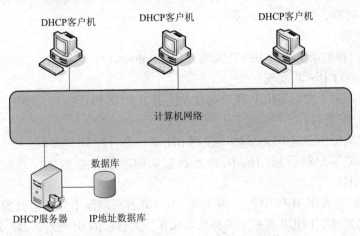

图 7-5 支持 DHCP 服务的计算机网络

### 7.2.2 DHCP 基本术语

在 DHCP 服务中有一些重要技术术语，如表 7-3 所示。

表 7-3　DHCP 基本术语

| 序号 | 术语名称 | 解　释 |
|---|---|---|
| 1 | 作用域 | 作用域是用于网络的 IP 地址的完整连续范围。作用域通常定义提供 DHCP 服务的网络上的单独物理子网。作用域还为服务器提供管理 IP 地址的分配和指派以及与网上客户相关的任何配置参数的主要方法 |
| 2 | 超级作用域 | 超级作用域是可用于支持相同物理子网上多个逻辑 IP 子网的作用域的管理性分组 |
| 3 | 排除范围 | 排除范围是作用域内从 DHCP 服务中排除的有限 IP 地址序列。排除范围确保在这些范围中的任何地址都不是由网络上的服务器提供给 DHCP 客户机的 |
| 4 | 地址池 | 在定义 DHCP 作用域并应用排除范围之后，剩余的地址在作用域内形成可用地址 |
| 5 | 租约 | 租约是客户机可使用指派的 IP 地址期间 DHCP 服务器指定的时间长度。租用给客户时，租约是活动的 |
| 6 | 租期 | 租期是指 DHCP 客户端从 DHCP 服务器获得的完整的 TCP/IP 配置后对该 TCP/IP 配置的使用时间 |
| 7 | 保留 | 使用保留创建，通过 DHCP 服务器的永久地址租约指派 |
| 8 | 选项类型 | 是 DHCP 服务器在向 DHCP 客户机提供租约服务时指派的其他客户机配置参数。例如，某些公用选项包含用于默认网关（路由器）、WINS 服务器和 DNS 服务器的 IP 地址 |
| 9 | 选项类别 | 是一种可供服务器进一步管理提供给客户的选项类型的方式。当选项类别添加到服务器时，可为该类别的客户机提供用于其配置的类别特定选项类型 |

### 7.2.3 DHCP 的工作过程

当作为 DHCP 客户端的计算机第一次启动时，它通过一系列的步骤以获得其 TCP/IP 配置信息，并得到 IP 地址的租期。DHCP 客户端从 DHCP 服务器上获得完整的 TCP/IP 配置需要经过以下几个过程，如图 7-6 所示。

**1. DHCP 发现**

DHCP 工作过程的第 1 步是 DHCP 发现（DHCP discover），该过程也称之为 IP 发现。以下几种情况需要进行 DHCP 发现。

（1）当客户端第一次以 DHCP 客户端方式使用 TCP/IP 协议栈时，即第一次向 DHCP 服务器请求 TCP/IP 配置时。

（2）客户端从使用固定 IP 地址转向使用 DHCP 动态分配 IP 地址时。

（3）该 DHCP 客户端所租用的 IP 地址已被 DHCP 服务器收回，并已提供给其他的 DHCP 客户端使用时。

当 DHCP 客户端发出 TCP/IP 配置请求时，DHCP 客户端既不知道自己的 IP 地址，也不知道服务器的 IP 地址。DHCP 客户端便将 0.0.0.0 作为自己的 IP 地址，255.255.255.255 作为服务器的地址，然后在 UDP（User Datagram Protocol，用户数据协议）的 67 或 68 端口广

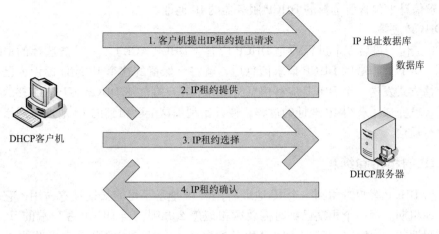

图 7-6   DHCP 工作过程

播发送一个 DHCP 发现信息。该发现信息含有 DHCP 客户端网卡的 MAC 地址和计算机的 NetBIOS 名称。

当第一个 DHCP 发现信息发送出去后，DHCP 客户端将等待 1 s 的时间。在此期间，如果没有 DHCP 服务器作出响应，DHCP 客户端将分别在第 9 s、第 13 s 和第 16 s 时重复发送一次 DHCP 发现信息。如果还没有得到 DHCP 服务器的应答，DHCP 客户端将每隔 5 min 广播一次发现信息，直到得到一个应答为止。如果网络中没有可用的 DHCP 服务器时，基于 TCP/IP 协议栈的通信将无法实现。这时，DHCP 客户端如果是 Windows 2000 客户，就自动选一个自认为没有被使用的 IP 地址（该 IP 地址可从 169. 254. x. y 地址段中选取）使用。尽管此时客户端已分配了一个静态 IP 地址（但还没有重新启动计算机），DHCP 客户端还要每持续 5 min 发送一次 DHCP 发现信息，如果这时有 DHCP 服务器响应时，DHCP 客户端将从 DHCP 服务器获得 IP 地址及其配置，并以 DHCP 方式工作。

**2. DHCP 提供**

DHCP 工作的第二个过程是 DHCP 提供（DHCP offer），是指当网络中的任何一个 DHCP 服务器（同一个网络中可能存在多个 DHCP 服务器时）在收到 DHCP 客户端的 DHCP 发现信息后，该 DHCP 服务器若能够提供 IP 地址，就从该 DHCP 服务器的 IP 地址池中选取一个没有出租的 IP 地址，然后利用广播方式提供给 DHCP 客户端。在还没有将该 IP 地址正式租用给 DHCP 客户端之前，这个 IP 地址会暂时保留起来，以免再分配给其他的 DHCP 客户端。

如果网络中有多台 DHCP 服务器，并且这些 DHCP 服务器都收到了 DHCP 客户端的 DHCP 发现信息，同时这些 DHCP 服务器都广播一个应答信息给该 DHCP 客户端时，则 DHCP 客户端将从收到应答信息的第一台 DHCP 服务器中获得 IP 地址及其配置。

提供应答信息是 DHCP 服务器发给 DHCP 客户端的第一个响应，它包含了 IP 地址、子网掩码、租用期（以小时为单位）和提供响应的 DHCP 服务器的 IP 地址。

**3. DHCP 请求**

DHCP 工作的第三个过程是 DHCP 请求（DHCP request），一旦 DHCP 客户端收到第一个由 DHCP 服务器提供的应答信息后，就进入此过程。当 DHCP 客户端收到第一个 DHCP 服务器响应信息后就以广播的方式发送一个 DHCP 请求信息给网络中所有的 DHCP 服务器。在

DHCP 请求信息中包含所选择的 DHCP 服务器的 IP 地址。

**4. DHCP 应答**

DHCP 工作的最后一个过程便是 DHCP 应答（DHCP ACK）。一旦被选择的 DHCP 服务器接收到 DHCP 客户端的 DHCP 请求信息后，就将已保留的这个 IP 地址标识为已租用，然后也以广播方式发送一个 DHCP 应答信息给 DHCP 客户端。该 DHCP 客户端在接收 DHCP 应答信息后，就完成了获得 IP 地址的过程，便开始利用这个已租到的 IP 地址与网络中的其他计算机进行通信。

### 7.2.4 IP 的租用和续租

当一台 DHCP 客户端租到一个 IP 地址后，该 IP 地址不可能长期被它占用，它会有一个使用期，即租期。当一个租期已到时需要续租该怎么办呢？当 DHCP 客户端的 IP 地址使用时间达到租期的一半时，它就向 DHCP 服务器发送一个新的 DHCP 请求（相当于新租用一个 IP 地址的第三个过程），若服务器在接收到该信息后并没有理由拒绝该请求时，便回送一个 DHCP 应答信息（相当于新租用一个 IP 地址时的最后一个过程），当 DHCP 客户端收到该应答信息后，就重新开始一个租用周期。此过程就像对一个合同的续约，只是续约时间必须要在合同期的一半时签订。

在进行 IP 地址的续租中有以下两种特例。

**1. DHCP 客户端重新启动时**

不管 IP 地址的租期有没有到期，当每一次启动 DHCP 客户端时，都会自动利用广播的方式，给网络中所有的 DHCP 服务器发送一个 DHCP 请求信息，以便请求该 DHCP 客户端继续使用原来的 IP 地址及其配置。如果此时没有 DHCP 服务器对此请求应答，而原来 DHCP 客户端的租期还没有到期时，DHCP 客户端还是继续使用该 IP 地址。

**2. IP 地址的租期超过一半时**

当 IP 地址的租期到达一半的时间时，DHCP 客户端会向 DHCP 服务器发送（非广播方式）一个 DHCP 请求信息，以便续租该 IP 地址。当续租成功后，DHCP 客户端将开始一个新的租用周期，而当续租失败后，DHCP 客户端仍然可以继续使用原来的 IP 地址及其配置，但是该 DHCP 客户端将在租期到达 87.8% 的时候再次利用广播方式发送一个 DHCP 请求信息，以便找到一台可以继续提供租期的 DHCP 服务器。如果续租仍然失败，则该 DHCP 客户端会立即放弃其正在使用的 IP 地址，以便重新向 DHCP 服务器获得一个新的 IP 地址（需要进行完整的 4 个过程）。

在以上的续租过程中，如果续租成功，DHCP 服务器会给该 DHCP 客户端发送一个 DHCP ACK 信息，DHCP 客户端在收到该 DHCP ACK 信息后进入一个 IP 地址租用周期；当续租失败时，DHCP 服务器将会给该 DHCP 客户端发送一个 DHCP NACK 信息，DHCP 客户端在收到该信息后，说明该 IP 地址已经无效或被其他的 DHCP 客户端使用。

## 7.3 Web 服务

### 7.3.1 WWW 服务概念及服务原理

万维网 WWW（World Wide Web）服务，又称为 Web 服务，是目前 TCP/IP Internet 上最

方便和最受欢迎的信息服务类型，是 Internet 上发展最快同时又使用最多的一项服务，目前已经进入广告、新闻、销售、电子商务与信息服务等诸多领域，它的出现是 TCP/IP Internet 发展中的一个里程碑。

WWW 服务采用客户/服务器工作模式，客户机即浏览器（Browser），服务器即 Web 服务器，它以超文本标记语言（HTML）和超文本传输协议（HTTP）为基础，为用户提供界面一致的信息浏览系统。信息资源以页面（也称网页或 Web 页面）的形式存储在 Web 服务器上（通常称为 Web 站点），这些页面采用超文本方式对信息进行组织，页面之间通过超链接连接起来。这些通过超链接连接的页面信息既可以放置在同一主机上，也可放置在不同的主机上。超链接采用统一资源定位符（URL）的形式。WWW 服务原理是用户在客户机通过浏览器向 Web 服务器发出请求，Web 服务器根据客户机的请求内容将保存在服务器中的某个页面发回给客户机，浏览器接收到页面后对其进行解释，最终将图、文、声并茂的画面呈现给用户。

## 7.3.2 WWW 基本概念

WWW 由遍布在 Internet 中的被称为 WWW 服务器（又称为 Web 服务器）的计算机组成。Web 是一个容纳各种类型信息的集合，从用户的角度看，万维网由庞大的、世界范围的文档集合而成，简称为页面（Page）。

用户使用浏览器总是从访问某个主页（Home Page）开始的。由于页中包含了超链接，因此可以指向另外的页，这样就可以查看大量的信息。

### 1. WWW

WWW（World Wide Web，简称 WWW，又称 Web，中文名称为环球超媒体信息网）是网络应用的典范，它可让用户从 Web 服务器上得到文档资料，它所运行的模式叫做客户/服务器（Client/Server）模式。用户计算机上的万维网客户程序就是通常所用的浏览器，万维网服务器则运行服务器程序让万维网文档驻留。客户程序向服务器程序发出请求，服务器程序向客户程序送回客户所要的万维网文档。

### 2. 网页

网页（Web Pages 或 Web Documents）又称 Web 页，它是浏览 WWW 资源的基本单位。每个网页对应磁盘上一个单一的文件，其中可以包括文字、表格、图像、声音、视频等。

一个 WWW 服务器通常被称为 Web 站点或者网站。每个这样的站点中，都有许多的 Web 页作为它的资源。

### 3. 主页

WWW 是通过相关信息的指针链接起来的信息网络，由提供信息服务的 Web 服务器组成。在 Web 系统中，这些服务信息以超文本文档的形式存储在 Web 服务器上。在每个 Web 服务器上都有一个 Home Page（主页），它把服务器上的信息分为几大类，通过主页上的链接来指向它们，其他超文本文档称做网页，通常也把它们称作页面或 Web 页。主页反映了服务器所提供的信息内容的层次结构，通过主页上的提示性标题（链接指针），可以转到主页之下的各个层次的其他各个页面，如果用户从主页开始浏览，可以完整地获取这一服务器所提供的全部信息。

#### 4. 超文本

超文本（Hypertext）文档不同于普通文档，超文本文档中也可以有大段的文字用来说明问题，除此之外它们最重要的特色是文档之间的链接。互相链接的文档可以在同一个主机上，也可以分布在网络上的不同主机上，超文本就因为有这些链接才具有更好的表达能力。用户在阅读超文本信息时，可以随意跳跃一些章节，阅读下面的内容，也可以从计算机里取出存放在另一个文本文件中的相关内容，甚至可以从网络上的另一台计算机中获取相关的信息。

#### 5. 超媒体

就信息的呈现形式而言，除文本信息以外，还有语音、图像和视频（或称动态图像）等，这些统称为多媒体。在多媒体的信息浏览中引入超文本的概念，就是超媒体（Hypermedia）。

#### 6. 超级链接

在超文本/超媒体页面中，通过指针可以转向其他 Web 页，而新的 Web 页又指向另一些 Web 页的指针等。这样一种没有顺序、没有层次结构，如同蜘蛛网般的链接关系就是超级链接（Hyperlink）。

### 7.3.3 统一资源定位符 URL

#### 1. URL 的格式

统一资源定位符是对可以从 Internet 上得到的资源的位置和访问方法的一种简洁的表示。URL 给资源的位置提供一种抽象的识别方法，并用这种方法给资源定位。只要能够给资源定位，系统就可以对资源进行各种操作，如存取、更新、替换和查找其属性。

上述的"资源"是指在 Internet 上可以被访问的任何对象，包括文件目录、文件、文档、图像、声音等，以及与 Internet 相连的任何形式的数据。

URL（Uniform Resource Locator，统一资源定位符）相当于一个文件名在网络范围的扩展。因此，URL 是与 Internet 相连的机器上的任何可访问对象的一个指针。由于对不同对象的访问方式不同（如通过 WWW、FTP 等），所以 URL 还指出读取某个对象时所使用的访问方式。URL 的一般形式为：

＜URL 的访问方式＞://＜主机域名＞：＜端口＞/＜路径＞

其中：

（1）＜URL 的访问方式＞用来指明资源类型，除了 WWW 用的 HTTP 协议之外，还可以是 FTP、News 等；

（2）＜主机域名＞表示资源所在机器的主机名字，是必需的，主机域名可以是域名方式，也可以是 IP 地址方式；

（3）＜端口＞和＜路径＞则有时可以省略；

（4）＜路径＞用以指出资源在所在机器上的位置，包含路径和文件名，通常为"目录名/目录名/文件名"，也可以不含有路径。例如，邢台职业技术学院的 WWW 主页的 URL 就表示为：http://www.xtvtc.edu.cn/index.asp。

在输入 URL 时，资源类型和服务器地址不分字母的大小写，但目录和文件名则可能区分字母的大小写。这是因为大多数服务器安装了 UNIX 操作系统，而 UNIX 的文件系统区分文件名的大小写。

常用的 URL 服务类型如表 7 – 4 所示。

表 7 –4　URL 服务类型及对应端口号

| 协议名 | 服务 | 传输协议 | 端口号 |
| --- | --- | --- | --- |
| http | WWW 服务 | HTTP | 80 |
| Telnet | 远程登录服务 | Telnet | 23 |
| ftp | 文件传输服务 | FTP | 21 |
| mailto | 电子邮件服务 | SMTP | 25 |
| news | 网络新闻服务 | NNTP | 119 |

**2. 使用 HTTP 的 URL**

对于万维网网站的访问要使用 HTTP 协议。HTTP 的 URL 的一般形式为：

http：//＜主机域名＞：＜端口＞/＜路径＞

http 的默认端口号是 80，通常可以省略。若再省略文件的＜路径＞项，则 URL 就指到 Internet 上的某个主页（Home Page）。

例如，要查有关邢台职业技术学院的信息，就可先进入到邢台职业技术学院的主页，其 URL 为：

http：//www. xtvtc. edu. cn

更复杂一些的路径是指向层次结构的从属页面。例如：

http：//www. xtvtc. edu. cn/xxzx/index. htm

用户使用 URL 不仅能够访问万维网的页面，而且能够通过 URL 使用其他的 Internet 应用程序，如 FTP、Gopher、Telnet、电子邮件以及新闻组等。并且，用户在使用这些应用程序时，只使用一个程序，即浏览器。

**3. 使用 FTP 的 URL**

使用 FTP 访问站点的 URL 的最简单的形式为：

ftp：//＜主机域名＞：＜端口＞/＜路径＞

FTP 的默认端口号是 21，一般可省略。但有时也可以使用另外的端口号。

例如，要访问邢台职业技术学院的 FTP 服务器，在浏览器地址栏中输入：

ftp：//xtvtc. edu. cn

这里，xtvtc. edu. cn 是邢台职业技术学院的服务器的 Internet 域名。如果不使用域名而使用该服务器的点分十进制的 IP 地址也是可以的。假定要直接访问上面的服务器中在目录 pub 下的一个文件 abc. htm，那么该文件 URL 就是：

Ftp：//xtvtc. edu. cn/pub/abc. htm

某些 FTP 服务器要求用户要提供用户名和口令，那么这时就要在＜host＞项之前填入用户名和口令。

另外，还有一个通用的万维网标识符，即通用资源标识符（Universal Resource Identifer，URI）。包括了 URL 和统一资源名字（Uniform Resource Name，URN），因此，URI 可看成一种广义的 URL。而 URL 只是 URI 的一种类型，在 URL 中指明了访问的协议以及一个特定的 Internet 地址。URI 使一个资源的名字与其位置无关，甚至与访问的方法都无关。

### 7.3.4 超文本传输协议 HTTP

超文本传输协议（Hypertext Transfer Protocol，HTTP）是用来在浏览器和 WWW 服务器之间传送超文本的协议。HTTP 协议由两部分组成：从浏览器到服务器的请求集和从服务器到浏览器的应答集。HTTP 协议是一种面向对象的协议，为了保证 WWW 客户机与 WWW 服务器之间通信不会产生二义性，HTTP 精确定义了请求报文和响应报文的格式。

请求报文：从 WWW 客户机向 WWW 服务器发送请求报文。

响应报文：从 WWW 服务器到 WWW 客户机的回答。

HTTP 会话过程包括 4 个步骤：连接、请求、应答、关闭，如图 7－7 所示。每个万维网站点都有一个服务器进程，它不断地监听 TCP 的 80 端口，以便发现是否具有浏览器（即客户进程）向它发出连接建立请求，一旦监听到连接建立请求并建立了 TCP 连接之后，浏览器就向服务器发出浏览某个页面的请求，服务器接着就返回所请求的页面作为响应。最后，TCP 连接就被释放了。在浏览器和服务器之间的请求和响应的交互，必须按照规定的格式和遵循一定的规则。这些格式和规则就是超文本传输协议 HTTP。

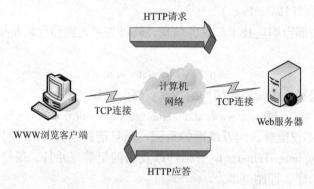

图 7－7　HTTP 会话过程

WWW 以客户端/服务器（Client/Server）模式进行工作。运行 WWW 服务器程序并提供 WWW 服务的机器被称为 WWW 服务器；在客户端，用户通过一个被称为浏览器（Browser）的交互式程序来获得 WWW 信息服务。常用到的浏览器有 Mosaic、Netscape 和 IE（Internet Explorer）。

用户浏览页面的方法有两种：一种方法是在浏览器的地址窗口中键入所要找的页面的 URL。另一种方法是在某一个页面中单击一个可选部分，这时浏览器自动在 Internet 上找到所要链接的页面。

对于每个 WWW 服务器站点都有一个服务器监听 TCP 的 80 端口，看是否有从客户端（通常是浏览器）过来的连接。当客户端的浏览器在其地址栏里输入一个 URL 或者单击 Web 页上的一个超链接时，Web 浏览器就要检查相应的协议以决定是否需要重新打开一个应用程序，同时对域名进行解析以获得相应的 IP 地址。然后，以该 IP 地址并根据相应的应用层协议即 HTTP 所对应的 TCP 端口与服务器建立一个 TCP 连接。连接建立之后，客户端的浏览器使用 HTTP 协议中的 GET 功能向 WWW 服务器发出指定的 WWW 页面请求，服务器收到该请求后将根据客户端所要求的路径和文件名使用 HTTP 协议中的 PUT 功能将相应 HTML

文档送回到客户端，如果客户端没有指明相应的文件名，则由服务器返回一个默认的 HTML 页面。页面传送完毕则中止相应的会话连接。

下面以一个具体的例子来介绍 Web 服务的实现过程。假设有用户要访问邢台职业技术学院主页 http:// www. xtvtc. edu. cn/index. asp，则浏览器与服务器的信息交互过程如下。

（1）浏览器确定 Web 页面 URL，如 http://www. xtvtc. edu. cn/index. asp。

（2）浏览器请求 DNS 解析 Web 服务器 www. xtvtc. edu. cn 的 IP 地址，如解析为 211. 81. 192. 250。

（3）浏览器向主机 211. 81. 192. 250 的 80 端口请求建立一条 TCP 连接。

（4）服务器对连接请求进行确认，连接建立的过程完成。

（5）浏览器发出请求页面报文，如 GET/index. asp。

（6）服务器 211. 81. 192. 250 以 index. asp 页面的具体内容响应浏览器。

（7）WWW 服务器关闭 TCP 连接。

（8）浏览器将页面 index. asp 中的文本信息显示在屏幕上。

（9）如果 index. asp 页面上包含图像等非文本信息，那么浏览器需要为每个图像建立一个新的 TCP 连接，从服务器获得图像并显示。

## 7.3.5 超文本标记语言

超文本标记语言（HTML）是 ISO 标准通用标识语言（Standard Generalized Markup Language，SGML）在万维网上的应用。所谓标识语言就是格式化的语言，存在于 WWW 服务上的页，就是由 HTML 描述的。它使用一些约定的标记对 WWW 上各种信息（包括文字、声音、图形、图像、视频等）、格式以及超链接进行描述。当用户浏览 WWW 服务器上的信息时，浏览器会自动解释这些标记的含义，并将其显示为用户在屏幕上所看到的网页。

一个 HTML 文本包括文件头（Head）、文件（Body）主体两部分。其结构如下所示。

&lt; HTML &gt;<br>
&lt; HEAD &gt;<br>
&lt;/HEAD &gt;<br>
&lt; BODY &gt;<br>
⋮<br>
&lt;/BODY &gt;<br>
&lt;/HTML &gt;

其中：

（1）&lt;HTML&gt;表示页的开始，&lt;/HTML&gt;表示页结束，它们是成对使用的；

（2）&lt;HEAD&gt;表示头开始，&lt;/HEAD&gt;表示头结束；

（3）&lt;BODY&gt;表示主体开始，&lt;/BODY&gt;表示主体结束，它们之间的内容才会在浏览器的正文中显示出来；

（4）HTML 的标识符有很多，有兴趣的用户可以查看有关网页制作方面的书籍。

# 7.4　FTP 服务

## 7.4.1　FTP 概念

文件传输协议（File Transfer Protocol，FTP）是 Internet 上使用的最广泛的文件传输协议。FTP 的主要作用就是让用户连接上一个远程计算机（这些计算机运行着 FTP 服务进程，并且存储着各种格式的文件，包括计算机软件、声音文件、图像文件、重要资料、电影等），查看远程计算机上有哪些文件，然后把文件从远程计算机上复制到本地计算机，或把本地计算机的文件传送到远程计算机去。前者称为"下载"，后者称为"上传"。

FTP 是一个通过 Internet 传送文件的系统。大多数站点都有匿名 FTP 服务。所谓匿名就是这些站点允许一个用户自由地登录到机器上并复制下载文件。

## 7.4.2　FTP 的工作原理

FTP 使用客户端/服务器模式，即由一台计算机作为 FTP 服务器提供文件传输服务，而由另一台计算机作为 FTP 客户端提出文件服务请求并得到授权的服务。一个 FTP 服务器进程可同时为多个客户进程提供服务。FTP 的服务器进程由两大部分组成：一个主进程，负责接收新的请求；另外有若干个从属进程，负责处理单个请求。如图 7 - 8 所示。主进程的工作步骤如下所述。

（1）打开端口 21，使客户进程能够连接上。

（2）等待客户进程发出连接请求。

（3）启动从属进程来处理客户进程发出的请求。从属进程对客户进程的请求处理完毕后即终止，但从属进程在运行期间根据需要还可能创建其他一些子进程。

（4）回到等待状态，继续接收其他客户进程发来的请求。主进程与从属进程的处理是并发地进行。

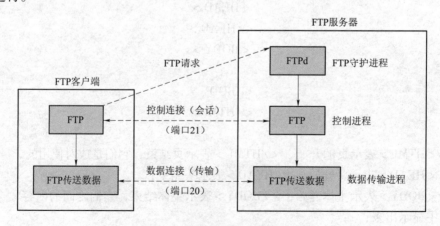

图 7 - 8　FTP 工作原理示意

在 FTP 的服务器上，只要启动了 FTP 服务，则总是有一个 FTP 的守护进程在后台运行以随时准备对客户端的请求作出响应。当客户端需要文件传输服务时，其将首先设法打开一个与 FTP 服务器之间的控制连接相连，在连接建立过程中服务器会要求客户端提供合法的登录名和密码，在许多情况下，使用匿名登录，即采用 anonymous 为用户名，自己的 E-mail 地址作为密码。一旦该连接被允许建立，其相当于在客户机与 FTP 服务器之间打开了一个命令传输的通信连接，所有与文件管理有关的命令将通过该连接被发送至服务器端执行。该连接在服务器端使用 TCP 端口号的默认值为 21，并且该连接在整个 FTP 会话期间一直存在。每当请求文件传输即要求从服务器复制文件到客户机时，服务器将再形成另一个独立的通信连接，该连接与控制连接使用不同的协议端口号，默认情况下在服务器端使用 20 号为 TCP 端口，所有文件可以以 ASCII 模式或二进制模式通过该数据通道传输。

### 7.4.3　FTP 命令

用户可以使用 FTP 命令来进行文件传输，这种称为交互模式。当用户交互使用 FTP 时，FTP 发出一个提示，用户输入一条命令，FTP 执行该命令并发出下一提示。FTP 允许文件沿任意方向传输，即文件可以上传与下载，在交互方式下，也提供了相应的文件上传与下载的命令。如在 Windows 2000 操作系统下可使用如下形式的 FTP 命令。

FTP ［-d-g-i-n-t-v］［host］

其中各部分的含义如下所述。

（1）Host：代表主机名或者主机对应的 IP 地址。

（2）-d：表示允许调试。

（3）-g：表示不允许在文件名中出现"＊"和"？"等通配符。

（4）-i：表示多文件传输时，不显示交互信息。

（5）-n：表示不利用 ＄HOME/netrc 文件进行自动登录。

（6）-t：表示允许分组跟踪。

（7）-v：显示所有从远程服务器上返回的信息。

（8）［］：表示其中的内容为命令的可选参数。

用户输入 FTP 命令如 ftp://211.81.192.250 后，屏幕就会显示 FTP＞提示符，表示用户进入 FTP 交互模式，在该模式下用户可输入 FTP 操作的子命令。常见的 FTP 子命令及其功能如下所述。

（1）ASCII：进入 ASCII 方式，传送文本文件。

（2）BINARY：传送二进制文件，进入二进制方式。

（3）BYE 或 QUIT：结束本次文件传输，退出 FTP 程序。

（4）CD dir：改变当前工作目录。

（5）LCD dir：改变本地当前目录。

（6）DIR 或 LS［remote-dir］［local-file］：列目录。

（7）GET remote-file［local-file］：获取远地文件。

（8）MGET remote-files：获取多个远地文件，可以使用通配符。

（9）PUT local-file［remote-file］：将一个本地文件传递到远地主机上。

（10）MPUT local-files：将多个本地文件传到远地主机上，可用通配符。

（11）DELETE remote-file：删除远地文件。

（12）MDELETE remote-files：删除远地多个文件。

（13）MKDIR dir-name：在远地主机上创建目录。

（14）RMDIR dir-name：删除远地目录。

（15）OPEN host：与指定主机的 FTP 服务器建立连接。

（16）CLOSE：关闭与远地 FTP 程序的连接。

（17）PWD：查询当前目录。

（18）STATUS：显示 FTP 程序的状态。

（19）USER user-name［password］［account］：向 FTP 服务器表示用户身份。

还有许多工具软件被开发出来用于实现 FTP 的客户端功能，如 NetAnts、Cute FTP、WSFTP 等，另外 Internet Explorer 和 Netscape Navigator 也提供 FTP 客户软件的功能。这些软件的共同特点是采用直观的图形界面，通常还实现了文件传输过程中的断点再续和多路传输功能。

### 7.4.4　FTP 文件格式

FTP 有文本方式与二进制方式两种文件传输类型，所以用户在进行文件传输之前，还要选择相应的传输类型：根据远程计算机文本文件所使用的字符集是 ASCII 或 EBCDIC，用户可以用 ASCII 或 EBCDIC 命令来指定文本方式传输；二进制文件是指非文本文件，如压缩文件、图形与图像、声音文件、电子表格、计算机程序、电影或其他文件都必须用二进制方式传输，用户输入 binary 命令可将 FTP 转换成二进制模式。

## 7.5　邮件服务

### 7.5.1　电子邮件的概念

电子邮件（Electronic Mail，简称为 E-mail）是 Internet 上最受欢迎也是使用最为广泛的应用之一。电子邮件将邮件发送到 Internet 信息提供商（ISP）的邮件服务器，并放在其中的收信人邮箱（Mail Box）中，收信人可随时上网到 ISP 的邮件服务器进行读取。相当于利用 Internet 为用户设立了存放邮件的信箱，E-mail 有时也称为"电子信箱"。因此，电子邮件服务是一种通过计算机网络与其他用户进行联系的快速、简便、高效、廉价的现代化通信手段。电子邮件之所以受到广大用户的喜爱，是因为与传统通信方式相比，其具有成本低、速度快、安全与可靠性高、可达到范围广、内容表达形式多样等优点。现在的电子邮件不仅可以传送文字信息，而且还可以附上声音和图像。

### 7.5.2　电子邮件的格式

电子邮件有自己规范的格式，电子邮件的格式由信封和内容两大部分，即邮件头（Header）和邮件主体（Body）两部分。邮件头包括收信人 E-mail 地址、发信人 E-mail 地址、发送日期、标题和发送优先级等，其中，前两项是必选的。邮件主体才是发件人和收件人要处理的内容，早期的电子邮件系统使用简单邮件传送协议（SMTP），只能传递文本信息，而通过使用多用途 Internet 邮件扩展协议（Multipurpose Internet Mail Extensions，MIME），现在还可以发送语音、图像和视频等信息。对于 E-mail 主体不存在格式上的统一要求，但对信封即邮件头有严格的格式要求，尤其是 E-mail 地址。

　　E-mail 地址的标准格式为：< 收信人信箱名 >@ 主机域名

其中：

　　（1）收信人信箱名指用户在某个邮件服务器上注册的用户标识，相当于是他的一个私人邮箱，收信人信箱名通常用收信人姓名的缩写来表示。

　　（2）@ 为分隔符，一般把它读为英文的 at。

　　（3）主机域名是指信箱所在的邮件服务器的域名。

　　例如，chujl@263. net，表示在 263 在线的邮件服务器上的用户名为 chujl 的用户信箱。

## 7.5.3　电子邮件系统的组成

　　有了标准的电子邮件格式外，电子邮件的发送与接收还要依托由用户代理、邮件服务器和邮件协议组成的电子邮件系统。图 7 - 9 给出了电子邮件系统的简单示意图。

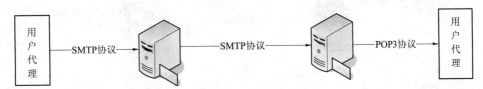

图 7 - 9　电子邮件系统的简单示意图

### 1. 用户代理

　　用户代理 UA（User Agent）就是用户与电子邮件系统的接口，在大多数情况下就是用户计算机中运行的程序。用户代理使用户能够通过一个很友好的接口，它可以提供命令行方式、菜单方式或图形方式的界面来与电子邮件系统交互，目前主要是窗口界面，允许人们读取和发送电子邮件，如 Outlook Express、Hotmail、Foxmail 以及基于 Web 界面的用户代理程序等。用户代理至少应当具有撰写、显示、处理 3 个基本功能。

　　1）撰写

　　给用户提供很方便地编辑信件的环境。如应让用户能创建便于使用的通讯录，回信时具有回复等功能。

　　2）显示

　　能方便地在计算机屏幕上显示出来信的内容（包括来信附件中的声音和图像）。

　　3）处理

　　处理包括发送邮件和接收邮件。

### 2. 邮件服务器

　　邮件服务器是电子邮件系统的核心构件，包括邮件发送服务器和邮件接收服务器，邮件服务器按照客户机/服务器模式工作。顾名思义，所谓邮件发送服务器是指为用户提供邮件发送功能的邮件服务器，如图 7 - 9 所示的 SMTP 服务器；而邮件接收服务器是指为用户提供邮件接收功能的邮件服务器，如图 7 - 9 中的 POP3 服务器。

### 3. 邮件协议

　　用户在发送邮件时，要使用邮件发送协议，常见的邮件发送协议有简单邮件传输协议（Simple Mail Transfer Protocol，SMTP）和 MIME 协议。前者只能传输文本信息，而后者则可以传输包括文本、声音、图像等在内的多媒体信息。当用户代理向电子邮件发送服务器发送电子邮件时或邮件发送服务器向邮件接收服务器发送电子邮件时都要使用邮件发送协议。用户从邮件接收服务器接收邮件时，要使用邮件接收协议，通常使用邮局协议（Post Office Protocol，POP3），该协议由 RFC 1225 中定义，具有用户登录、退出、读取消息、删除消息的命令。POP3 的关键之处在于其能从远程邮箱中读取电子邮件，并将它存在用户本地的机器上以便以后读取。通常，SMTP 使用 TCP 的 25 号端口，而 POP3 则使用 TCP 的 110 号端口。

图 7 - 10 给出了一个电子邮件发送和接收的具体实例。假定用户 XXX 使用 XXX@ sina. com. cn 作为发信人地址向用户 YYY 发送一个文本格式的电子邮件，该发信人地址所指向的邮件发送服务器为 Smtp. sina. com. cn，收信人的 E-mail 地址为 YYY@ 263. net。

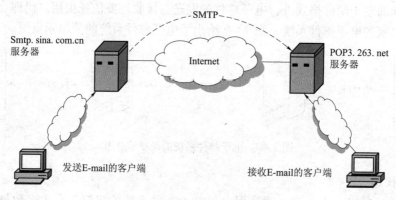

图 7 - 10　电子邮件发送和接收的实例

首先，用户 XXX 在自己的机器上使用独立式的文本编辑器，字处理程序或是用户代理内部的文本编辑器来撰写邮件正文。然后，使用电子邮件用户代理程序如 Outlook Express 完成标准邮件格式的创建，即选择创建新邮件图标，填写收件人地址、主题、邮件的正文、邮件的附件等。

一旦用户选择邮件发送图标之后，则用户代理程序将用户的邮件传给负责邮件传输的程序，由其在 XXX 所用的主机和名为 Smtp. sina. com. cn 的发送服务器之间建立一个关于 SMTP 的连接，并通过该连接将邮件发送至服务器 Smtp. sina. com. cn。

发送方服务器 Smtp. sina. com. cn 在获得用户 XXX 所发送的邮件后，根据邮件接收者的地址，在发送服务器与 YYY 的接收邮件服务器之间建立一个 SMTP 的连接，并通过该连接将邮件送至 YYY 的接收服务器。

接收方邮件服务器 POP3. 263. net 接收到邮件后，根据邮件接收者的用户名将邮件放到用户的邮箱中。在电子邮件系统中，为每个用户分配一个邮箱（用户邮箱）。例如，在基于 UNIX 的邮件服务系统中，用户邮箱位于/usr/spool/mail/目录下，邮箱标识一般与用户标识相同。

当邮件到达邮件接收服务器后，用户随时都可以接收邮件。当用户 YYY 需要查看自己的邮箱并接收邮件时，其首先要在自己的计算机与邮件接收服务器 POP3. 263. net 之间建立一条关于 POP3 的连接，该连接也是通过系统提供的用户代理程序进行。连接建立之后，用户就可以从自己的邮箱中"取出"邮件进行阅读、处理、转发或回复邮件等操作。

电子邮件的"发送—传递—接收"是异步的，邮件发送时并不要求接收者正在使用邮件系统，邮件可存放在接收用户的邮箱中，接收者随时可以接收。

# 习　题

**一、名词解释**

1. DNS　　　2. DHCP　　　3. URL　　　4. FTP

**二、填空题**

1. 在我国将二级域名划分为_____和_____两大类。

2. 为了提高解析速度，域名解析服务提供了_____和_____两方面的优化。

3. 域名 . gov 表示_____类型。

4. DHCP 的工作过程包括_____、_____、_____和_____4 步。

5. WWW 服务采用 C/S 模式，客户机即_____，服务器即_____。

6. 发送电子邮件常采用_____协议，接收电子邮件常采用_____协议。

**三、选择题**

1. DNS 的作用是（　　）。

A. 用来将端口翻译成 IP 地址　　　　　　B. 用来将域名翻译成 IP 地址

C. 用来将 IP 地址翻译成物理地址　　　　D. 用来将物理地址翻译成 IP 地址

2. 在 www. gdcp. edu. cn 这个完全域名里，（　　）是主机名。

A. edu. cn　　　　　B. gdcp　　　　　C. www　　　　　D. cn

3. DHCP 协议的功能是（　　）。

A. 为客户自动进行注册　　　　　　　　B. 为客户自动配置 IP 地址

C. 将 IP 地址翻译为物理地址　　　　　　D. 使 DNS 名字自动登录

4. DHCP 客户机申请 IP 地址租约时首先发送的信息是（　　）。

A. DHCP Discover　　B. DHCP Offer　　C. DHCP Request　　D. DHCP Positive

5. 浏览器与 Web 服务器之间使用的协议是（　　）。

A. DNS　　　　　　　B. SNMP　　　　　C. HTTP　　　　　D. SMTP

6. 默认的 Web 服务器端口号是（　　）。

A. 80　　　　　　　　B. 23　　　　　　　C. 21　　　　　　　D. 8080

7. 某用户在域名为 mail. gdcp. net 的邮件服务器上申请了一个电子信箱，信箱名为 jtxx，下面（　　）是该用户的电子邮件地址。

A. mail. gdcp. net@ jtxx　　　　　　　　B. jtxx% gdcp. net

C. jtxx@ gdcp. net　　　　　　　　　　　D. jtxx@ mail. gdcp. net

**四、简答题**

1. 简述 DHCP 的工作过程。

2. 电子邮件系统由哪几部分组成？

# 网络规划与设计

## 项目描述

本项目的主要任务是组建大学的校园网，将整个学校的计算机都纳入校园网中，实现统一规划、分块工作、异地互连、整体管理，并为将来的应用扩展和系统的升级预留接口。本项目的具体目标就是应用局域网构建技术，根据学校的要求，进行大学校园网综合系统设计，以满足校园内计算机网络系统的需要。

## 项目分析

实施网络工程的首要工作就是要进行网络设计，包括需求分析、组网目标、组网原则、网络设备布局、综合布线、系统软件、网络工程实施步骤、测试和验收等。网络工程设计的目标是确保网络工程顺利进行，在网络工程设计的过程中首先要进行用户需求分析。

网络项目建成后必须实现以下的功能需求：建设一个通畅、高效、安全、可扩展的小型校园网络，网络系统必须运行稳定，支撑校园网的各种信息获取，共享各种教学资源，降低校园网络总体运行费用。

在设计方案时，无论是网络或系统都应遵循以下原则，以保障方案能满足要求。

(1) 实用性原则。

(2) 经济性原则。

(3) 易管理性原则。

(4) 可靠性原则。

(5) 安全性原则。

(6) 可扩展性原则。

(7) 标准化原则。

(8) 高性能原则。

(9) 灵活性原则。

# 任务 1　需 求 分 析

## 1.1　任务描述

　　该项目是建设一个小型校园网络，校园网要满足校园内各种计算机应用系统的操作和信息获取要求；校园网要具备良好的可管理性，以减轻维护人员的工作量，提高网络系统的运行质量；校园网要具备良好的可扩展性，能满足未来发展的需要；校园网要保持技术的先进性，符合信息技术的发展方向；应针对学校的教学特点，具有一些基本教学功能。

　　根据所确定的校园网的建设目标和设计原则，针对用户所提出的基本需求，对该网络工程进行详细的需求分析，从而确定网络工程的应用背景、业务需求、管理需求、安全性需求、通信量需求、网络扩展性需求和网络环境需求等。

## 1.2　任务分析

　　需求分析是任何一个网络工程实施的第一个环节，也是关系一个网络工程成功与否最重要的砝码。

　　网络部分的总体要求有如下内容。

　　（1）满足网络化、智能化、信息化的发展要求，为各类应用系统提供方便、快捷的信息通路，共享各种教学资源。

　　（2）良好的性能，能够支持大容量和实时性的各类应用。

　　（3）能够可靠地运行，有较低的故障率和维护要求。

　　（4）具有较高的性价比。

　　（5）扩展容易。

　　（6）用户使用简单，维护容易。

　　系统部分总体要求如下。

　　（1）易配置。

　　（2）广泛的设备支持。

　　（3）系统的运行具有高稳定性。

　　（4）可管理性。

　　（5）低成本。

　　（6）安全性。

## 1.3　相关知识

### 1.3.1　计算机网络基础知识

#### 1. 计算机网络的定义

什么是计算机网络？多年来一直没有一个严格的定义，并且随着计算机技术和通信技术的发展而具有不同的内涵。目前一些较为权威的看法认为：所谓计算机网络，就是通过线路互连起来的、自治的计算机集合，确切地讲，就是将分布在不同地理位置上的具有独立工作能力的计算机、终端及其附属设备用通信设备和通信线路连接起来，并配置网络软件，以实现计算机资源共享的系统。

概括起来说，一个计算机网络必须具备以下 3 个基本要素。

（1）至少有两个具有独立操作系统的计算机，且它们之间有相互共享某种资源的需求。

（2）两个独立的计算机之间必须有某种通信手段将其连接。

（3）网络中的各个独立的计算机之间要能相互通信，必须制定相互可确认的规范标准或协议。

以上 3 条是组成一个网络的必要条件，缺一不可。

在计算机网络中，能够提供信息和服务能力的计算机是网络的资源，而索取信息和请求服务的计算机则是网络的用户。由于网络资源与网络用户之间的连接方式、服务类型及连接范围的不同，从而形成了不同的网络结构及网络系统。

**2. 计算机网络的分类**

计算机网络的分类可按不同的分类标准进行划分。

1）按网络拓扑结构划分

计算机网络的物理连接方式叫做网络的拓扑结构。按照网络的拓扑结构，计算机网络可分为：总线型、星形、环形、网形、树形等。

2）按网络的覆盖范围划分

根据计算机网络所覆盖的地理范围、信息的传输速率及其应用目的，计算机网络通常被分为接入网（AN）、局域网（LAN）、城域网（MAN）、广域网（WAN）。这种分类方法也是目前较为流行的一种分类方法。

3）按数据传输方式分类

根据数据传输方式的不同，计算机网络又可以分为"广播网络"和"点对点网络"两大类。

广播网络（Broadcasting Network）中的计算机或设备使用一个共享的通信介质进行数据传播，网络中的所有结点都能收到任何结点发出的数据信息。广播网络中的传输方式目前有单播、组播和广播 3 种方式。

点对点网络（Point to Point Network）中的计算机或设备以点对点的方式进行数据传输，两个结点间可能有多条单独的链路。这种传播方式应用于广域网中。

以太网和令牌环网属于广播网络，而 ATM 和帧中继网属于点对点网络。

4）按通信传输介质划分

按通信传输介质不同可分为有线网络和无线网络。所谓有线网络，是指采用有形的传输介质，如双绞线、同轴电缆、光纤等组建的网络；而使用微波、红外线等无线传输介质作为通信线路的网络就属于无线网络。

5）按使用网络的对象分类

按使用网络的对象不同可分为专用网和公用网。专用网一般由某个单位或部门组建，使用权限属于单位或部门内部所有，不允许外单位或部门使用，如银行系统的网络。而公用网由电信部门组建，网络内的传输和交换设备可提供给任何部门和单位使用。

6）按网络组件的关系分类

按照网络中各组件的功能来划分，常见的有两种类型的网络：对等网络和基于服务器的网络。

### 3. 计算机网络的功能

计算机网络技术使计算机的作用范围和其自身的功能有了突破性的发展。计算机网络虽然各种各样，但作为计算机网络都应具有如下功能。

1）数据通信

数据通信是计算机网络最基本的功能之一，利用这一功能，分散在不同地理位置的计算机就可以相互传输信息。该功能是计算机网络实现其他功能的基础。

2）计算机系统的资源共享

对于用户所在站点的计算机而言，无论硬件还是软件，性能总是有限的。一台个人计算机用户，可以通过使用网中的某一台高性能的计算机来处理自己提交的某个大型复杂的问题，用户还可以像使用自己的个人计算机一样，使用网上的一台高速打印机打印报表、文档等。更重要的资源是计算机软件和各种各样的数据库。用户可以使用网上的大容量磁盘存储器存放自己采集、加工的信息，特别是可以使用网上已有的软件来解决某个问题。各种各样的数据库更是取之不尽。随着计算机网络覆盖区域的扩大，信息交流也愈来愈不受地理位置、时间的限制，使得人类对资源可以互通有无，大大提高了资源的利用率和信息的处理能力。

3）进行数据信息的集中和综合处理

将分散在各地计算机中的数据资料适时集中或分级管理，并经综合处理后形成各种报表，提供给管理者或决策者分析和参考，如自动订票系统、政府部门的计划统计系统、银行财政及各种金融系统、数据的收集和处理系统、地震资料收集与处理系统、地质资料采集与处理系统等。

4）均衡负载，相互协作

当某一个计算中心的任务很重时，可通过网络将此任务传递给空闲的计算机去处理，以调节忙闲不均现象。此外，地球上不同区域的时差也为计算机网络带来很大的灵活性，一般白天计算机负荷较重，晚上则负荷较轻，地球时差正好为人们提供了半个地球的调节余地。

5）提高了系统的可靠性和可用性

当网中的某一处理机发生故障时，可由别的路径传输信息或转到别的系统中代为处理，以保证用户的正常操作，不因局部故障而导致系统的瘫痪。又如某一数据库中的数据因处理机发生故障而消失或遭到破坏时，可从另一台计算机的备份数据库中调来进行处理，并恢复遭破坏的数据库，从而提高系统的可靠性和可用性。

6）进行分布式处理

对于综合性的大型问题可采用合适的算法，将任务分散到网中不同的计算机上进行分布式处理。特别是对当前流行的局域网更有意义，利用网络技术将微机连成高性能的分布式计算机系统，使它具有解决复杂问题的能力。

### 4. ISO/OSI 网络参考模型

该模型是国际标准化组织（ISO）为网络通信制定的协议，根据网络通信的功能要求，它把通信过程分为 7 层，分别为物理层、数据链路层、网络层、传输层、会话层、表示层和应用层。

1）物理层

物理层（Physical）是整个 OSI 参考模型的最低层，它的任务就是提供网络的物理连接。所以，物理层是建立在物理介质上的（而不是逻辑上的协议和会话），它提供的是机械和电气接口。主要包括电缆、物理端口和附属设备，如双绞线、同轴电缆、接线设备（如网卡等）、RJ-45 接口、串口和并口等在网络中都是工作在这个层次的。

2）数据链路层

数据链路层（DataLink）是建立在物理传输能力的基础上，以帧为单位传输数据，它的主要任务就是进行数据封装和数据链接的建立。封装的数据信息中，地址段含有发送结点和接收结点的地址，控制段用来表示数据连接帧的类型，数据段包含实际要传输的数据，差错控制段用来检测传输中帧出现的错误，工作在这个层次上的交换机俗称"第 2 层交换机"。

3）网络层

网络层（Network）属于 OSI 中的较高层次，从它的名字可以看出，它解决的是网络与网络之间，即网际的通信问题，而不是同一个网段内部的事。网络层的主要功能是提供路由，即选择到达目标主机的最佳路径，并沿该路径传送数据包。除此之外，网络层还要能够消除网络拥挤，具有流量控制和拥挤控制的能力。网络边界中的路由器就工作在这个层次上，现在较高档的交换机也可直接工作在这个层次上，因此它们也提供了路由功能，俗称"第 3 层交换机"。

4）传输层

传输层（Transport）解决的是数据在网络之间的传输质量问题，它属于较高层次。传输层用于提高网络层服务质量，提供可靠的端到端的数据传输，如常说的 QoS 就是这一层的主要服务。这一层主要涉及的是网络传输协议，它提供的是一套网络数据传输标准，如 TCP 协议。

5）会话层

会话层（Session）利用传输层来提供会话服务，会话可能是一个用户通过网络登录到一个主机，或一个正在建立的用于传输文件的会话。

6）表示层

表示层（Presentation）用于数据管理的表示方式，如用于文本文件的 ASCII 和 EBCDIC，用于表示数字的 1S 或 2S 补码表示形式。如果通信双方用不同的数据表示方法，他们就不能互相理解。表示层就是用于屏蔽这种不同之处。

7）应用层

应用层（Application）是 OSI 参考模型的最高层，它解决的也是最高层次的问题，即程序应用过程中的问题，它直接面对用户的具体应用。应用层包含用户应用程序执行通信任务所需要的协议和功能，如电子邮件和文件传输等，在这一层中 TCP/IP 协议中的 FTP、SMTP、POP 等协议得到了充分应用。

**5. TCP/IP 协议**

TCP/IP 是 Transmission Control Protocol/Internet Protocol 的简写，即传输控制协议/Internet 互联协议，又叫网络通信协议，这个协议是 Internet 最基本的协议，是 Internet 国际互联网络的基础。简单地说，就是由网络层的 IP 协议和传输层的 TCP 协议组成的。

TCP/IP 协议并不完全符合 OSI 的 7 层参考模型，采用了 4 层的层级结构，每一层都呼叫它的下一层所提供的网络来完成自己的需求。这 4 层分别如下所述。

1）应用层

应用程序间沟通的层，如简单电子邮件传输（SMTP）、文件传输协议（FTP）、网络远程访问协议（Telnet）等。

2）传输层

在此层中，它提供了结点间的数据传送服务，如传输控制协议（TCP）、用户数据报协议（UDP）等，TCP 和 UDP 给数据包加入传输数据并把它传输到下一层中，这一层负责传送数据，并且确定数据已被送达并接收。

3）网际层

负责提供基本的数据封包传送功能，让每一块数据包都能够到达目的主机（但不检查是否被正确接收），如网际协议（IP）。

4）网络接口层

对实际的网络介质的管理，定义如何使用实际网络（如 Ethernet、Serial Line 等）来传送数据。

## 1.3.2  需求分析的方法

**1. 实地考察**

实地考察是工程设计人员获得第一手资料采用的最直接的方法，也是必需的步骤。

**2. 用户访谈**

用户访谈要求工程设计人员与招标单位的负责人通过面谈、电话交谈和电子邮件等通信方式以一问一答的形式获得需求信息。

**3. 问卷调查**

问卷调查通常对数量较多的最终用户提出，询问其对将要建设的网络应用的要求，问卷调查的方式可以分为无记名问卷调查和记名问卷调查。

**4. 向同行咨询**

将获得需求分析中不涉及商业机密的部分发布到专门讨论网络相关技术的论坛或新闻组中，请同行提供设计说明书，会发现热心人通常会给出许多中肯的建议。

# 1.4  任务实施

需求分析的主要步骤有获取用户需求、分析用户需求和编写需求说明书。

**1. 获取用户需求**

这是需求分析一个最重要的任务。

（1）了解用户的类型以及潜在的类型，根据用户的要求来确定系统的整体目标和系统的工作范围。

（2）对用户进行需求调查。调查的方式可以是直接与用户交谈、问卷调查、专家咨询和吸取经验教训等不同形式。每一次调查都要有记录，列出业务需求清单、用户需求表、网络应用调查表、计算平台调查表和信息点调查表。

**2. 分析用户需求**

主要包括网络需求、网络管理需求和网络安全需求。

**3. 编写需求说明书**

需求分析的目的是了解用户建设网络的目标，最终写出需求说明书。需求说明书的内容包括项目综述、需求数据总结和申请确认。

**4. 确认用户需求**

建设网络的需求数据，要由用户进行书面确认。确认的内容包括校园网功能、对主机系统的要求和校园网总体拓扑结构。

# 1.5 归纳总结

要组建一个校园网，首先要对校园网进行规划，网络规划流程图如项目图 1-1 所示。网络规划的依据是需求分析，按照需求分析的方法获取用户需求信息，经过用户需求分析写出需求说明书，通过可行性论证才能最终确定。

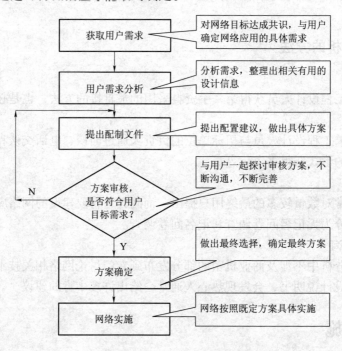

项目图 1-1 网络规划流程图

可行性论证通过后，根据需求说明书从网络技术选型、网络拓扑结构设计、网络详细规划等几方面完成网络规划与设计。

# 1.6 练习评测

（1）实地调查校园网，描述校园网的业务需求和安全需求。

（2）画出校园网的网络拓扑结构图。

# 任务 2  网络总体设计

## 2.1  任务描述

为了适应教学、科研和管理工作的需要，加强校内各部门之间的信息交流和共享，提高工作效率和水平，有必要建立一个全校范围内有效、实用的校园网。按照校园网的功能要求，该任务主要是在需求分析的基础上，完成对校园网的设计。

## 2.2  任务分析

一个良好的校园网设计方案除体现出网络的优越性能之外，还要体现在应用的实用性、网络的安全性、易于管理性和未来的可扩展性。

（1）要适应未来网络的扩展和拓扑结构的变化。

（2）要能为特定的师生用户或用户组提供访问路径。

（3）要保证网络能不间断地运行。

（4）当网络扩大和应用增加时，变化的网络结构要能应付相应的带宽要求。

（5）使用频率较高的应用能够支持网上大多数的师生用户。

（6）能合理地分配用户对网内、网外的信息流量。

（7）能支持较多的网络协议，扩大网络的应用范围。

（8）支持 IP 的单点传送和多点广播数据流。

## 2.3  相关知识

### 2.3.1  计算机网络拓扑结构

计算机网络的拓扑结构主要有：总线型拓扑、星形拓扑、环形拓扑、树形拓扑和网状拓扑等结构。

1）总线型拓扑

总线型结构由一条高速公用主干电缆，即总线连接若干个结点构成网络，网络中所有的结点通过总线进行信息的传输，这种结构的特点是结构简单灵活，建网容易，使用方便，性能好。其缺点是主干总线对网络起决定性作用，总线故障将影响整个网络。

2）星形拓扑

星形拓扑结构由中央结点集线器与各个结点连接组成，这种网络中的各结点必须通过中央结点才能实现通信。星形结构的特点是结构简单、建网容易，便于控制和管理。其缺点是中央结点负担较重，容易形成系统的"瓶颈"，线路的利用率也不高。

3）环形拓扑

环形拓扑结构由各结点首尾相连形成一个闭合环形线路。环形网络中的信息传送是单向的，即沿一个方向从一个结点传到另一个结点；每个结点需安装中继器，以接收、放大、发送信号。这种结构的特点是结构简单，建网容易，便于管理。其缺点是当结点过多时，将影响传输效率，不利于扩充。

4）树形拓扑

树形拓扑结构是一种分级结构。在树形结构的网络中，任意两个结点之间不产生回路，每条通路都支持双向传输。这种结构的特点是扩充方便、灵活，成本低，易推广，适合于分主次或分等级的层次型管理系统。

5）网状拓扑

网状拓扑结构主要用于广域网，由于结点之间有多条线路相连，所以网络的可靠性较高。由于结构比较复杂，建设成本较高。

## 2.3.2  IP 地址的规划

为了保证数据的正确传输，必须为网络中的每一台主机分配一个唯一的 IP 地址，IP 地址的规划可参照下面步骤进行。

（1）分析网络规模。

（2）根据网络规模确定所需的网络类别和每类网络的数量。

（3）确定使用公有地址、私有地址还是两者混用。

（4）根据可用的地址为每台主机指定 IP 地址并在主机上进行相应的配置。

IP 地址的分配可以采用静态和动态两种方式，静态分配是指由网络管理员为主机指定一个固定不变的 IP 地址并手工配置到主机上。动态分配通过动态主机控制协议（DHCP）来实现，客户机通过 DHCP 请求向 DHCP 服务器提出关于地址分配或租用的要求。

## 2.3.3  子网划分

子网划分定义：Internet 组织机构定义了 5 种 IP 地址，有 A、B、C 三类地址。A 类网络有 126 个，每个 A 类网络可能有 16 777 214 台主机，它们处于同一广播域。而在同一广播域中有这么多结点是不可能的，网络会因为广播通信而饱和，结果造成 16 777 214 个地址大部分没有分配出去。可以把基于 A 类的 IP 网络进一步分成更小的网络，每个子网由路由器界定并分配一个新的子网网络地址，子网地址是借用基于 A 类的网络地址的主机部分创建的。划分子网后，通过使用掩码，把子网隐藏起来，使得从外部看网络没有变化，这就是子网掩码。

子网掩码是一个 32 位的二进制数，其对应网络地址的所有位都置为 1，对应于主机地址的所有位都置为 0。由此可知，A 类网络的默认子网掩码是 255.0.0.0，B 类网络的默认子网掩码是 255.255.0.0，C 类网络的默认子网掩码是 255.255.255.0。将子网掩码和 IP 地址按位进行逻辑"与"运算，得到 IP 地址的网络地址，剩下的部分就是主机地址，从而区分出任意 IP 地址中的网络地址和主机地址。子网掩码常用点分十进制表示，还可以用网络前缀法表示子网掩码，即"/＜网络地址位数＞"。如 138.96.0.0/16 表示 B 类网络 138.96.0.0 的子网掩码为 255.255.0.0。

## 2.4 任务实施

1）网络技术选型

网络技术选型的依据是技术的先进性、满足业务需求和便于升级，一般采用交换式千兆位以太网作为网络的主干，采用百兆位交换到桌面。

2）网络拓扑结构设计

网络拓扑结构的选择与地理环境、建筑布局、传输介质、网络设备选型、应用服务等密切相关。在网络拓扑结构设计时一般要考虑可靠性、灵活性和经济性等因素。

3）网络详细规划

网络详细规划包括 IP 地址规划、VLAN 规划、设备配置规划以及连接规划。

## 2.5 归纳总结

校园网络的规划与设计有多种解决方案，根据学校的类型、规模和性质的不同，使网络的设计方案有所不同，体现在技术、应用上更是不同。在传统的语音服务无法满足人们的各种信息需求的今天，对图形、图像、视频等多媒体信息需求的不断增加，已成为人们依赖计算机网络进行信息共享和交流的重要资源。学校教学、科研工作和学生的学习生活对一个高速的、资源丰富的和应用多方面的校园网络的需求是迫切的、必需的，也是网络规划设计者追求的目标。

## 2.6 练习评测

（1）实地调查校园网，描述校园网的子网划分。

（2）编写组建一间网吧的网络规划与设计说明书。

# 网络综合布线

## 项目描述

要组建高性能、低成本的校园网，综合布线至关重要。该校以交换式千兆位以太网作为校园网的主干，按 100 Mbps 交换式子网方式接入。校园网布线设计一般采用多级物理星形结构、点到点连接，任何一系线路故障均不影响其他线路的正常运行。网络采用分散式 3 层交换体系，二级交换机具有第三级交换能力，主干线路压力小，而且全部实现百兆位交换入室。三级交换机可以堆叠，能将一个主干和桌面交换机组成一个整体，提供足够的交换口，可扩展性好。

## 项目分析

综合布线是一种模块化的、灵活性极高的建筑物内或建筑群之间的信息传输通道。它既能使语音、数据、图像设备和交换设备与其他信息管理系统彼此相连，也能使这些设备与外部相连接。本项目将学校的教学楼、办公楼、实训楼、图书馆和学生宿舍楼 5 大子系统有机地连接起来，为校园网络系统集成提供了物理平台。

项目的实施过程分为 3 步，首先是设计校园网综合布线方案，然后完成线槽、线管、配线架、信息插座底盒和机柜的安装，最后进行线缆的铺设和连接。

# 任务1 校园网综合布线方案设计

## 1.1 任务描述

本任务的主要目的是了解综合布线相关知识，根据用户需求和系统建设目标，设计出校园网综合布线方案。

## 1.2 任务分析

综合布线系统是建筑物或建筑群内的传输网络，是计算机网络的线路基础。它使语音与数据通信设备、交换设备和其他信息管理系统彼此相连，也使这些设备与外部通信网络相连。结构化布线设计应该满足以下目标。

（1）满足要求，兼顾发展。布线设计必须能够满足学校各楼宇、实验室、图书馆等的主要业务需求，并能兼顾未来的发展需要。

（2）易于扩展。预留空间符合当前和以后的信息传输需要，保证较好的扩展性和足够的升级空间。

（3）遵从标准。采用星形布线系统设计，遵从国际标准和国家标准，布线系统采用国际标准建议的星形拓扑结构。

（4）高质量传输。适应面广的布线系统应该能够支持语音、数据等综合信息的高质量传输，并能适应各种不同类型、不同厂商的计算机及网络产品的需要。

（5）统一出口，线路规范。布线系统的信息出口采用国际标准的 RJ-45 插座，以统一的线路规格和设备接口，使任意信息点都能接插不同类型的终端设备，如计算机、打印机、网络终端、电话机、传真机等，以支持语音、数据、图像及多媒体信息的传输。

（6）预备互连、国际接轨。布线系统符合综合业务数据网 ISDN 的要求，以便与国内国际其他网络互连。

# 1.3　相关知识

## 1.3.1　综合布线系统

综合布线系统（Premises Distribution System，PDS）是一套开放式的布线系统，可以支持几乎所有的数据、语音设备及各种通信协议，同时，由于 PDS 充分考虑了通信技术的发展，设计时有足够的技术储备，能充分满足用户长期的需求，应用范围十分广泛。而且结构化综合布线系统具有高度的灵活性，当各种设备位置发生改变，局域网发生变化时，不需重新布线，只要在配线间作适当布线调整即可满足需求。

## 1.3.2　综合布线系统的特点

综合布线与传统的布线相比较，具有以下优越性。

1）兼容性

综合布线将语音、数据与监控设备的信号线经过统一的规划和设计，采用相同的传输媒体、信息插座、交连设备、适配器等，把这些不同信号综合到一套标准的布线中。由此可见，这种布线比传统布线大为简化，可节约大量的物资、时间和空间。

2）开放性

综合布线由于采用开放式体系结构，符合多种国际上现行的标准，它几乎对所有著名厂商的产品都是开放的，并对所有通信协议也是支持的。

3）灵活性

综合布线采用标准的传输线缆和相关连接硬件、模块化设计，所有通道都是通用的。每条通道可支持终端、以太网工作站及令牌环网工作站。所有设备的开通及更改均不需要改变布线，只需增减相应的应用设备以及在配线架上进行必要的跳线管理即可。另外，组网也可灵活多样，甚至在同一房间可有多用户终端。

4）可靠性

综合布线采用高品质的材料和组合压接的方式构成一套高标准的信息传输通道。所有线槽和相关连接件均通过 ISO 认证，每条通道都要采用专用仪器测试链路阻抗及衰减率，以保证其电气性能。应用系统布线全部采用点到点端接，任何一条链路故障均不影响其他链路的运行，这就为链路的运行维护及故障检修提供了方便，从而保障了应用系统的可靠运行。

5）先进性

综合布线采用光纤与双绞线混合布线方式，极为合理地构成一套完整的布线。所有布线均采用世界上最新通信标准，链路均按 8 芯双绞线配置。对于特殊用户的需求可把光纤引到桌面。

6）经济性

综合布线比传统布线更经济，综合布线可适应长时间需求，而传统布线改造很费时间。

### 1.3.3 综合布线系统的组成

结构化综合布线一般划分为工作区子系统、水平子系统、垂直干线子系统、设备间子系统、管理子系统和建筑群子系统等 6 个子系统，如项目图 2 - 1 所示。

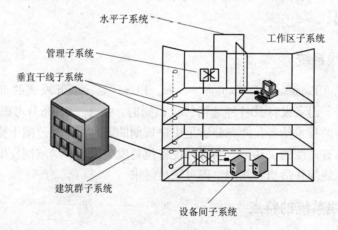

项目图 2 - 1 布线子系统

## 1.4 任务实施

### 1.4.1 综合布线系统的设计步骤

设计一个合理的校园网综合布线系统一般包括以下内容。

（1）分析用户需求。

（2）获取建筑物平面图。

（3）系统结构设计。

（4）布线路由设计。

（5）可行性论证。

（6）绘制综合布线施工图。

（7）编制综合布线用料清单。

### 1.4.2　校园网总体结构设计

根据学校的建筑物分布，布线系统的设计思想有两个，一个是网络方案采用模块化设计，各个模块完成各自的功能。在实施中，可以根据需要将相应的模块添加到网络中，也可以暂时不使用某些模块，而在需要时再增加。同时，模块化设计易于维护，某个模块出现故障，也不会影响到整个网络的安全。另一个思想是网络采用层次体系，整个网络通过主干网连接起来，各个子网通过接口与主干网连接，实现各自的功能，在子网内部以及与主干网进行数据通信。

网络设备配置的情况主要是由参考信息点的多少和通信量的高低来决定，根据学校建筑物和人员的分布情况，编制校园信息点分布统计表。

### 1.4.3　综合布线系统设计

（1）说明。根据设计的要求，说明校园网综合布线系统采用的解决方案。

（2）安装与设计规范。

（3）设计范围及要求。

（4）6个子系统分别进行设计，列出每个子系统所采用的主要部件、线缆类型、设计距离、设计规范。

（5）根据描述，计算出整个校园网所需要的部件数量（如光缆、双绞线、RJ-45模块、配线架模块、机柜、光收发器、光终端盒子），最后列出综合布线材料（设备）清单。

（6）测试。

## 1.5　归纳总结

为了做好一个布线工程，必须做到以下几点。

（1）布线前询问客户网络需求，进行现场勘察，根据建筑平面图等资料结算线材的用量，信息插座的数目和机柜定位、数量，作出综合布线调研报告。根据前期勘察数据做出布线材料预算表、工程进度安排表。

（2）布线中协调施工队与学校进行职责商谈，提出布线许可，主要是钻孔、走线、信息插座定位、机柜定位、做线缆标识等，安装信息模块、配线架及机柜内部。

（3）测试线路是在完工后用专用仪器按 EIA/TIA TSB－67《非屏蔽双绞线系统与性能验收规范》对系统进行全面测试，并提交测试报告。信息点测试一般采用12点测试仪，主要测试通断情况。深度测试用美国 Fluke DSP－100 线缆测试仪，根据 TSB－67 标准，对接线图（Wire Map）、长度（Length）、衰减量（Attenuation）、近端串扰（NEXT）、传播延迟（Propagation Delay）5方面数据测试，可打印出详细的测试报告。

（4）对链路测试后，选择若干结点，连接网络设备进行连通测试并提交测试结果。施工后打印出测试报告，学校以测试报告为标准对整个布线作出判断和结论。在施工质量达到合同要求、性能测试合格和软件验收合格的前提下，双方签字认定工程验收合格。验收包括以下内容。

①网络硬件系统验收：校方可以在线路测试和系统联调阶段派技术人员参加测试验收。

也可在施工方提交测试报告后，组织技术人员进行复测验收。

② 网络软件系统验收：检查应配置软件是否齐全，并逐一进行操作检验。软件应运行畅通，圆满实现各种功能。

③ 技术资料移交验收：承建方向校方移交设计、施工、配线等全部资料，校方由专人清点接收入档管理以备查。

## 1.6　练习评测

（1）实地考查校园网，绘制出综合布线系统图。

（2）编写校园网综合布线设计方案。

# 任务 2　双绞线的制作

## 2.1　任务描述

双绞线是综合布线工程中最常用的一种传输介质，本任务的主要目标是制作 T 568A 和 T 568B 标准的双绞线。

## 2.2　任务分析

在双绞线的制作中，有直通线和交叉线两种类型。这两种类型的双绞线制作方法相同，只是芯线的排列顺序不同。

## 2.3　相关知识

### 2.3.1　双绞线

双绞线（Twisted Pair）是由两条相互绝缘的导线按照一定的规格互相缠绕（一般以顺时针缠绕）在一起而制成的一种通用配线，属于信息通信网络传输介质。双绞线过去主要是用来传输模拟信号的，但现在同样适用于数字信号的传输。

### 2.3.2　双绞线的种类

目前网络综合布线主要使用的双绞线有 5 类线、超 5 类线和 6 类线。

**1. 1 类线**

主要用于语音传输（一类标准主要用于 20 世纪 80 年代初之前的电话线缆），不用于数据传输。

**2. 2 类线**

传输频率为 1 MHz，用于语音传输和最高传输速率 4 Mbps 的数据传输，常见于使用 4 Mbps 规范令牌传递协议的旧令牌网。

### 3. 3 类线

指目前在 ANSI 和 EIA/TIA568 标准中指定的电缆，该电缆的传输频率 16 MHz，用于语音传输及最高传输速率为 10 Mbps 的数据传输，主要用于 10Base-T。

### 4. 4 类线

该类电缆的传输频率为 20 MHz，用于语音传输和最高传输速率 16 Mbps 的数据传输，主要用于基于令牌的局域网和 10 Base-T/100 Base-T。

### 5. 5 类线

该类电缆增加了绕线密度，外套一种高质量的绝缘材料，传输率为 100 MHz，用于语音传输和最高传输速率为 100 Mbps 的数据传输，主要用于 100Base-T 和 1000Base-T 网络。这是最常用的以太网电缆。

### 6. 超 5 类线

超 5 类线具有衰减小，串扰少，并且具有更高的衰减与串扰的比值（Attenuation-to-Crosstalk Ratio，ACR）和信噪比（Structural Return Loss，SRL）、更小的时延误差，性能得到很大提高。超 5 类线主要用于千兆位以太网（1 000 Mbps）。

### 7. 6 类线

该类电缆的传输频率为 1 ～ 250 MHz，6 类布线系统在 200 MHz 时综合衰减串扰比（PS-ACR）应该有较大的余量，它提供 2 倍于超 5 类的带宽。6 类布线的传输性能远远高于超 5 类标准，最适用于传输速率高于 1 Gbps 的应用。6 类线与超 5 类线的一个重要的不同点在于：改善了在串扰以及回波损耗方面的性能，对于新一代全双工的高速网络应用而言，优良的回波损耗性能是极重要的。6 类标准中取消了基本链路模型，布线标准采用星形的拓扑结构，要求的布线距离为：永久链路的长度不能超过 90 m，信道长度不能超过 100 m。

目前，双绞线可分为非屏蔽双绞线（UTP）和屏蔽双绞线（STP）。屏蔽双绞线电缆的外层由铝铂包裹，以减小辐射。

## 2.3.3　RJ-45 接头

RJ-45 插头是一种只能沿固定方向插入并自动防止脱落的塑料接头，俗称"水晶头"，专业术语为 RJ-45 连接器（RJ-45 是一种网络接口规范，类似的还有 RJ-11 接口，就是人们平常所用的"电话接口"，用来连接电话线）。之所以把它称之为"水晶头"，是因为它的外表晶莹透亮的原因。双绞线的两端必须都安装这种 RJ-45 插头，以便插在网卡（NIC）、集线器（Hub）或交换机（Switch）的 RJ-45 接口上，进行网络通信。

## 2.3.4　接线标准

双绞线有两种国际标准：EIA/TIA 568A 和 EIA/TIA 568B。

EIA/TIA 568A：绿白—1，绿—2，橙白—3，蓝—4，蓝白—5，橙—6，棕白—7，棕—8；

EIA/TIA 568B：橙白—1，橙—2，绿白—3，蓝—4，蓝白—5，绿—6，棕白—7，棕—8。

## 2.4　任务实施

### 2.4.1　直通网线的 RJ-45 连接头的制作方法

（1）利用剥线钳剪取一段双绞线，剥去双绞线一端的一段外皮（长度约为 1.2 cm），露出 4 对双绞线。

（2）把双绞线分开，颜色和顺序按照 TIA/EIA 568B 标准排列整齐，并将每根线尽量拉直，然后再用压线钳的剪切口把 8 根线剪齐。这一步一定要细心，以免排列顺序出错。

（3）将排列好的双绞线插入 RJ-45 接线头，尽量插到底部。因为插不到位，会使 RJ-45 的金属引脚接触不到线缆。

（4）把此 RJ-45 接线头插入压线钳的压线口，用力握紧手柄，将 RJ-45 的金属引脚插入到 8 根双绞线中。

（5）放开手柄，取出 RJ-45 接线头。肉眼观察连接头的每个引脚是否都被压下，8 根线是否都被引脚卡刀卡住。如果有引脚未被压下，则把 RJ-45 接线头重新放入压线口，再压一次。

（6）按照同样方法使用 TIA/EIA 568B 接线标准制作双绞线的另一端。

（7）测试制作好的双绞线。把一端 RJ-45 连接头插入测线器的发送端，另一端插入测线器的接收端。将测线器的开关置于"ON"，观察测试器的指示灯，如果 8 个指示灯依次都是闪亮的，则表明制作成功。如果有一个或一个以上的灯不亮，说明 RJ-45 连接头的金属引脚接触没有全部接触到线缆。例如，第 2、第 5 个灯不亮，说明第 2、第 5 根线没有连通，需要重新制作。

### 2.4.2　交叉网线的 RJ-45 连接头的制作方法

交叉网线的 RJ-45 连接头的制作，和直通网线连接头的制作方法类似，只是双绞线的另一端按 TIA/EIA 568A 接线标准。

交叉网线的测试方法与直通网线的测试方法完全一样，只是指示灯闪过的顺序有些不同，闪过的顺序为 3、6、1、4、5、2、7、8。

## 2.5　归纳总结

在实践中，制作双绞线的过程可以理解为剪线、剥线、排线、插线和压线 5 个步骤。

在剥线过程中，要注意不能划伤里面的任何一对双绞线。因为数据是在双绞线的芯线表面进行传输的，一旦芯线表面受到损伤就有可能影响传输速率，所以在剥去外壳后应首先检查是否伤到里面的线对。当发现线对上面有划痕时，就应该从划痕处剪断，再重新剥除双绞线外壳。

水晶头的引脚顺序的规定：使水晶头塑料扣位弹片朝下，开口对着自己放置，从左到右的金属插针分别为第 1 脚至第 8 脚。

## 2.6　练习评测

（1）分析双绞线的类型。

（2）制作直通和交叉双绞线。

# 任务 3　信息插座的制作

## 3.1　任务描述

信息插座是应用设备与网络系统的接口，是信息点的物理体现。本任务的主要目标是安装和制作信息插座。

## 3.2　任务分析

信息插座在网络中是普遍应用的，它属于一个中间连接器，可以安装在墙上或桌面上，与用户终端连接的网线就可以直接插到信息插座 RJ-45 插孔上，非常灵活。另一方面，美化了整个网络布线环境。

## 3.3　相关知识

### 3.3.1　信息插座

信息插座一般是安装在墙面上，也有桌面型和地面型的，主要是为了方便计算机等设备的移动，并且保持整个布线的美观。

### 3.3.2　信息模块

与信息插座配套的是信息模块，这个模块就是安装在信息插座中的，一般是通过卡位来实现固定的，通过它把从交换机出来的网线与接好水晶头的网线相连。

信息模块一般从内墙走，那么它就不容易被破坏，具有更高的稳定性和耐用性，同时可以减少绕行布线造成的高成本。

### 3.3.3　打线钳

信息插座与模块是嵌套在一起的，埋在墙中的网线是通过信息模块与外部网线进行连接的，墙内部网线与信息模块的连接是通过把网线的 8 条芯线按规定卡入信息模块的对应线槽中的。网线的卡入需用一种专用的卡线工具，称之为"打线钳"。

### 3.3.4　信息模块的跳线规则

在网络中通常不是直接拿网线的水晶头插到集线器或交换机上，而是先把来自集线器或交换机的网线与信息模块连在一起埋在墙上，所以这就涉及信息模块芯线排列顺序问题，也即跳线规则。

交换机或集线器到网络模块之间的网线接线方法是按布线 EIA/TIA 568 标准进行，但有 A、B 两种端接方式（IBM 公司的产品通常用端接方式 A，AAT&T 公司的产品通常用端接方式 B，端接方式的主要区别在下述的 T 568A 模块和 T 568B 模块的内部固定连线方式上）。

虽然从集线器或交换机到工作站的网线可以是不经任何跳线的直通线，但为了保证网络的高性能，最好同一网络采取同一种端接方式，包括信息模块和网线水晶头。因为在信息模块各线槽中都有相应的颜色标注，只需要选择相应的端接方式，然后按模块上的颜色标注把相应的芯线卡入相应的线槽中即可。

## 3.4　任务实施

（1）先通过综合布线把网线固定在墙面线槽中，将制作模块一端的网线从底盒"穿线孔"中穿出。在引出端用专用剥线工具剥除一段 3 cm 左右的网线外包皮，注意不要损伤内部的 8 条芯线。

（2）把剥除了外包皮的网线放入到信息模块中间的空位置，如项目图 2 - 2 所示。

（3）对照所采用的接入标准和模块上所标注的色标把 8 条芯线依次初步卡入到模块的卡线槽中，如项目图 2 - 3 所示。

　　　　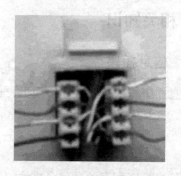

项目图 2 - 2　把剥除了外包皮的网线　　　　项目图 2 - 3　把 8 条芯线依次初步
　　　　放入到信息模块中间的空位置　　　　　　　　卡入到模块的卡线槽中

（4）用打线工具把已卡入到卡线槽中的芯线打入到卡线槽的底部，以使芯线与卡线槽接触良好、稳固。如项目图 2 - 4 所示，对准相应芯线，往下压，当卡到底时会有"咔"的声响。

（5）全部打完线后再对照模块上的色标检查一次，对于打错位置的芯线用打线工具的线钩勾出，重新打线。对于还未打到底的芯线，可用打线工具的压线刀口重新压一次。

（6）打线全部完工后，用网钳的剪线刀口或者其他剪线工具剪除在模块卡线槽两侧多余的芯线（一般仅留 0.5 cm 左右的长度），如项目图 2 - 5 所示。

（7）把打好线的模块按项目图 2 - 6 所示的方法（注意模块与扣位所对应的方向）卡入到模块面板的模块扣位中，扣好后检查一下面板的网络接口位是否正确。可用水晶头试插一下，能正确插入的即为正确。

项目图2－4　用打线工具把芯线
打入到卡线槽的底部

项目图2－5　用剪线工具剪除多余的芯线

（8）在面板与遮罩板之间的缺口位置用手掰开遮罩板。然后把面板与底盒合起来，对准孔位，在螺钉固定孔位中用底盒所带的螺钉把两者固定起来。

（9）结果再盖上面板的遮罩板（主要是为了起到美观的作用，使得看不到固定用的螺钉），即完成一个模块的全部制作过程。最终制作完成的信息模块如项目图2－7所示。

项目图2－6　模块的安装方法

项目图2－7　完成好的信息模块

## 3.5　归纳总结

信息模块制作好后要测试连接是否良好，用网络测线仪的两个RJ-45接口各插入一根已制作好的直通双绞线的水晶头，其中一根直通线的另一个水晶头连接信息模块，另一根直通线的另一个水晶头连接配线架对应的RJ-45接口。

通过实训，掌握信息插座的制作方法。

## 3.6　练习评测

（1）描述信息模块的跳线规则。

（2）制作信息插座。

# 网络服务的安装与配置

本项目的主要任务是对一个常用的校园网络中的服务器进行网络服务的安装和配置。

项目描述

校园网应具有为学校师生提供教学和科研网络环境、实现资源共享、信息交流、协同工作等基本功能，具体表现在以下5个方面。

（1）为教育信息的及时、准确、可靠地收集、处理、存储和传输等提供工具和网络环境。

（2）为学校行政管理和决策提供基础数据、手段和网络环境，实现办公自动化，提高工作效率、管理和决策水平。

（3）为备课、课件制作、授课、学习、练习、辅导、交流、考试和统计评价等各个教学环节提供网络平台和环境。

（4）为使用网络通信、视频点播和视频广播技术，提供符合素质教育要求的新型教育模式；

（5）为科学研究的资料检索、收集和分析；成果的交流、研讨；模拟实验等提供环境和手段。

**项目分析**

随着经济的发展和国家科教兴国战略的实施，校园网络建设已逐步成为学校的基础建设项目，更成为衡量一个学校教育信息化、现代化的重要标志。除了校园网硬件工程建设外，还需要在服务器上安装相关软件并正确配置，使得各项网络服务能正常工作，网络服务的任务要求有如下两项。

（1）网络操作系统的安装与配置。

（2）安装网络服务。包括：DHCP 服务器的安装与配置、DNS 服务器的安装与配置、Web 服务器的安装与配置、FTP 服务器的安装与配置等。

## 任务1　网络操作系统的安装与配置

### 1.1　任务描述

网络操作系统对于组建局域网，尤其是对于网络规划有着十分重要的意义。网络操作系统是计算机的灵魂，管理计算机的所有软硬件资源。该任务的具体要求是完成 Windows Server 2003 的安装与基本配置。

## 1.2　任务分析

选择合适的网络操作系统，可以进行局域网的管理和维护做到事半功倍，可以让计算机的硬件发挥最大的性能。

Windows Server 2003 是微软针对服务器操作系统推出的最新高端商用产品，分别有 Standard Edition（标准版）、Enterprise Edition（企业版）、Datacenter Edition（数据中心版）、Web Edition（网络版）4 个版本。

Windows Server 2003 对硬件的要求与 Windows Server 2000 基本相同，CPU 主频不低于 550 MHz，内存在 256 MB 以上，硬盘在 2 GB 以上，具有 VGA 或更高分辨率的监视器。

## 1.3　相关知识

### 1.3.1　网络操作系统

操作系统是用户与计算机硬件之间的接口，操作系统是对计算机硬件系统的第一次扩充，用户通过操作系统来使用计算机系统。

操作系统能合理组织计算机的工作流程，协调各个部件有效工作，为用户提供一个良好的运行环境。经过操作系统改造和扩充过的计算机不但功能更强，使用也更为方便，用户可以直接调用操作系统提供的许多功能，而无须了解许多软硬件的使用细节。

### 1.3.2　网络操作系统的功能

操作系统具有以下几个主要功能。

#### 1. 处理器管理

处理器管理的第一项工作是处理中断事件，硬件只能发现中断事件，捕捉它并产生中断信号，但不能进行处理。配置了操作系统，就能对中断事件进行处理。

处理器管理的第二项工作是处理器调度。在单用户单任务的情况下，处理器仅为一个用户的一个任务所独占，处理器管理的工作十分简单。但在多道程序或多用户的情况下，组织多个作业或任务执行时，就要解决处理器的调度、分配和回收等问题。对处理器的管理归结为对进程和线程的管理，包括进程控制和管理、进程同步和互斥、进程通信、进程死锁、处理器调度、线程控制和管理。

#### 2. 存储管理

存储管理的主要任务是管理存储器资源，为多道程序运行提供有力的支撑。存储管理的主要功能包括存储分配、存储共享、存储保护和存储扩充。

#### 3. 设备管理

设备管理的主要任务是管理各类外围设备，完成用户提出的 I/O 请求，加快 I/O 信息的传送速度，发挥 I/O 设备的并行性，提高 I/O 设备的利用率；以及提供每种设备的设备驱动程序和中断处理程序，向用户屏蔽硬件使用细节。

为了实现这些任务，设备管理应该具有的功能包括提供外围设备的控制与处理、提供缓冲区的管理、提供外围设备的分配、提供共享型外围设备的驱动、实现虚拟设备。

**4. 文件管理**

上述 3 种管理是针对计算机硬件资源的管理。文件管理则是对系统的信息资源的管理，它的主要任务是对用户文件和系统文件进行有效管理，实现按名存取；实现文件的共享、保护和保密，保证文件的安全性；并提供给用户一套能方便使用文件的操作和命令。

具体来说，文件管理要完成以下任务：提供文件逻辑组织方法；提供文件物理组织方法；提供文件的存取方法；提供文件的使用方法；实现文件的目录管理；实现文件的存取控制；实现文件的存储空间管理。

**5. 网络与通信管理**

操作系统至少应具有以下管理功能，即网上资源管理功能、数据通信管理功能和网络管理功能。

**6. 用户接口**

为了使用户能灵活、方便地使用计算机和操作系统，操作系统还提供了一组友好的用户接口，包括：程序接口、命令接口和图形接口。

### 1.3.3 常见的网络操作系统

网络操作系统通常是最靠近硬件的一层系统软件，是组建网络的关键因素之一，常见的网络操作系统主要有 UNIX、Windows、Linux 和 NetWare 等。

## 1.4 任务实施

在安装系统之前，需要准备一张 Windows Server 2003 安装光盘，还需要确定文件系统、授权模式和网络模式的类型。

（1）设置光驱为第一优先启动的设备，插入 Windows Server 2003 的安装光盘，重启计算机。

（2）计算机将引导启动光盘上的安装程序，出现安装程序的第一个画面，提示按任意键，安装程序将继续。

（3）接着出现如项目图 3 − 1 所示画面，按【Enter】键执行全新安装。若要修复原先的安装，按【R】键；若要退出安装按【F3】键。

（4）按【Enter】键执行全新安装，接着出现【许可协议】对话框，按【F8】键同意许可协议，选择安装的目的分区，如项目图 3 − 2 所示。在这里，可以选择删除现有分区、创建分区等磁盘操作。在选定的安装磁盘上按【Enter】键确认安装。

（5）接着选择文件系统，Windows Server 2003 支持 FAT、FAT 32 和 NTFS 3 种文件系统，为了能够完全使用 Windows Server 2003 的各种安全特性，推荐选择【用 NTFS 系统格式化磁盘分区】选项，如项目图 3 − 3 所示。

（6）如果选择了格式化文件系统，则会出现正在进行格式化操作的画面，接着开始复制安装必需的文件。文件系统复制完毕后会提示正在进行初始化 Windows 的配置，然后提示重启计算机。

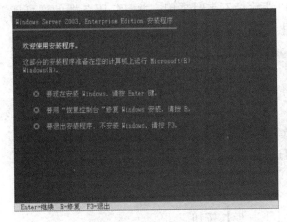

项目图 3-1　确认安装

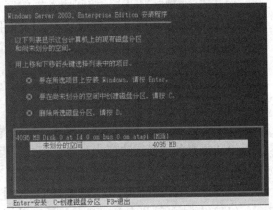

项目图 3-2　创建磁盘分区

（7）重启之后开始进入图形化的 Windows 安装画面，在安装画面中会提示当前 Windows 安装阶段，还有多久才能安装完毕等信息，同时，在安装过程中屏幕的右上角还会出来一些关于 Windows Server 2003 的介绍，经过一段时间等待后，屏幕出现设置区域和语言选项的提示，如果想更改区域的设置，单击【自定义】按钮，可以在弹出的对话框中选择想要的区域，然后退回到主安装界面，直接单击【下一步】按钮。

（8）接着安装程序要求输入姓名和单位名称等个人信息，输入完成单击【下一步】按钮继续安装。

（9）安装程序出现要输入 Windows 安装密钥的提示，输入正确的产品密钥后，再继续下一步。

（10）接着选择一种许可证模式，如项目图 3-4 所示。

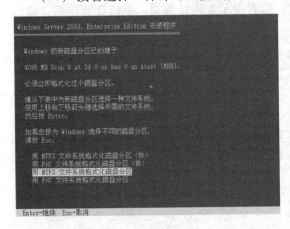

项目图 3-3　选择使用的文件系统

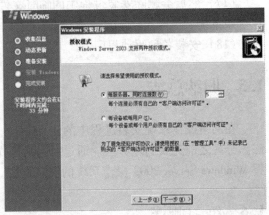

项目图 3-4　【授权模式】对话框

所谓许可证（CAL）就是为需要访问 Windows Server 2003 的用户所购买的授权。有两种授权模式：每服务器和每客户。

每服务器：该许可证是为每一台服务器购买的许可证，许可证的数量由"同时"连接到服务器的用户的最大数量来决定。每服务器的许可证模式适合用于网络中拥有很多客户端，但在同一时间"同时"访问服务器的客户端数量不多时采用。并且每服务器的许可证模式也适用于网络中服务器的数量不多时采用。

每客户：该许可证模式是为网络中每一个客户端购买一个许可证，这样网络中的客户端就可以合法地访问网络中的任何一台服务器，而不需要考虑"同时"有多少客户端访问服务器。该许可证模式适用于企业中有多台服务器，并且客户端"同时"访问服务器的情况较多时采用。

如果不能确定要使用的授权模式，可选择每服务器模式，因为不用做任何额外的工作，便可以从每服务器模式改变为每客户模式，但这只能执行一次，而且不能将每客户模式转换为每服务器模式。

选择合适的许可证模式，单击【下一步】按钮。

（11）输入计算机名和管理员密码，单击【下一步】按钮。

（12）接着出现日期和时间设置画面，用户可以根据当地所在的时区来设置系统当前的日期和时间。

（13）接下来出现安装网络的画面，网络安装的过程比较慢，需要耐心等待。

（14）网络安装结束会出现网络设置对话框，可选择【典型设置】选项，以后再配置 TCP/IP 参数。如果想此时就手动配置 IP、DNS、网关等，可以选择【自定义设置】选项，然后在【TCP/IP 属性】对话框中进行相应的设置。

（15）如果选择【典型安装】选项，安装程序接着会提示选择设置域或工作组。在这里建议选择【计算机不在网络上，或者在没有域的网络上】选项，因为如果此时加入域，可能会发生不可预料的错误而导致计算机重启。可以在安装完系统后手动把计算机添加到域。

（16）接着计算机开始复制必要的网络组件文件，复制完文件后，依次开始安装开始菜单程序项、注册组件、保存设置。

（17）然后会删除安装过程中的临时文件，接着提示重启计算机。重启计算机后，就可以登录系统。

（18）安装各种驱动程序。

# 1.5　归纳总结

在网络操作系统安装过程中的注意事项：在系统安装之前，先要设置光驱启动；在创建磁盘分区之前先要删除分区。通过对网络操作系统的了解和 Windows Server 2003 的学习，掌握 Windows Server 2003 操作系统的安装方法。

# 1.6　练习测评

（1）描述操作系统的主要功能。

（2）独立完成 Windows Server 2003 的安装。

# 任务 2　DHCP 的安装与配置

## 2.1　任务描述

在使用 Windows Server 2003 时，需要设置 DHCP 服务器，使网络中的客户机通过 DHCP 服务器来获得动态的 IP 地址。本任务是安装 DHCP 服务，配置服务器端和客户端，使 DHCP 服务能正常工作。

## 2.2　任务分析

在网络中，每台计算机都有唯一的计算机名和 IP 址。DHCP 服务器能将 IP 地址数据库中的 IP 地址动态地分配给网络中的客户机，从而减轻了管理员的负担。该任务的要求是在网络上安装与配置一台 DHCP 服务器，其他计算机执行 DHCP 客户端。

## 2.3　相关知识

DHCP 是 Dynamic Host Configuration Protocol（动态主机配置协议）的缩写，它是 TCP/IP 协议簇中的一个，主要是用来给网络客户机分配动态的 IP 地址。这些被分配的 IP 地址都是 DHCP 服务器预先保留的一个由多个地址组成的地址集，并且它们一般是一段连续的地址。

DHCP 采用客户端/服务器模型，当 DHCP 客户端程序发出一个广播信息，请求一个动态的 IP 地址时，DHCP 服务器会根据目前已经配置的地址，以地址租约形式提供一个可供使用的 IP 地址和子网掩码给客户端。客户机从 DHCP 服务器获得租约要经过 4 个步骤：① 请求 IP 租约；② 提供 IP 租约；③ 选择 IP 租约；④ 确认 IP 租约。

## 2.4　任务实施

### 2.4.1　在 Windows Server 2003 上安装 DHCP 服务

（1）依次选择【开始】→【程序】→【管理工具】→【管理您的服务器】选项，启动服务配置窗口，如项目图 3 – 5 所示。

（2）在【管理您的服务器】窗口中单击【添加或删除角色】选项，配置服务器角色，如项目图 3 – 6 所示。

（3）设置【您的服务器向导】后直接单击【下一步】按钮，如项目图 3 – 7 所示。

（4）系统会自动扫描当前开启的服务以及状态，根据服务器硬件配置所需时间而不同，一般为 2 min 左右，如项目图 3 – 8 所示。

（5）如果本机没有开启 DHCP 服务，会在服务器角色中显示 DHCP 服务器已配置状态为【否】，如项目图 3 – 9 所示。

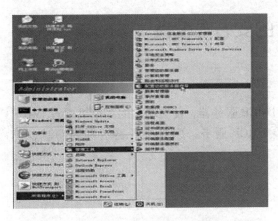

项目图 3 - 5　选择【管理您的服务器】选项

项目图 3 - 6　管理您的服务器

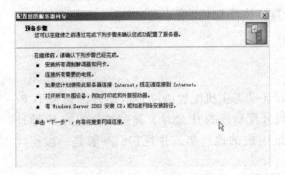

项目图 3 - 7　配置服务器向导

项目图 3 - 8　系统自动扫描

（6）在【服务器角色】对话框选中【DHCP 服务器】选项后，单击【下一步】按钮，开始安装 DHCP 服务器，并会自动建立一个新的作用域，如项目图 3 - 10 所示。

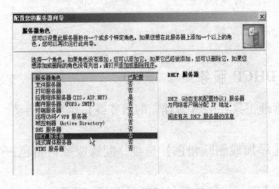

项目图 3 - 9　配置 DHCP 服务器

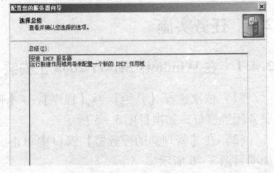

项目图 3 - 10　选择总结

（7）系统配置 DHCP 服务组件，并自动安装到本地计算机的硬盘中，如项目图 3 - 11 所示。

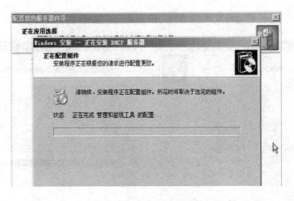

项目图 3-11 配置 DHCP 服务组件

## 2.4.2 配置 DHCP 服务

（1）依次单击【开始】→【程序】→【管理工具】→【DHCP】选项。

（2）在控制台中，右击要在其上创建新 DHCP 作用域的 DHCP 服务器，在弹出的快捷菜单中，单击【新建作用域】选项，如项目图 3-12 所示。

（3）在【新建作用域向导】对话框中，单击【下一步】按钮，然后键入该作用域的名称及说明，单击【下一步】按钮，如项目图 3-13 所示。

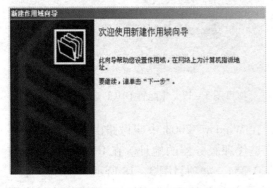

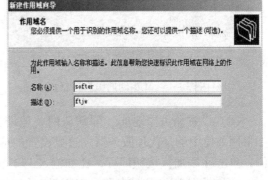

项目图 3-12 新建作用域向导　　　　　　　　　　项目图 3-13 【作用域名】对话框

（4）配置作用域的 IP 地址范围，设置起始 IP 地址和结束 IP 地址，以及子网掩码的长度。比如设置 DHCP 作用域的 IP 地址为 192.168.0.1～192.168.0.253，如项目图 3-14 所示。

（5）设置排除的 IP 地址信息，大部分提供服务的服务器都不能通过自动获得 IP 地址来设置网络参数，应该在【添加排除】对话框中将这些 IP 地址排除出去。比如依次设置了一个单独的地址 192.168.0.29 和一个 IP 地址段 192.168.0.2～192.168.0.5，如项目图 3-15 所示。

（6）设置 IP 地址获得的租约期限，默认为 8 天。可以根据实际情况增加或缩短，如项目图 3-16 所示。

（7）设置完 IP 地址及子网掩码信息，其中 DNS 及 WINS 等参数属于高级配置。如果配置这些信息需要在配置 DHCP 选项步骤中单击【是，我想现在配置这些选项】单选项，不想配置就选【否，我想稍后配置这些选项】单选项，如项目图 3 – 17 所示。

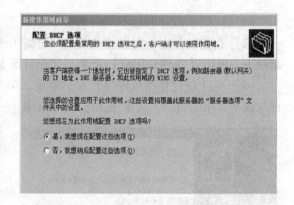

项目图 3 – 14　【IP 地址范围】对话框　　　　　项目图 3 – 15　【添加排除】对话框

项目图 3 – 16　【租约期限】对话框　　　　　项目图 3 – 17　【配置 DHCP 选项】对话框

（8）设置路由器地址（即默认网关地址），在 Windows 2003 中叫做路由器地址，其实如果网关使用的是代理服务器，这里设置的应该是代理服务器的地址。在 IP 地址处输入数值，单击【添加】按钮即可，比如输入 192.168.0.254，如项目图 3 – 18 所示。

（9）设置 DNS 和域名称，对于没有加入域的用户来说直接在 IP 地址处输入客户机需要设置的 DNS 地址即可，如项目图 3 – 19 所示。

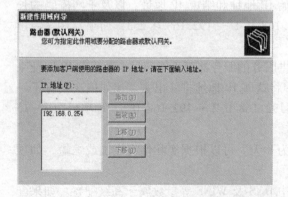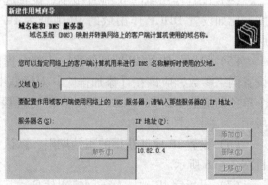

项目图 3 – 18　【路由器（默认网关）】对话框　　　　项目图 3 – 19　【域名称和 DNS 服务器】对话框

（10）设置 WINS 服务器地址，虽然 WINS 服务器目前已经很少用了，不过一般情况下还是要配置该参数，设置好 IP 地址后，单击【添加】按钮即可，如项目图 3-20 所示。

（11）最后要激活该作用域才能开始正常工作，选择【是，我想现在激活此作用域】单选项，如项目图 3-21 所示。

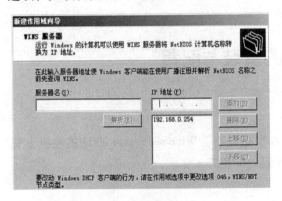

项目图 3-20  【WIN 服务器】对话框

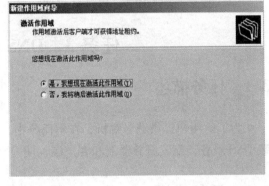

项目图 3-21  【激活作用域】对话框

（12）完成新建作用域向导指示的全部步骤，如项目图 3-22 所示。

（13）依次选择【开始】→【程序】→【管理工具】→【管理您的服务器】选项，查看服务器角色就会发现 DHCP 服务器的配置变成了"是"，说明配置 DHCP 服务已经成功，如项目图 3-23 所示。

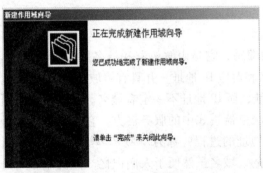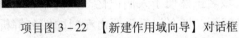

项目图 3-22  【新建作用域向导】对话框

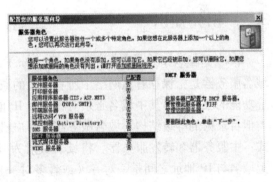

项目图 3-23  【服务器角色】对话框

（14）验证：先将客户机设置成"自动获取 IP 地址"，然后在客户机上选择【开始】→【运行】选项，输入 CMD，进入命令行模式后，键入 IPCONFIG/ALL，如果能获得 IP 地址、子网掩码、网关和 DNS 等网络参数，说明配置成功；否则配置不成功。

## 2.5  归纳总结

DHCP 服务器通常用于中型以及大型网络中，通过它可以大大减少网络管理员维护网络的工作量，也使故障排除的难度大大降低。DHCP 避免了把一个 IP 地址分配给多台客户机所造成的地址冲突，可灵活地设置地址的租期。通过对 DHCP 的相关知识和工作原理的学习，掌握 DHCP 服务的安装与配置。

## 2.6　练习测评

（1）描述 DHCP 的功能。

（2）独立完成 DHCP 的安装与配置。

# 任务 3　DNS 的安装与配置

## 3.1　任务描述

为了给用户提供域名解析，在本任务中，要求在安装了 Windows Server 2003 的主机上安装 DNS 服务，配置服务器端和客户端，使 DNS 服务能正常工作。

## 3.2　任务分析

计算机在网络上是使用 IP 地址来通信的，但用户通常是在浏览器的地址栏中输入域名来访问服务器。DNS 服务器就是将用户所使用的域名映射为 IP 地址。本任务的要求是通过安装与配置 DNS 服务器，实现为网络中的客户机提供域名服务。

## 3.3　相关知识

DNS 是域名系统（Domain Name System）的缩写，它是由解析器和域名服务器组成的。域名服务器是指保存有该网络中所有主机的域名和对应 IP 地址，并具有将域名转换为 IP 地址功能的服务器。其中域名必须对应一个 IP 地址，而 IP 地址不一定有域名。域名系统采用类似目录树的等级结构。域名服务器为客户机/服务器模式中的服务器方，它主要有两种形式：主服务器和转发服务器。将域名映射为 IP 地址的过程就称为"域名解析"。在 Internet 上域名与 IP 地址之间是一对一（或者多对一）的，域名虽然便于人们记忆，但机器之间只能互相认识 IP 地址，它们之间的转换工作称为域名解析，域名解析需要由专门的域名解析服务器来完成，DNS 就是进行域名解析的服务器。DNS 命名用于 TCP/IP 网络中，通过用户的名称查找计算机和服务。当用户在应用程序中输入 DNS 名称时，DNS 服务可以将此名称解析为与之相关的其他信息，比如 IP 地址。在上网时输入的网址是通过域名解析系统解析找到了相对应的 IP 地址，这样才能上网。

## 3.4　任务实施

### 3.4.1　DNS 的安装

安装 DNS 服务器的过程与安装 DHCP 服务器一样，只是在【配置您的服务器向导】中的【服务器角色】对话框中选择【DNS 服务器】选项，如项目图 3-24 所示。

## 3.4.2　创建正向查找区域

（1）选择【开始】→【程序】→【管理工具】→【DNS】选项。

（2）进入 DNS 服务控制台，右击【正向搜索区域】选项，在弹出的快捷菜单中单击【新建区域】选项，进入【区域类型】对话框，如项目图 3-25 所示。

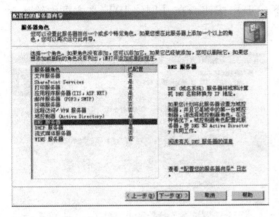

项目图 3-24　【服务器角色】对话框

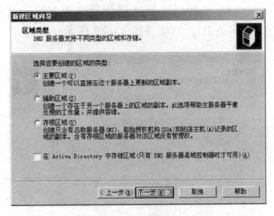

项目图 3-25　【区域类型】对话框

（3）选择【主要区域】单选项，单击【下一步】按钮，输入区域名称，比如输入 ep. blsh. net，如项目图 3-26 所示。

（4）单击【下一步】按钮，选择【创建新文件，文件名为】选项，使用默认的区域文件名 ep. blsh. net. dns。

（5）单击【下一步】按钮，进入如项目图 3-27 所示对话框，选择【允许非安全和安全动态更新】单选项。

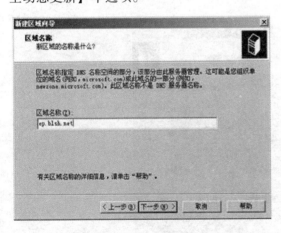

项目图 3-26　【区域名称】对话框

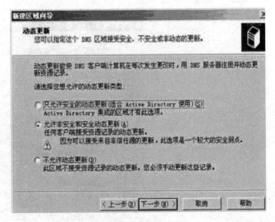

项目图 3-27　【动态更新】对话框

（6）单击【下一步】按钮，进入【正在完成新建区域向导】对话框，显示新区域的设置信息。

（7）单击【完成】按钮，完成创建新区域的操作。

### 3.4.3 创建反向查找区域

（1）选择【开始】→【程序】→【管理工具】→【DNS】选项。

（2）进入 DNS 服务控制台，右击【反向搜索区域】选项，在弹出的快捷菜单中单击【新建区域】选项，进入【新建区域向导】对话框，如项目图 3 - 28 所示。

（3）选择【主要区域】单选项，单击【下一步】按钮，在【网络 ID】文本框中输入对应的网络 ID，如项目图 3 - 29 所示。

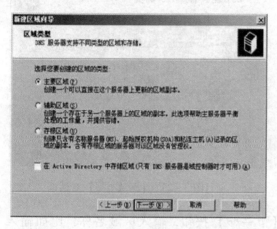
项目图 3 - 28　新建区域向导

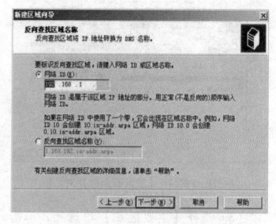
项目图 3 - 29　反向查询区域名称

（4）单击【下一步】按钮，选择【创建新文件，文件名为】选项，使用默认的区域文件名。

（5）单击【下一步】按钮，进入如项目图 3 - 30 所示对话框，选择【允许非安全和安全动态更新】单选项。

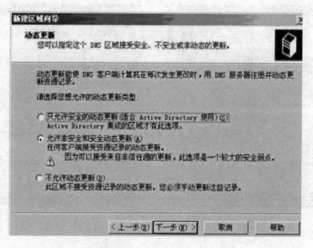
项目图 3 - 30　动态更新

（6）单击【下一步】按钮后，单击【完成】按钮，完成创建新区域的操作。

### 3.4.4　建立和管理 DNS 服务器的资源记录

（1）向区域添加主机资源记录的步骤：打开 DNS 控制台，单击相应的正向搜索区域，在【操作】菜单上单击【新建主机】选项，在【新建主机】对话框中，在【名称】文本框中键入新主机的 DNS 计算机名称。在【IP 地址】文本框中键入新主机的 IP 地址，选中【创建相关的指针（PTR）记录】复选项，可以根据在"名称"和"IP 地址"中输入的信息在此主机的反向区域中创建附加的指针记录，如项目图 3 – 31 所示。

单击【添加主机】按钮，向区域添加新主机记录，此时在【DNS】管理控制台中将显示新建主机记录，如项目图 3 – 32 所示。

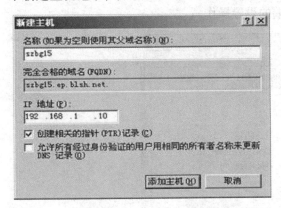
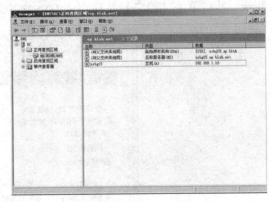

项目图 3 – 31　【新建主机】对话框　　　　　项目图 3 – 32　添加主机

（2）建立别名资源记录的步骤：打开 DNS 控制台，单击相应的正向搜索区域，在【操作】菜单上单击【新建别名】选项，【新建资源记录】对话框中，在"别名"文本框中键入别名，在【目标主机的完全合格的名称】文本框中键入使用此别名的 DNS 主机的完全合格域名。可以单击【浏览】按钮，搜索定义了主机（A）记录的域中的主机的 DNS 名称空间，如项目图 3 – 33 所示。

单击【确定】按钮向该区域添加新别名记录，此时在【DNS】管理控制台中将显示新建别名记录，如项目图 3 – 34 所示。

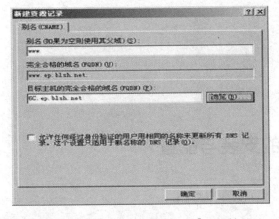
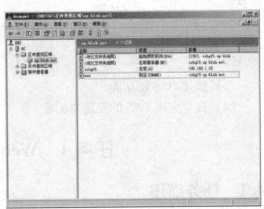

项目图 3 – 33　【新建资源记录】对话框　　　　项目图 3 – 34　别名记录显示窗口

## 3.5　归纳总结

　　设置了 DNS 服务器后，客户端必须正确指向该 DNS 服务器，才能查询到所要的地址。客户端有两种指向 DNS 服务器的方法：一种是对于使用 DHCP 服务的网络可由 DHCP 服务器统一指向 DNS 服务器，客户机自动分配 IP 地址时自动指向 DNS 服务器。另一种是在客户端的【Internet 协议（TCP/IP）属性】对话框中指定 DNS 服务器，方法是在客户端【Internet 协议（TCP/IP）属性】对话框中选择【使用下面的 DNS 服务器地址】选项，并在【首选 DNS 服务器】栏后输入 DNS 服务器的 IP 地址，比如 192.168.1.10，如项目图 3 – 35 所示。然后单击【确定】按钮完成 DNS 客户端的设置操作。

项目图 3 – 35　IP 属性对话框

　　验证：在客户机上选择【开始】→【运行】选项，在弹出的对话框中，输入 CMD，进入命令行模式后，输入 ping www. ep. blsh. net，如果 DNS 服务器解析成功，将会显示相关的信息。

## 3.6　练习测评

　　（1）描述 DNS 的功能。
　　（2）独立完成 DNS 的安装与配置。

# 任务 4　Web 的安装与配置

## 4.1　任务描述

　　为了给用户提供网页浏览服务，在本任务中，要求在安装了 Windows Server 2003 的主机上安装 IIS 服务，配置服务器端和客户端，使 Web 服务能正常工作。

## 4.2 任务分析

Web 服务是基于标准的应用集成方式，应用非常广泛。Windows Server 2003 提供的 IIS 6.0 就是一种 Web 服务器，充分利用最新的 Web 标准来开发、实施和管理 Web 应用程序。本任务的要求是通过安装与配置 Web 服务器，实现为网络中的客户机提供信息服务。

## 4.3 相关知识

IIS（Internet Information Service，互联网信息服务）是一个 World Wide Web 服务器。IIS 意味着能发布网页，并且具有 ASP（Active Server Pages）、Java、VBscript 产生页面，有着一些扩展功能。IIS 是一种 Web（网页）服务组件，其中包括 Web 服务器、FTP 服务器、NNTP 服务器和 SMTP 服务器，分别用于网页浏览、文件传输、新闻服务和邮件发送等方面，它使得在网络上发布信息成了一件很容易的事。

Web 服务器也称为 WWW（World Wide Web）服务器，主要功能是提供网上信息浏览服务。WWW 是 Internet 的多媒体信息查询工具，是 Internet 上近年发展起来的服务，也是发展最快和目前使用最广泛的服务。因为有了 WWW 工具，才使得近年来 Internet 迅速发展，用户数量飞速增长。

## 4.4 任务实施

### 4.4.1 安装 IIS 6.0

（1）启动 Windows Server 2003 系统时，【管理您的服务器】向导自动启动，如项目图 3–36 所示。

（2）选择【添加或删除角色】选项，在【配置您的服务器向导】对话框中选中"应用程序服务器（IIS，ASP. NET）"选项，如项目图 3–37 所示。

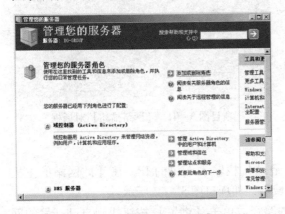

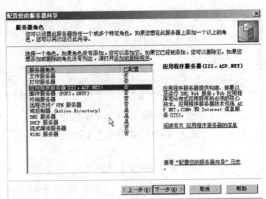

项目图 3–36 【管理您的服务器】对话框　　　　项目图 3–37 应用程序服务器

（3）单击【下一步】按钮，会出现复制文件界面，如果发现文件不存在，插入 Windows Server 2003 的安装光盘，单击【确定】按钮，如项目图 3 – 38 所示。

（4）单击【完成】按钮，完成 IIS 6.0 的安装，如项目图 3 – 39 所示。

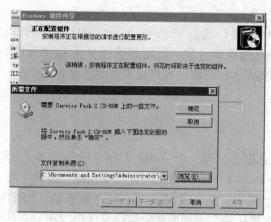

项目图 3 – 38　系统安装

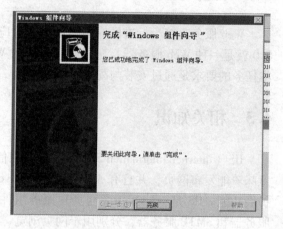

项目图 3 – 39　组件安装完成

## 4.4.2　配置 IIS 6.0

（1）选择【开始】→【程序】→【管理工具】→【Internet 信息服务（IIS）管理器】选项，打开 IIS 管理窗口，如项目图 3 – 40 所示。

（2）在 IIS 管理窗口右击"网站"选项，在弹出的快捷菜单中，选择【新建】→【网站】选项，出现"网站创建向导"对话框，在【描述】文本框中输入一个网站名称，只是一个描述不作任何用处，如项目图 3 – 41 所示。

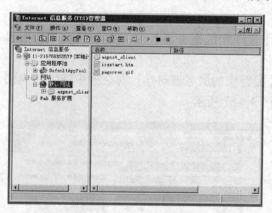

项目图 3 – 40　【Internet 信息
服务（IIS）管理器】窗口

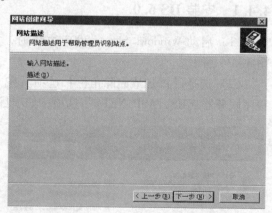

项目图 3 – 41　【网络描述】对话框

（3）单击【下一步】按钮，在【网站 IP 地址】栏输入本机的 IP，在【此网站的主机头（默认值：80）】栏输入绑定到这个网站的域名，如项目图 3 – 42 所示。

（4）单击【下一步】按钮，输入主目录的路径或单击【浏览】按钮找到自己开发的网站的文件夹，如项目图 3 – 43 所示。

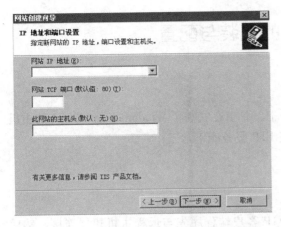

项目图 3 - 42　【IP 地址和端口配置】对话框

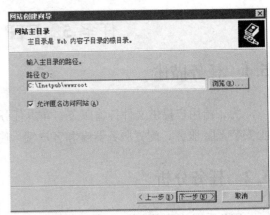

项目图 3 - 43　【网站主目录】对话框

（5）单击【下一步】按钮，选择权限，如项目图 3 - 44 所示。

（6）单击【下一步】按钮，再单击【完成】按钮，完成 IIS 6.0 的配置，如项目图 3 - 45 所示。

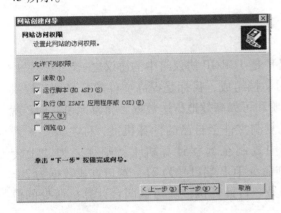

项目图 3 - 44　【网站访问权限】对话框

项目图 3 - 45　网站创建向导完成

## 4.5　归纳总结

验证网站：如果 Web 服务器对应的 IP 地址为 192.168.1.10，则可通过在客户机的 IE 浏览器中输入：http:// 192.168.1.10 进行验证。如果已经配置了对应的 DNS 服务，则可通过在客户机的 IE 浏览器中输入：http:// www. ep. blsh. net 进行验证。

通过对 IIS 的相关知识和工作原理的学习，掌握 Web 服务的安装与配置。

## 4.6　练习测评

（1）描述 IIS 的功能。

（2）独立完成 Web 服务的安装与配置。

# 任务 5　FTP 的安装与配置

## 5.1　任务描述

为了给用户提供文件传输服务，在本任务中，要求在安装了 Windows Server 2003 的主机上安装 FTP 服务，配置服务器端和客户端，使 FTP 服务能正常工作。

## 5.2　任务分析

FTP 采用的是客户机/服务器模式，启动 FTP 客户端程序先与远程主机建立连接，然后向远程主机发出传输命令，远程主机在收到命令后就给予响应并执行正确的命令。本任务的要求是通过安装与配置 FTP 服务器，实现为网络中的客户机提供文件传输服务。

## 5.3　相关知识

### 5.3.1　FTP

FTP（File Transfer Protocol，文件传输协议）是 TCP/IP 协议组中的协议之一。该协议是 Internet 文件传送的基础，它由一系列规格说明文档组成，目标是提高文件的共享性，提供非直接使用远程计算机，使存储介质对用户透明和可靠高效地传送数据。简单地说，FTP 就是完成两台计算机之间的复制，从远程计算机复制文件至自己的计算机上，称之为"下载（Download）"文件。若将文件从自己计算机中复制至远程计算机上，则称之为"上传（Upload）"文件。在 TCP/IP 协议中，FTP 标准命令 TCP 端口号为 21，端口方式数据为 20。FTP 协议的任务是从一台计算机将文件传送到另一台计算机，它与这两台计算机所处的位置、连接的方式、使用的操作系统无关。

### 5.3.2　FTP 的传输方式

FTP 有两种传输方式。

#### 1. ASCII 传输方式

假定用户正在复制的文件包含的简单 ASCII 码文本，如果在远程机器上运行的不是 UNIX，当文件传输时 FTP 通常会自动地调整文件的内容以便于把文件解释成另外一台计算机存储文本文件的格式。但是常常有这样的情况，用户正在传输的文件包含的不是文本文件，它们可能是程序、数据库、字处理文件或者压缩文件。在复制任何非文本文件之前，用 binary 命令告诉 FTP 逐字复制，不要对这些文件进行处理。

#### 2. 二进制传输模式

在二进制传输中，保存文件的位序，以便原始和复制的是逐位一一对应的。即使目的地机器上包含位序列的文件是没意义的。例如，macintosh 以二进制方式传送可执行文件到 IBM VM 系统，在对方系统上，此文件不能执行。如果用户知道这两台机器是同样的，则二进制方式对文本文件和数据文件都是有效的。

## 5.4  任务实施

### 5.4.1  安装 FTP 服务

选择【开始】→【设置】→【控制面板】选项，双击【添加/删除程序】选项，单击【添加/删除 Windows 组件】选择，选中【应用程序服务器】复选项，单击【详细信息】按钮，选中【Internet 信息服务（IIS）】复选项，单击【详细信息】按钮，在出现的【Internet 信息服务（IIS）子组件】对话框中，选中【文件传输协议（FTP）服务】复选项，单击【确定】按钮，按提示插入 Windows Server 2003 系统光盘，开始复制安装文件，单击【完成】按钮，完成对 FTP 服务的安装，如项目图 3 - 46 所示。

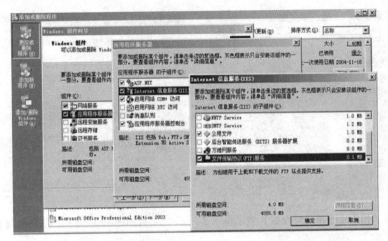

项目图 3 - 46  安装系统组件

### 5.4.2  配置 FTP 服务

（1）选择【开始】→【程序】→【管理工具】→【Internet 信息服务（IIS）管理器】选项，打开 IIS 管理窗口，如项目图 3 - 47 所示。

（2）右击【FTP 站点】文件夹，在弹出的快捷菜单中，选择【新建】→【FTP 站点】选项，出现【FTP 站点创建向导】对话框，在【描述】文本框中输入 FTP 站点名称，如项目图 3 - 48 所示。

（3）单击【下一步】按钮，在【IP 地址和端口设置】对话框中，设置 IP 地址和端口号。如果本机的 IP 地址为 192.168.1.1，则直接选择 192.168.1.1，然后设置端口号为 21，如项目图 3 - 49 所示。

（4）单击【下一步】按钮，选择"不隔离用户"单选按钮，如图 3 - 50 所示。

（5）单击【下一步】按钮，在【FTP 站点主目录】对话框中输入 FTP 站点主目录的路径，或用浏览的方法选取路径 C:\myftp，如项目图 3 - 51 所示。

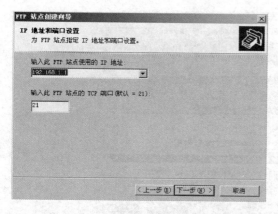

项目图 3-47　FTP 服务安装

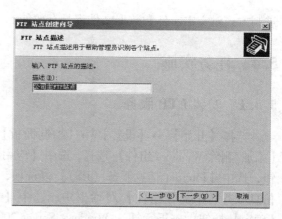

项目图 3-48　【FTP 站点描述】对话框

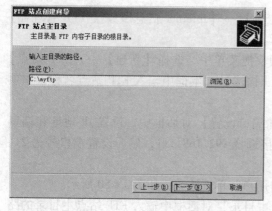

项目图 3-49　【IP 地址和端口设置】对话框

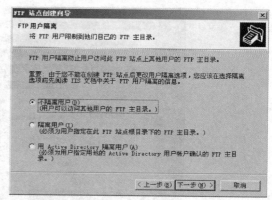

项目图 3-50　【FTP 用户隔离】对话框

（6）单击【下一步】按钮，在【FTP 站点访问权限】对话框中给 FTP 站点主目录设定权限，选中【读取】复选项，能够下载文件，选中【写入】复选项，允许上传文件，如项目图 3-52 所示。

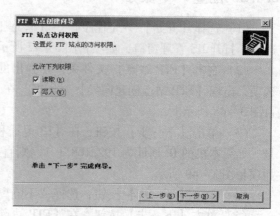

项目图 3-51　【FTP 站点主目录】对话框

项目图 3-52　【FTP 站点访问权限】对话框

（7）单击【下一步】按钮，完成 FTP 站点的创建操作。在 Internet 服务管理器可以看到添加的 FTP 站点：【公司主 FTP 站点】，目前的状态为正在执行中，如项目图 3 – 53 所示。

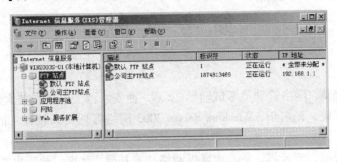

项目图 3 – 53　FTP 服务安装完成

## 5.5　归纳总结

IIS 6.0 的 FTP 服务就是一个 FTP 服务器，能够配合 Web 站点建立远程更新网页文件的机制，只需通过 FTP 工具就可以在连接 Internet 的计算机中维护网站的内容。

FTP 站点的目录权限能够决定是否拥有上传和下载文件的权限；FTP 站点用户的权限应禁止用户匿名访问 FTP 站点。通过对 FTP 的相关知识和工作原理的学习，掌握 FTP 服务的安装与配置。

## 5.6　练习测评

（1）描述 FTP 的功能。

（2）独立完成 FTP 服务的安装与配置。

# 参考文献

[1] 严体华，吴晓葵. 网络管理员考试辅导. 2 版. 西安：西安电子科技大学出版社，2008.

[2] 王隆杰，梁广民，杨名川. Windows Server 2003 网络管理实训教程. 北京：清华大学出版社，2006.

[3] 黄智诚，杜安静，宁云霞，等. 计算机网络技术基础. 北京：地质出版社，2001.

[4] 王宝智，唐立旭，常煜，等. 计算机网络工程概论. 北京：高等教育出版社，2003.

[5] 王顺满，陶然. 无线局域网络技术与安全. 北京：机械工业出版社，2005.

[6] 尹建璋. 局域网组网实例教程. 西安：西安电子科技大学出版社，2007.

[7] 尹敬齐. 局域网组建与管理. 2 版. 北京：机械工业出版社，2007.

[8] 王柯，叶智耿. 局域网系统施工. 北京：机械工业出版社，2006.

[9] 张敏波，孙艳. 中小企业网络组建实训教程. 北京：电子工业出版社，2006.

[10] 赵松涛，金道谢，孙安东，等. Windows Server 2003 网络配置与高级管理. 北京：人民邮电出版社，2004.

[11] 李明革，崔奎勇. 计算机网络技术及应用. 北京：北京理工大学出版社，2007.

[12] 宋文官，蔡京玫. 计算机网络基础. 北京：中国铁道出版社，2007.